"十四五"职业教育国家规划教材

职业教育"十三五"改革创新规划教材

机械制造技术

朱金钟　主　编

石建梅　徐为荣　副主编

清华大学出版社

北　京

内 容 简 介

本书是职业教育"十三五"改革创新规划教材,依据教育部《中等职业学校机械制造技术专业教学标准》,并参照相关的国家职业技能标准编写而成。

本书主要内容包括毛坯的制造方法、切削加工基础知识、常用机械加工方法和机械加工工艺分析与工艺规程。本书配套有多媒体课件等网上教学资源,可免费获取。

本书可作为中等职业学校机械类专业及相关专业学生的教材,也可作为岗位培训用书。

图书在版编目(CIP)数据

机械制造技术/朱金钟主编. —北京:清华大学出版社,2017(2025.1重印)
(职业教育"十三五"改革创新规划教材)
ISBN 978-7-302-45481-6

Ⅰ. ①机… Ⅱ. ①朱… Ⅲ. ①机械制造工艺—中等专业学校—教材 Ⅳ. ①TH16

中国版本图书馆 CIP 数据核字(2016)第 275237 号

责任编辑:刘士平
封面设计:张京京
责任校对:袁 芳
责任印制:宋 林

出版发行:清华大学出版社
  网   址:https://www.tup.com.cn, https://www.wqxuetang.com
  地   址:北京清华大学学研大厦 A 座   邮   编:100084
  社 总 机:010-83470000   邮   购:010-62786544
  投稿与读者服务:010-62776969,c-service@tup.tsinghua.edu.cn
  质量反馈:010-62772015,zhiliang@tup.tsinghua.edu.cn
  课件下载:https://www.tup.com.cn,010-62770175-4278
印 装 者:三河市君旺印务有限公司
经   销:全国新华书店
开   本:185mm×260mm   印   张:18   字   数:405 千字
版   次:2017 年 3 月第 1 版   印   次:2025 年 1 月第 9 次印刷
定   价:56.00 元

产品编号:072564-03

前言

本书是"十三五"职业教育国家规划教材，依据教育部《中等职业学校机械制造技术专业教学标准》，并参照相关的国家职业技能标准编写而成。通过本书的学习，可以使学生掌握必备的毛坯制造方法、切削加工基础知识、常用机械加工方法和机械加工工艺分析与工艺规程。

本书紧扣二十大报告中"推进职普融通、产教融合，科教融汇，优化职业教育类型定位"要求，切实遵循职业教育规律与人才成长规律，把职业教育"实施科教兴国战略，强化现代化建设人才支撑"作为教材建设重要支点。在编写过程中落实产教融合、科教融会要求，吸收企业技术人员参与教材编写，紧密结合工作岗位，与职业岗位对接；选取的案例贴近生活、贴近生产实际；将创新理念贯彻到内容选取、教材体例等方面。

本书配套有丰富的教学资源，如多媒体课件等，可免费获取。

本书在编写时努力贯彻职业教育教学改革的发展方向，严格依据新教学标准的要求，努力体现以下特色。

（1）本书贯彻课程思政的要求，将传授学科知识、培育专业素养与养成良好思想品德进行有机融合，回应"培养什么人""怎样培养人""为谁培养人"这个教育的根本问题，在落实立德树人任务上，结合学科教学进行有益探索。

（2）本书内容紧扣教学标准要求，力求定位科学、准确、合理；正确处理好知识、能力和素质三者之间的关系，适度降低理论知识的难度，满足学生全面发展、提升综合素质的需要；以就业为导向，既注重学生职业技能的培养，又保证学生掌握必备的基本理论知识，使学生既能有操作技能，又懂得基本原理知识。

（3）本书内容配置合理，注重"通用性"，兼顾"特殊性"，教学内容既满足对机械大类各不同专业通用性的要求，又具有选择上的"灵活性"或"差异性"的特性，可尽量满足机械大类不同专业人才培养的需求。

（4）本书内容通俗易懂，标准新，内容新，指导性强。

(5) 本书题型多样,有选择题、填空题、判断题等,题目突出针对性和实用性,帮助学生理解、掌握知识点和基本技能,同时改变"唯考"的观念,树立科学引导、主动服务的新理念。为拓展教材育人功能,每章后的思考题适当增加了思政元素,积极鼓励学生走进生产企业,融入车间一线,了解相关前沿知识和技术。

(6) 本书每一模块开篇均有知识要点和重点知识的介绍,每一单元包括目标描述、技能目标和知识目标,让授课者和学习者一目了然,便于把握、构建基本知识和技能体系。

本书建议学时为 72 学时,具体学时分配见下表。

单　元	建议学时	单　元	建议学时	单　元	建议学时
单元 1	8	单元 7	4	单元 13	1
单元 2	6	单元 8	6	单元 14	2
单元 3	8	单元 9	2	单元 15	2
单元 4	8	单元 10	1	单元 16	2
单元 5	4	单元 11	1	单元 17	4
单元 6	4	单元 12	1	单元 18	8
总　计			72		

本书由朱金钟担任主编,石建梅、徐为荣担任副主编。全书共四大模块,18 个单元。第 1 单元由朱金钟编写,第 2、4、5 单元由石建梅编写,第 3 单元由徐为荣编写,第 6、7、17、18 单元由顾丹艳编写,第 8、9 单元由顾亚芬编写,第 10、11、12、13 单元由蒋春霞编写,第 14、15、16 单元由华燕编写,全书由朱金钟、石建梅统稿。

本书在编写过程中参考了大量的文献资料,在此向文献资料的作者致以诚挚的谢意。由于编写时间及编者水平有限,书中难免有错误和不妥之处,恳请广大读者批评、指正。

编　者
2022 年 11 月

CONTENTS

目 录

模块一 毛坯的制造方法

模块二　切削加工基础知识

模块三　常用机械加工方法

模块四　机械加工工艺分析与工艺规程

模块一 毛坯的制造方法

 知识要点

了解毛坯制造的分类、原理、特点和工艺过程,会分析铸造件、锻压件、焊接件易产生的缺陷及产生的原因。

 重点知识

铸造缺陷,砂型铸造工艺过程,锻造缺陷及焊接工艺参数。

铸 造

目标描述

认识铸造的生产工艺过程、铸造的类型和应用,铸造缺陷产生原因及分析。

技能目标

能根据铸件表面出现的缺陷情况判别缺陷类型,会分析缺陷产生的原因。

知识目标

了解铸造的工艺过程以及铸造的分类、特点及应用。

1.1 概 述

1.1.1 铸造的定义

铸造是将金属熔炼成符合一定要求的液体,浇进铸型,经冷却凝固、清理后得到有预定的形状、尺寸和性能要求的铸件的制造方法。

铸造毛坯接近成品,可达到免机械加工或少量加工的目的,可在一定程度上减少了制作时间,降低了生产成本。铸造是现代装备制造的基础工艺之一,机床、内燃机、重型机器中铸件占 70%～90%;风机、压缩机中铸件占 60%～80%;农业机械中铸件占 40%～70%;汽车中铸件占 20%～30%。

图 1-1 所示为铸造生产,图 1-2 所示为常见铸件。

图 1-1　铸造生产

图 1-2　铸件

1.1.2　铸造的分类

铸造方法很多,按生产方式不同,铸造分为砂型铸造和特种铸造。

1. 砂型铸造

以型砂为材料制造铸型的铸造方法称为砂型铸造,即将融化的金属浇注到砂型的型腔内,待凝固冷却后获得铸件的方法。其工艺过程一般由造型(制造砂型)、造芯(制造型芯)、烘干、合型(合箱)、浇注、落砂、清理及铸件检验等组成。

砂型铸造的工艺过程如图 1-3 所示。

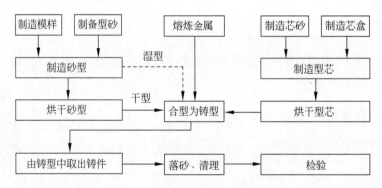

图 1-3　砂型铸造的工艺过程

以简单的套筒零件为例,图 1-4 所示为砂型铸造基本过程。

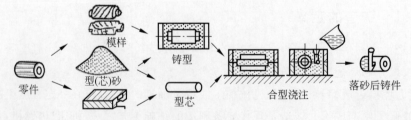

图 1-4　砂型铸造基本过程

2. 特种铸造

砂型铸造以外的其他铸造方法称为特种铸造。通过改变铸型的材料、浇注的方法、液态合金填充铸型的形式或铸件凝固条件等因素,形成了许多不同于砂型铸造的特种铸造方法。

常见的特种铸造方法有金属型铸造、熔模铸造、压力铸造、离心铸造、低压铸造、消失模铸造、连续铸造等。

1.1.3 铸造的特点

1. 铸造的优点

(1) 适合制造形状复杂,特别是内腔形状复杂的毛坯或零件,如汽缸、箱体、泵体、阀体、叶轮、机架、床身等。

(2) 铸件的大小、重量几乎不受限制,小到几毫米、几克的电器仪表零件,大到十几米、几吨甚至数百吨的轧钢机机架,均可铸造成形。

(3) 铸造工艺简单,使用的材料价格低廉,应用范围非常广泛。

2. 铸造的缺点

(1) 铸造生产工序繁多,工艺过程比较难控制,容易产生缺陷。

(2) 铸件的尺寸均一性比较差,尺寸精度低。

(3) 与相同形状、相同尺寸的锻件相比,铸件的内在质量相对较差,承载能力也较锻件差。

(4) 铸造生产的工作环境差、温度高、粉尘多、劳动强度大。

1.2 砂型铸造

1.2.1 砂型的制作

在铸造生产中,用来形成铸件外轮廓的部分称为铸型,用来形成铸件内腔或局部外形的部分称为型芯。制造铸型的材料称为型砂,制造型芯的材料称为芯砂。

用型砂制成,包括形成铸件形状的空腔、型芯和浇冒口系统的组合整体称为砂型。当砂型用砂箱支承时,砂箱也是铸型的组成部分。

1. 造型

造型是用模样形成砂型的内腔,在浇注后形成铸件外部轮廓,是砂型铸造的最基本工序,分为手工造型和机器造型两大类。

(1) 造型材料

造型材料是制造型砂和砂芯的材料,通常由原砂、水和粘结剂按照一定比例混合而成,有时还要加入少量附加物,如煤粉、植物油、木屑等。

① 原砂 原砂是主要材料,常指硅砂,分成为 SiO_2,为耐火颗粒物。其主要作用是:一方面为型(芯)砂提供必要的耐高温性能和热物理性能,有助于高温金属顺利充型,以及使金属在铸型中冷却、凝固并得到所要求的形状和性能的铸件。另一方面原砂砂粒能为

砂(芯)型提供众多的孔隙,保证型芯具有一定的透气性。

② 粘结剂　粘结剂主要起粘结砂粒的作用,使型(芯)砂具有必要的强度和韧性。

③ 附加物　附加物是为了改善型砂所需要的性能,或为了抑制型(芯)砂不希望有的性能而加入的物质。如加入煤粉可以防止铸件表面粘砂,加入木屑可以改善透气性和退让性。

(2) 性能要求

砂型在浇注过程和凝固过程中要承受熔融金属的冲刷、静压力和高温的作用,并排出大量气体,型芯则要承受凝固时的收缩压力。型砂和芯砂的质量直接影响铸件的质量,型砂质量不好会使铸件产生气孔、砂眼、粘砂、夹砂等缺陷,因此型砂、芯砂应具有以下几种性能。

① 强度　型砂、砂型抵抗外力破坏的能力称为强度。如果强度不足,在起模、搬动砂型、下芯以及合箱等操作过程中,有可能造成铸型(芯)破损或塌落;在浇注时会因金属液的冲刷和冲击而产生铸造缺陷,如砂眼、胀砂等。相反,如果铸型(芯)强度太高,则需要加入更多的黏土,会影响型砂的水分和透气性;铸型(芯)强度太高,阻碍金属液凝固收缩,铸件中易产生裂纹,落砂也困难。

② 可塑性和韧性　可塑性是指型砂在外力作用下变形,外力去除后仍保持所赋予形状的能力。可塑性好的型砂,造型、起模和修型方便,铸件表面质量较高。韧性是材料抵抗外力破坏的性能,韧性差的型砂在起模时铸型容易被破坏。

③ 透气性　砂型砂粒间的孔隙透过气体的能力称为透气性。如果型砂的透气性太低,金属液中会产生飞溅,流动则不平稳,当气体进入金属液中,就会产生气孔缺陷,或者金属液无法充填到一些薄壁的边角部位,产生浇不足。因此,要求型砂具有一定的透气性能,这是型砂的最重要性能之一。但是,型砂的透气性又不宜太大,否则在不用涂料时,金属液可能渗透到砂粒的间隙中,从而使铸件表面粗糙,甚至产生粘砂。

④ 耐火性　型砂抵抗高温热作用的性能称为耐火性。耐火性差会造成铸件表面粘砂,使清理和切削加工困难,严重时会使铸件报废。

⑤ 退让性　金属在凝固和冷却过程中产生收缩,此时铸型中的有关部分应当相应地变形和退让,以不阻碍铸件的收缩,型砂的这种性能称为退让性。退让性差,铸件收缩时产生的应力就大,可能导致开裂现象。

在铸造过程中,型芯被熔融的金属包围,工作条件恶劣,因此,芯砂比型砂应具有更高的强度、透气性、耐火性和退让性。

2. 造芯

型芯是铸型的重要组件之一,主要作用是形成铸件内腔,也可形成铸件的外形。造芯是将芯砂填入芯盒,经春砂紧实、修正等工序,制成形芯的过程。

(1) 模样与芯盒

用来形成铸型型腔的工艺装备称为模样。制造砂型时,使用模样可以获得与零件外部轮廓相似的型腔。

用来制造型芯所用的工艺装备称为芯盒。芯盒的内腔与型芯的形状、尺寸相同。在铸型中,型芯形成铸件内部的孔穴。

模样与芯盒大多采用木材制造,当大批量生产时,模样与芯盒则通常采用金属制造。

（2）型芯的要求

型芯的形状、尺寸以及在铸型中的位置应符合铸件要求；有足够的强度和刚度，排气顺畅，铸件收缩时阻力小，制作装配工序简便，芯盒的结构简单。

为提高型芯的强度，在造芯时可在芯内加入芯骨，小芯骨常用铁丝、铁钉制成，大、中型芯骨常用铸铁浇注成骨架。为提高型芯的透气性，可以在芯子中间开挖通气道与外部连通，对于较大的型芯可在芯子中间放置蜡线、焦炭、炉渣等。

（3）造芯方法的分类

根据工作方法，造芯方法可分为手工造芯和机器造芯。常用的手工造芯方法为芯盒造芯。手工造芯主要用于单件、小批量生产中。

芯盒造芯的常用几种方式有整体式芯盒造芯、对开式芯盒造芯和可拆式芯盒造芯，如图1-5所示为芯盒造芯。

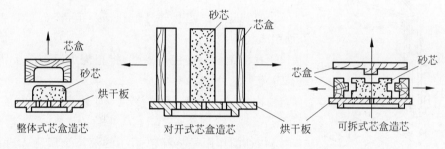

图1-5 芯盒造芯

机器造芯是利用造芯机来完成填砂、紧砂和取芯的过程。机器造芯的生产率高，型芯的质量好，适用于大批量生产。

图1-6所示为机器造芯结构图（射砂机造芯）。

（4）制造模样与芯盒的要点

① 分型面——铸型组元间的结合面。选择分型面时，应尽量使分型面处于最大截面处；尽量满足浇注位置的要求；应方便起模，简化造型工艺。

② 收缩余量——为了补偿铸件收缩，模样比铸件图样尺寸增大的数值。

③ 机械加工余量——为保证铸件加工面的尺寸和零件的精度，在铸件工艺设计时，预先增加适当的尺寸余量，在机械加工时切去的部分厚度。

④ 起模斜度——为使模样容易从铸型中取出或型芯从芯盒中脱出，在模样或芯盒上平行于起模方向上所设的斜度，一般取 $0.5° \sim 3°$。

⑤ 铸造圆角——制造模样时，凡相邻两表面的交角，都应做成圆角。

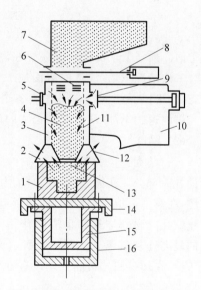

图1-6 射砂机造芯结构图

1—芯盒；2—射砂头；3—射腔；4—射砂筒；
5—排气阀；6—横向气缝；7—砂斗；
8—闸门；9—射砂阀门；10—气包；
11—纵向气缝；12—排气孔；13—射砂孔；
14—工作台；15—紧实活塞；16—紧实汽缸

⑥ 芯头——为了保证型芯在铸型中得到正确定位和牢固支撑,模样与型芯均应设有芯头。

3. 浇注系统与冒口

(1) 浇注系统

浇注系统是为将液态金属引入铸型的型腔而在铸型内开设的通道。浇注系统的作用是:控制金属液填充铸型的速度以及充满铸型所需的时间;使金属液平稳地进入铸型,避免紊流和对铸型的冲刷;阻止熔渣和其他夹杂物进入型腔;浇注时不卷入气体,并尽可能使得铸件在冷却时符合顺序凝固的原则。

浇注系统通常由浇口杯、直浇道、横浇道和内浇道组成。图 1-7 所示为浇注系统。

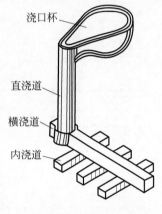

图 1-7　浇注系统

① 浇口杯——承接浇包倒进来的金属液,也称外浇口。

② 直浇道——连接外浇道和横浇道,将金属液从铸型外面引入铸型内部。

③ 横浇道——连接直浇道,将直浇道流入的金属液流进行分流。

④ 内浇道——连接横浇道,向铸型型腔内灌输金属液。

浇口杯的作用是将浇包倾注的液态金属导入直浇道。小型铸件的浇口杯大多为漏斗形,上口的直径应该是直浇口的 2 倍以上,而且一般在造型时直接在铸型上做出。中型以上的铸件,浇口杯常为盆形,一般单独做出后放置在铸型上面。质量要求高的铸件还要在浇口杯中设置特殊的集渣装置。

一般情况下,直浇道的截面应大于横浇道的截面,横浇道的截面应大于内浇道的截面,这样可以保证熔融金属充满各个浇道,并且使熔渣浮集在横浇道的上部,从而起到挡渣的作用。

(2) 冒口

冒口是为避免铸件出现缺陷而附加在铸件上方或侧面的补充部分。在铸型中,冒口的型腔是储存液态金属的空腔,在铸件形成时补给金属,主要起到补缩的作用,还有防止缩孔、缩松、排气和集渣的作用。冒口一般设置在铸件的最高处和最厚处。图 1-8 所示为带有冒口的法兰管子铸件,在铸件两端最高处均设有冒口。

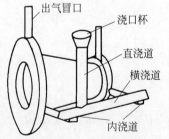

图 1-8　带有冒口的铸件

1.2.2　浇注、落砂和清理

1. 浇注

把液态金属注入铸型的工序称为浇注,容纳、运输和浇注熔融金属用的容器称为浇包。浇注是保证铸件质量的重要环节。由于浇注原因而报废的铸件,占报废件总数的

20%～30%，因此在浇注时必须严格控制浇注温度和浇注速度。

（1）浇注温度（℃）

金属溶液浇入铸型时所测量到的温度称为浇注温度。浇注温度是浇注过程必须控制的质量指标之一。浇注温度控制或者掌握不当，会使铸件产生各种缺陷。

（2）浇注速度（kg/s）

单位时间内浇入铸型中的金属溶液质量称为浇注速度。浇注速度应根据铸件的具体情况而定，可通过操纵浇包和布置浇注系统进行控制。

（3）浇注位置的选择原则

① 铸件的重要工作面、主要的加工面应朝下或侧立放置。

② 铸件的大平面应朝下，以免形成夹渣和夹砂等缺陷。

③ 应将铸件薄而大的平面放在下部、侧面和倾斜位置，以利于金属液填充铸型。

④ 若铸件周围表面质量要求高，应进行立铸，以便于补缩。应将厚的部位放在铸型上部，以便安置冒口，实现顺序凝固。

2. 落砂

落砂是从砂型中取出铸件的工序。出箱温度一般不高于500℃。落砂分手工落砂和机器落砂两种。手工落砂用于单件小批量生产，机器落砂用于大批量生产。

落砂的关键在于掌握好开箱时间。开箱过早，由于铸件未充分冷却，会造成变形、表面硬皮等缺陷，并且铸件会形成内应力、裂纹等缺陷；开箱过晚，将占用生产场地和工装，使生产率降低。

3. 清理

清理是指落砂后切除浇冒口，清除型芯，去除飞边、毛刺，清除粘砂等工序，使铸件的外表面达到要求。

清理时，大多数铸件至今仍主要依靠手工工具和风冲、风铲、高速手提式砂轮、悬挂砂轮等半机械化工具作业。对外形不复杂的铸件也有采用通用冲压机械和锯床的，当铸件批量大时则采用专用机床或专用生产线以实现自动化作业。铸钢件大多采用氧气切割或者气电切割。

总体而言，浇冒口可用铁锤、锯和气割等工具清理，粘砂可通过清理滚筒、喷砂、喷丸等方式清理。

1.2.3 手工造型

手工造型操作灵活、适应性强、模型成本低、生产准备时间短，但铸件质量差、生产率低、劳动强度高，一般用于单件小批生产。手工造型按照模样的特征，常分为整模造型、分模造型、挖砂造型、活块造型、刮板造型和三箱造型等。

1. 整模造型

图1-9所示为齿轮坯整模两箱造型，模样是一个整体，分型面为平面，整模造型的型腔全在一个砂箱里，能避免错箱等缺陷，铸件形状、尺寸精度较高。模样制造和造型都较简单，多用于最大截面在端部的、形状简单的铸件生产。

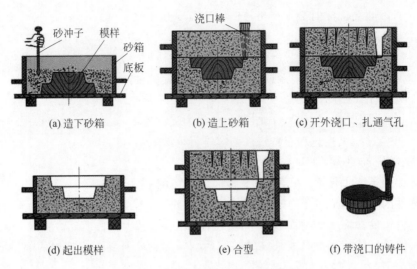

图 1-9 齿轮坯整模两箱造型示意图

2. 分模造型

图 1-10 所示为套筒分模两箱造型,模样沿最大截面分开,上下箱都有模样,应用广泛,但易错型,适合最大截面在中间的铸型。

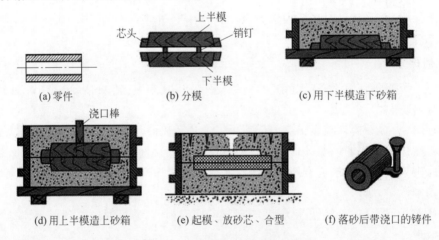

图 1-10 套筒分模两箱造型示意图

3. 挖砂造型

图 1-11 所示为手轮挖砂造型,模样是一个整体,造型时手工挖去妨碍起模的型砂,效率低,用于单件、小批生产。

4. 活块造型

图 1-12 所示为活块造型,将铸件上妨碍起模的凸台、肋条等作为活块,起模时先起主体模,再起活块。这种方法造型时间长,对工人要求高,生产率低,适合带有凸台、肋条的铸件。

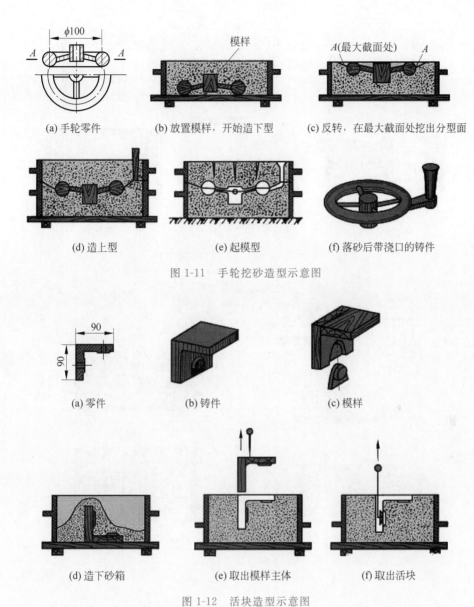

$\phi100$

A —— A

(a) 手轮零件

模样

(b) 放置模样,开始造下型

A(最大截面处) A

(c) 反转,在最大截面处挖出分型面

(d) 造上型

(e) 起模型

(f) 落砂后带浇口的铸件

图 1-11   手轮挖砂造型示意图

90

90

(a) 零件

(b) 铸件

(c) 模样

(d) 造下砂箱

(e) 取出模样主体

(f) 取出活块

图 1-12   活块造型示意图

5. 刮板造型

图 1-13 所示为带轮铸件的刮板造型,用刮板代替木模,造型效率低,对工人技术要求高,用于有等截面或回转体的大、中型铸件。

6. 三箱造型

图 1-14 所示为槽轮铸件的三箱造型示意图。三箱造型模样必须是分开的,以便于从中型内起出模样;中型上、下两面都是分型面,且中箱高度应与中型的模样高度相近;造型过程操作较复杂,生产率较低,易产生错箱缺陷,只适于单件小批量生产。

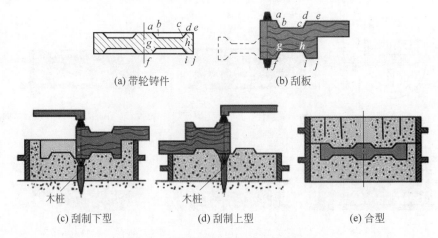

(a) 带轮铸件　　(b) 刮板

(c) 刮制下型　　　(d) 刮制上型　　　(e) 合型

图 1-13　带轮铸件的刮板造型示意图

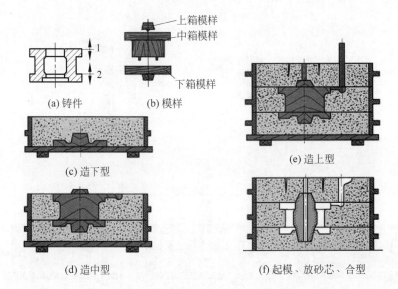

(a) 铸件　　(b) 模样

(c) 造下型

(e) 造上型

(d) 造中型

(f) 起模、放砂芯、合型

图 1-14　槽轮铸件的三箱造型示意图

1.2.4　机器造型

用机器完成紧砂和起模或至少完成紧砂操作的造型工序称为机器造型。**造型机的种类很多，目前常用震压式造型机等。**

图 1-15 所示为常见震压式造型机，图 1-16 所示为震压式造型机的工作过程示意图。震压式造型机的工作过程包括填砂、震击紧砂、压实砂型、起模等过程。一般震压式造型机的震动频率为 150～500 次/分钟。

造型机上大都装有起模装置，常用的有顶箱起模、落模起模、漏模起模和翻转落箱起模等四种。如图 1-17(a)所示为顶箱起模，当砂型紧实后，造型机的四根顶杆同时垂直向上将砂箱顶起而完成起模；图 1-17(b)为落模起模，起模时将砂箱托住，模样下落，与砂箱分离，这两种方法均适用于形状简单、高度较小的模样起模。

图 1-15 震压式造型机

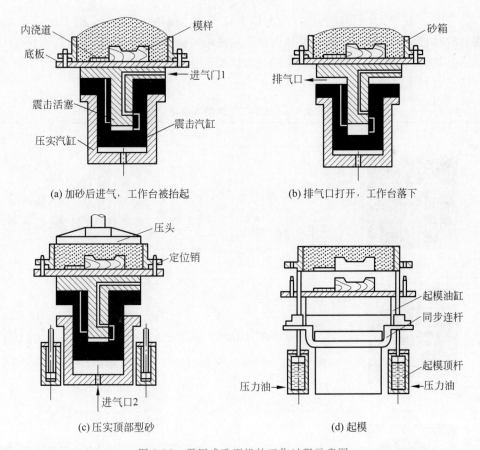

(a) 加砂后进气，工作台被抬起

(b) 排气口打开，工作台落下

(c) 压实顶部型砂

(d) 起模

图 1-16 震压式造型机的工作过程示意图

机器造型生产效率高，质量稳定，铸件尺寸精确，表面光洁，加工余量小，劳动强度低，是成批大量生产铸件的主要方法，但投资大，只适用于两箱造型。随着现代化大生产的发展，机器造型已代替了大部分手工造型。

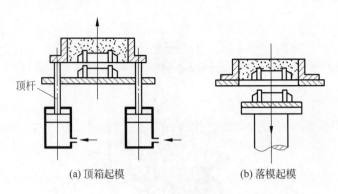

(a) 顶箱起模　　　　　　　　　(b) 落模起模

图 1-17　机器造型的起模方法

1.2.5　铸件的缺陷

铸造工艺相对复杂,影响铸件质量的因素较多,如型砂的质量好坏、造型的质量、熔炼温度、浇注的温度和速度等,都会导致铸件产生缺陷。铸件常见的缺陷分为孔眼、裂纹、表面缺陷、形状尺寸和质量不合格、组织成分和性能不合格五大类。下面列举最常见的铸件表面缺陷归纳见表 1-1。

表 1-1　铸件的常见表面缺陷

缺 陷 类 型	特　　点	产 生 原 因
气孔	一般为圆形或不规则的孔眼,孔眼内表面光滑,颜色为白色或带一层旧暗色	造型材料中水分过多或者含有大量发气物质,砂型和型芯的透气性差,浇注系统不当,浇注速度过快等
缩孔	形状不规则,孔内粗糙不平,晶粒粗大	浇注结构设计不合理,浇注系统不适当,浇注温度过高,浇注速度过快,补缩不良等
砂眼	孔眼不规则,孔眼内充满了型砂或芯砂	合箱时型砂损坏脱落,型腔内的散砂或砂块未清除干净,型砂紧实度差,浇注速度太快等

续表

缺 陷 类 型	特　　点	产 生 原 因
粘砂	在铸件表面上全部或部分覆盖着金属与砂的混合物，或一层烧结的型砂，致使铸件表面粗糙	型砂的耐火性差或者浇注温度过高等
裂纹	有热烈和冷裂两种。冷裂裂纹容易发现，呈长条形，宽度均匀，裂口常延伸到整个断面。热裂纹断面严重氧化，无金属光泽，外形曲折不规则	铸件壁厚相差大；浇注系统开设不当，砂型与型芯的退让性差等

1.3　常见特种铸造方法及应用

特种铸造是指与砂型铸造不同的其他铸造方法。可列入特种铸造的方法有近二十种，常用的有金属型铸造、压力铸造、低压铸造、熔模铸造、离心铸造、陶瓷型铸造、消失模铸造等。特种铸造在提高铸件精度和表面质量、提高生产率、改善劳动条件等方面具有独特的优点。

1.3.1　金属型铸造

金属型铸造又称硬模铸造，它是液态金属在重力作用下注入金属型中成形的方法。铸型用金属制成，可反复使用，一般可浇注几百次到几万次，也称为"永久型铸造"。

1. 金属型结构

金属型常采用铸铁或铸钢制造，按分型面不同，金属型有整体式、垂直分型式、水平分型式等。图1-18所示为垂直分型式金属型的结构。由底座、定型、动型和定位销等部分组成。为改善金属型的通气性，浇注系统在垂直的分型面处开有 0.2～0.4mm 深的通气槽。移动动型、合上铸型后进行浇注，铸件凝固后移开动型取出铸件。

2. 金属型铸造的特点

与砂型铸造相比，金属型铸造有如下特点。

（1）金属型实现了"一型多铸"，大大提高

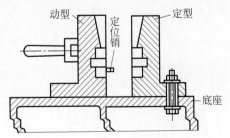

图1-18　垂直分型式金属型

了劳动生产率和造型场地的利用率,但劳动环境温度较高,劳动强度增大。

（2）铸件的精度可达 IT12～IT14,表面粗糙度 Ra 值为 $12.5～25\mu m$,可做到少加工或不加工。但是制造金属型的成本较高,制造周期较长。

（3）由于铸型冷却速度快,铸件的结晶组织细密,提高了铸件的力学性能,如铜、铝合金的力学性能比砂型铸造可提高 $10\%～20\%$。但是,浇注铸铁件时易产生白口组织,使切削加工困难。

3. 金属型铸造的应用

图 1-19 所示为常见金属型铸造铸件。金属型铸造主要适用于大批量生产有色合金铸件,如飞机、汽车、拖拉机、内燃机、摩托车的铝活塞、汽缸体、缸盖、油泵壳体及铜合金轴瓦、轴套等。金属型铸造有时也用于某些铸铁件和铸钢件。

图 1-19　金属型铸造铸件

1.3.2　压力铸造

压力铸造是在高压作用下,将液态或半液态金属快速压入金属压型中,并在压力下凝固而获得铸件的方法。常用的压射比压为 $5～150MPa$,充型速度为 $0.5～50m/s$,充型时间为 $0.01～0.2s$。

1. 压力铸造工艺过程

压力铸造是在专门的压铸机上完成的。压铸机分为热压室式和冷压室式两种。图 1-20 所示为冷压室式压铸机。

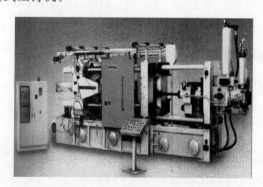

图 1-20　冷压室式压铸机

冷压室式压铸机的压室和融化金属用的坩埚是分开的,压室和压射冲头不浸于熔融金属中,浇注时将定量的熔融金属浇到压室中,然后进行压射。图 1-21 所示为冷压室式压铸机的工作原理图。

2. 压力铸造的特点

压力铸造的优点为:生产率高,便于实现自动化;铸件的精度高、表面质量好;组织细密、性能好;能铸出形状复杂的薄壁铸件。

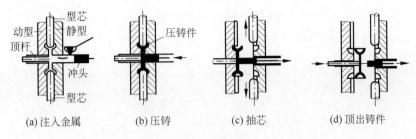

(a)注入金属　　(b)压铸　　(c)抽芯　　(d)顶出铸件

图 1-21　冷压室式压铸机工作原理图

压力铸造的缺点为：设备投资大，压铸铸型制造周期长、成本高；受压型材料熔点的限制，目前不能用于高熔点铸铁和铸钢件的生产；由于浇注速度大，常有气孔残留于铸件内，因此铸件不宜热处理，以防气体受热膨胀，导致铸件变形破裂。

3. 压力铸造的应用

压铸是少或无切削加工的重要工艺，在汽车、拖拉机、航空、仪表、纺织、国防及日用五金等工业部门中，已广泛应用于低熔点有色金属的小型、薄壁、形状复杂件的大批大量生产中。如发动机汽缸体、汽缸盖、仪表壳体、电动机转子、照相机壳体、各类工艺品、装饰品等。

近年来，已研究出真空压铸、加氧压铸、半液态压铸等新工艺，可减少铸件中的气孔、缩孔等缺陷，提高压铸件的力学性能。同时，由于新型压铸型材料的研制成功，钢、铁等黑色金属压铸也取得了一定程度的发展，使压铸的使用范围日益扩大。

图 1-22 所示为常见压力铸造件。

图 1-22　常见压力铸造件

1.3.3　低压铸造

低压铸造是介于金属型铸造和压力铸造之间的一种铸造方法，在 $0.02\sim0.07$MPa 的低压下将金属液自下而上注入型腔，并在压力下凝固成形获得铸件。

1. 低压铸造工艺过程

低压铸造工艺过程包括合型、升液、充型、增压凝固、卸压冷却、开型取件等，低压铸造工艺示意图如图 1-23 所示。

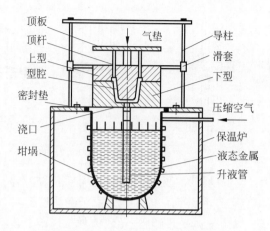

图 1-23　低压铸造工艺示意图

在密闭的坩埚中通入干燥的压缩空气,金属液在气体压力的作用下,沿升液管上升,通过浇口平稳地进入型腔,并保持坩埚内液面上的气体压力,一直到铸件完全凝固为止。然后解除液面上的气体压力,使升液管中未凝固的液体流入坩埚,再由汽缸开型并退出铸件。

2. 低压铸造的特点

(1) 浇注时压力较低,液体金属充型平稳,液态合金中的气体较易排出,气孔、夹渣等缺陷较少。

(2) 铸件成形性好,有利于形成轮廓清晰、表面光洁的铸件,对于大型薄壁铸件的成形更为有利。

(3) 铸件在压力下结晶,铸件组织致密,机械性能好。

(4) 低压铸造不需另设补缩冒口,而由浇口兼起补缩作用,大大提高了金属液的利用率,可达 90% 以上。

(5) 劳动条件好,设备简单,易于实现机械化、自动化生产。

3. 低压铸造的应用

低压铸造主要应用于较精密复杂的铸件,主要用于铝合金及镁合金铸件的大批生产,如汽缸体、缸盖、活塞、曲轴箱、壳体等,也可用于球墨铸铁、铜合金等浇注较大的铸件等。

图 1-24 所示为常见低压铸造件。

图 1-24　常见低压铸造件

1.3.4 熔模铸造

在易熔材料制成的模样上包覆多层耐火材料,待干燥硬化后熔出模样而制成型壳,再经高温焙烧后,将液态金属浇入型壳,待凝固结晶后获得铸件的方法称为熔模铸造或失蜡铸造。

1. 熔模铸造的工艺过程

熔模铸造的工艺过程是:制造压型→压制蜡模→装配蜡模组→结壳→脱蜡→浇注。

图 1-25 所示为熔模铸造工艺示意图。

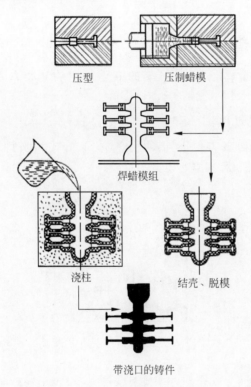

图 1-25 熔模铸造工艺示意图

2. 熔模铸造的特点

熔模铸造是一种精密铸造工艺,铸件的尺寸精度高、表面质量好;适应性强,能生产出形状特别复杂的铸件,适合于高熔点和难切削合金,生产批量不受限制。但熔模铸造的工艺复杂、生产周期长、成本高,不适宜大件铸造。

3. 熔模铸造的应用

熔模铸造是一种少或无切削的先进精密成形工艺,最适合于形状复杂、精密的中小型铸件(质量一般不超过 25kg);可生产高熔点、难切削的合金铸件。目前主要应用于航天、飞机、汽轮机、燃气轮机叶片、泵轮、复杂刀具,汽车、拖拉机和机床上的小型精密铸件生产。

图 1-26 所示为常见熔模铸造件。

图 1-26　常见熔模铸造件

1.3.5　离心铸造

离心铸造是将液态金属浇入正在旋转的铸型中,并在离心力的作用下凝固成形而获得铸件的铸造方法。

1. 离心铸造的工艺过程

离心铸造机按旋转轴的方位不同,可分为立式、卧式和倾斜式三种类型。图 1-27、图 1-28 所示分别为立式和卧式离心铸造示意图。

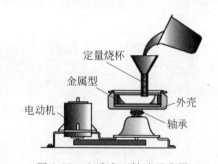

图 1-27　立式离心铸造示意图

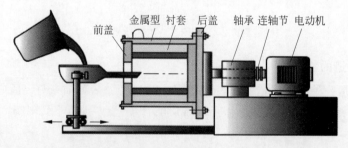

图 1-28　卧式离心铸造示意图

立式离心铸造是铸型绕垂直轴回转,在离心力的作用下,金属液自由表面(内表面)呈抛物面,使铸件沿高度方向的壁厚不均匀。铸件高度越大、直径越小、转速较低时,上、下壁厚差越大。因此,立式离心铸造适用于高度不大的盘类、环类铸件。

卧式离心铸造是铸型绕水平轴回转,由于铸件各部分的冷却、成形条件基本相同,所得铸件的壁厚在轴向和径向都是均匀的,因此,卧式离心铸造适用于长度较大的套筒及管类铸件,如铜衬套、铸铁缸套、水管等。

2. 离心铸造的特点

离心铸造可省去浇注系统和型芯,比砂型铸造省工省料,生产率高,成本低;铸件在离心力的作用下结晶,组织致密,基本上无缩孔、气孔等缺陷,力学性能好;便于双金属铸件的铸造。但铸件的内孔尺寸误差大、表面粗糙;铸件的比重偏析大,金属中的熔渣等密度小的夹杂物易集中在内表面。

3. 离心铸造的应用

离心铸造主要用于大批生产管、筒类铸件,如铁管、铜套、缸套、双金属钢背筒套、耐热钢辊道、无缝管毛坯、造纸机干燥滚筒等;还可用于轮盘类铸件,如泵轮、电动机转子等。

图1-29 常见离心铸造件

图1-29所示为常见离心铸造件。

目 标 检 测

一、填空题

1. 砂型铸造是用_____的铸造方法,其工艺过程一般有_____、造芯、烘干、合箱、_____、落砂、_____及铸件检验等组成。

2. 砂型铸造中的型砂和芯砂必须具备一定的性能要求,如可塑性、强度、_____、透气性和_____等。

3. 常见的手工造型方法有_____、_____、_____和刮板造型等。

4. 铸造时,产生裂纹的原因是由于_____开设不当,砂型与型芯的_____等。

二、选择题

1. 下列不是铸造优点的是(　　)。

　　A. 可以铸造各种形状复杂的铸件　　B. 可以铸造任何金属和合金铸件

　　C. 生产设备简单,投资小,成本低廉　　D. 铸件尺寸均一,精度高

2. 在铸造中,芯砂和型砂相比,应具有强度、耐火性、透气性和退让性(　　)。

　　A. 更高　　　　　　　　　　　　　　B. 更低

　　C. 相等　　　　　　　　　　　　　　D. 说不清

3. 制造模样选择分型面时,应(　　)。

　　A. 为了制造方便,分型面数量应尽量多

　　B. 能使铸件重要表面、基准面在同一组元内

　　C. 尽量为曲面

　　D. 靠近活块,使型芯安置方便、稳固

4. 用于调节熔融金属流入型腔的速度和压力的浇注系统组成部分称为(　　)。

　　A. 直浇道　　　　　B. 浇口杯　　　　　C. 横浇道　　　　　D. 内浇道

5. 从铸件上清除表面落砂、型砂、多余金属的整个过程称为(　　)。

　　A. 落砂　　　　　　B. 清砂　　　　　　C. 清理　　　　　　D. 精整

6. 用手工或机械使铸件和型砂、砂箱分开的操作过程称为(　　)。

　　A. 合型　　　　　　B. 分型　　　　　　C. 落砂　　　　　　D. 清理

7. 铸造时型砂强度不够,易产生(　　)缺陷。

　　A. 气孔　　　　　　B. 砂眼　　　　　　C. 粘砂　　　　　　D. 裂纹

8. 铸造时铸件在凝固过程中得不到足够熔融金属的补充,易产生(　　)缺陷。

　　A. 气孔　　　　　　B. 缩孔　　　　　　C. 砂眼　　　　　　D. 裂纹

9. 铸造时如果浇注速度过快容易产生的缺陷是(　　)。

　　A. 气孔、缩孔　　　B. 缩孔、砂眼　　　C. 气孔、砂眼　　　D. 粘砂、砂眼

思 考 题

　　砂型铸造是铸造工艺中的一种工艺。砂型铸造所用铸型一般由外砂型和型芯组合而成。目前国际上,在全部铸件生产中,60～70%的铸件是用砂型生产的,而且70%左右用粘土砂型生产。

　　请上网查阅资料,从节省资源的角度进行分析,你可以做些什么尝试和改进? 如何理解"绿水青山就是金山银山"这一论断。

单元 2

锻 压

目标描述

了解锻压的分类及常用锻压设备的组成及工作原理、基本操作过程及使用方法。

技能目标

了解常见锻压生产车间的操作规范及设备使用注意事项。

知识目标

了解锻压的分类,熟悉自由锻造生产设备的结构、使用方法及基本工序的操作方法。

2.1 概　述

2.1.1 锻压的定义

利用外力使固态金属材料产生塑性变形,以获得具有一定力学性能、形状和尺寸的机械零件或毛坯的成形方法称为锻压,**主要包括锻造和冲压两种。**

1. 锻造

利用金属的塑性,使材料在工具或模具的冲击或压力下,成为具有一定形状、尺寸和组织性能的工件的加工方法称为锻造,锻造形成的工件称为锻件。

图 2-1 所示为锻造生产,图 2-2 所示为常见锻件。

图 2-1　锻造生产

图 2-2　常见锻件

2. 冲压

使板料经分离或成形而得到制件的工艺称为冲压,用冲压方法制成的工件称为冲压件。

图 2-3 所示为冲压生产,图 2-4 所示为常见冲压件。

图 2-3　冲压生产

图 2-4　常见冲压件

2.1.2　锻压的分类

1. 锻造的分类

锻造按所用工具及安置情况可以分为三类:自由锻、模锻和胎膜锻。

(1) 自由锻

使用一定的工具或设备,利用冲击力或压力使金属在上下两个砧块间自由地向四边流动,产生变形以获得所需锻件的方法称为自由锻。主要分为手工锻造和机械锻造两种。

自由锻的特点是:工艺灵活、成本低,但精度不高,形状简单,对锻工的技术水平要求高,劳动条件差,生产效率低。适用于单件、小批量生产。

(2) 模锻

将加热金属坯料放入具有一定形状的模锻膛内,合模成形获得锻件的方法称为模锻。模锻可分为开式模锻和闭式模锻。

模锻的特点是:能锻造形状比较复杂的锻件,锻件的金属流线分布较均匀且连续,从而提高零件的力学性能和使用寿命;模锻的形状和尺寸较精确,表面粗糙度值小,加工余量较小,可以节省金属材料和切削加工工时;模锻操作较简单,生产率较高,对操作工人的技术要求较低,工人劳动强度也较低,且易于实现机械化和自动化。

模锻与自由锻相比,主要缺点是:锻模结构复杂,制造周期长、成本高;模锻使用的设备吨位大、费用高;锻件不能太大,质量一般在 150kg 以下,且工艺灵活性不如自由锻造,所以模锻适用于中、小型锻件的成批和大量生产。

（3）胎膜锻

在自由锻设备上使用可移动模具生产模锻件的锻造方法称为胎膜锻,是一种介于自由锻和模锻之间的锻造方法。

胎膜锻与自由锻相比,具有生产率高、锻件尺寸精度高、表面粗糙度值小、余块少、节约金属、降低成本等优点。与模锻相比,具有胎膜制造简单、不需贵重的模锻设备、成本低、使用方便等优点,但胎膜锻件的尺寸精度和生产率不如锤上模锻高,工人劳动强度大,胎膜寿命短。因此,胎膜锻适于中、小批生产,在缺少模锻设备的中、小型工厂中应用较广。

2. 冲压的分类

按照冲压时的温度情况,有冷冲压和热冲压两种方式。这取决于材料的强度、塑性、厚度、变形程度、设备能力等,同时应考虑材料的原始热处理状态和最终使用条件。

（1）冷冲压

金属在常温下的加工称为冷冲压。主要优点是不需要加热,无氧化皮,表面质量好,操作方便,费用较低。但冷冲压时有加工硬化现象,严重时使金属失去进一步变形能力。冷冲压要求坯料的厚度均匀且波动范围小,表面光洁、无斑、无划痕等。因此,一般适用于厚度小于 4mm 的坯料。

（2）热冲压

将金属加热到一定的温度范围内的冲压加工方法称为热冲压。热冲压的主要优点是消除内应力,避免加工硬化,增加材料的塑性,降低变形抗力,减少设备的动力消耗;但热冲压时单件成本高,工作环境差。

2.2 自 由 锻

2.2.1 自由锻设备

自由锻设备主要有空气锤、蒸汽-空气锤和水压机。空气锤、蒸汽-空气锤主要用于单件、小批量生产,水压机是生产大型锻件(最大 300t)必不可少的锻压设备。

1. 空气锤

（1）组成及工作原理

空气锤由锤身、压缩缸、工作缸、传动机构、操纵机构、落下部分及砧座等部分组成,是由电动机直接驱动的锻造设备,空气锤的吨位大小(打击能量)是以其落下部分的质量来表示的。其动力来源方便,安装费用低,锤击速度快,每分钟 95～245 次,适用于中、小型锻件的自由锻造和胎模锻造,空气锤的工作原理如图 2-5 所示。

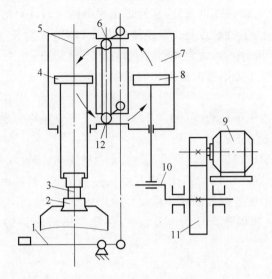

图 2-5　空气锤的工作原理

1—踏杆；2—下砧；3—坯料；4—工作活塞；5—工作缸；6—上旋阀；7—压缩缸；
8—压缩活塞；9—电动机；10—曲轴连杆机构；11—减速机构；12—下旋阀

由图 2-5 可知,当电动机 9 驱动曲轴连杆机构 10 转动,将压缩活塞 8 在压缩缸 7 中向上推时,压缩缸上部空气通过上旋阀 6 进入工作缸,这时在工作缸上部压缩空气和锤头自重的作用下,完成向下运动。当压缩活塞向下运动时,空气流动与上述情况相反,完成向上运动。

（2）基本操作过程

接通电源,启动空气锤后通过脚踏杆或操纵手柄(见图 2-5),操纵上、下旋阀,可以使空气锤实现空转(空行程)、锤头上悬、锤头下压、连续打击、单次打击五种动作。

① 空转(空行程)：转动手柄,上、下旋阀的位置使压缩缸的上、下气道都与大气连通,压缩空气不进入工作缸,而是排入大气中,压缩活塞空转。电动机和减速机构空转,锻锤不工作,锤头靠自重停在下砧铁上。

② 锤头上悬：压缩缸上部和工作缸上部都经上旋阀 6 与大气相通,压缩空气只能经下旋阀进入工作缸的下部,使锤头上悬,便于更换砧铁,放置坯料、工具,检查尺寸或进行调整、清扫等工作。

③ 锤头下压：压缩缸上部和工作缸下部与大气相通,压缩空气由压缩缸的下部经逆止阀及中间通道进入工作缸上部,使锤头向下运动压紧坯料。压紧工件进行弯曲、扭转等操作。

④ 连续打击：将手柄由上悬位置扳到连续打击位置,此时压缩缸和工作缸都不与大气相通,压缩缸将压缩空气不断压入工作缸的上、下空腔,推动锤头上下往复运动,实现连续打击。

⑤ 单次打击：由连续打击演化出单次打击。即在连续打击的气流下,手柄迅速返回悬空位置,打一次即停。单打不易掌握,初学者要谨慎对待,手柄稍不到位,单打就会变为

连打,此时若翻转或移动锻件易出事故。

（3）空气锤的操作规则

空气锤开锤前的准备主要包括以下步骤。

① 检查上、下砧块间的模铁是否松动,检查锤顶部两缸和盖及地脚螺栓部位的螺钉是否紧固正常。

② 检查各部位润滑点、油管、液压泵的工作状况是否正常。

③ 开锤前应检查手柄是否放在空程位置,只有放在空程位置才能起动电动机。

④ 如室温低于10℃时,必须将砧块、工具等进行预热。

（4）开锤生产中的注意事项

① 生产前,必须开锤空运转5～10min,若发现有不正常的声音或其他故障时,则立即停锤检修。

② 工作时,要避免偏心锻造,不允许打冷铁及低于终锻温度以下的锻件。

③ 不准猛烈"冷"击上、下砧块,不允许锻打较薄的低温材料。

④ 生产过程中,夹持锻件必须放正,不宜偏击,并且随时打扫砧上的氧化皮。

空气锤停锤生产后注意事项主要包括以下步骤。

① 停锤后,必须将操作手柄放在空程位置,并在上、下砧块间垫上垫铁,使之冷却。

② 清除砧上及周围的氧化皮,擦拭锤杆上的油污,滑动表面要涂油防锈。

③ 清扫工作场地,将工具按规定放置。

2. 蒸汽-空气自由锻锤

（1）蒸汽-空气自由锻锤的工作原理

蒸汽-空气自由锻锤是指既可以用蒸汽（压力为0.7～0.9MPa）作为动力,也可以用压缩空气（压力为0.6～0.8MPa）作为动力的一种锤。所用蒸汽由热电站或动力站供给;压缩空气一般由压缩空气站供给。

如图2-6所示,当蒸汽（或压缩空气）从下气口进入汽缸1的活塞下面时,在气体压力作用下,将活塞2、锤杆3、锤头4和上砧块5整个落下部分升起,而汽缸上部（活塞上部）的气体经上气口排出。通过操纵系统变换进、排气方向,气体进入汽缸上部时,落下部分在气体压力和自重的作用下快速落下,进行打击下砧块6上的坯料。同时汽缸下部的气体经下气口排出。如此反复,实现对钢坯的锻造。

（2）蒸汽-空气自由锻锤的结构

蒸汽-空气自由锻锤可分为单臂式、双柱式和桥式三种结构。

① 单臂式:单臂式机架为一个整体,立柱位于锤头的一侧,可以在三面操作,特点是空间大,操作方便且结构简单,价格便宜。但是,整个机架刚性差,锤头无导轨,振动大,使用范围受到一定限制,故常用于1 000kg锤以下。

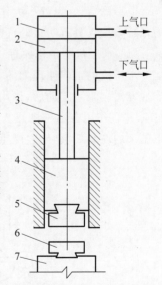

图2-6 蒸汽-空气自由锻工
作原理图

1—汽缸;2—活塞;3—锤杆;

4—锤头;5—上砧块;

6—下砧块;7—砧座

② 双柱式：双柱式是由左右两侧立柱组成拱形机架，而上部上气口支承着汽缸等零部件，称为拱式蒸汽-空气两用自由锻锤。该锤结构紧凑，刚性好，锤头在两侧立柱的导轨中运动，打击平稳。但是，操作只能位于前后两面，空间小，给操作者带来一定困难。

③ 桥式：桥式立柱位于左右两侧，顶部有一个横梁组成门形机架，机架上部安装汽缸等零件，操作空间大，特别适用于大尺寸的锻件。但锤的轮廓较大，占地面积多，锤头导向部分刚性差，连接螺钉易断，故这种锤已很少使用。

（3）蒸汽-空气自由锻锤使用规则及其班前准备工作

① 检查地角、导轨、调整模和汽缸平板等螺钉有无松动、裂纹以及其他特殊情况。

② 检查上、下砧垫，砧块与模固定结合情况。

③ 打开气阀排除冷凝水。

④ 检查导轨、操作手柄系统等润滑是否良好，按规定添加润滑油。

⑤ 使用前将锤头、砧块和锤杆预热至 100～150℃。

（4）生产中的主要注意事项

① 发现异常噪声或漏气，立即停锤检修。

② 禁止打冷铁或较薄的低温锻件，尽量避免偏心锻造和锤空击。

③ 随时清除下砧的氧化皮。

3. 自由锻造水压机

大型自由锻造水压机是锻造大型锻件的主要设备。水压机既能进行自由锻造，也能进行模型锻造，它以静压力作用在锻件坯料上，使其产生塑性变形，与锤锻相比，因无冲击力，噪声更小，具有明显的优越性。

（1）水压机的工作原理

水压机的工作原理如图 2-7 所示，泵室 7 与水压机工作缸 5 由管道 6 连接成密闭的连通容器。当泵起动后，作用在泵柱塞 8（相当于小柱塞）上的力通过管道 6 传递到工作缸 5，并且作用在水压机柱塞 4（相当于大柱塞）上，从而产生增大的力，通过上砧 3 作用在下砧 1 的坯料 2 上，使之产生变形。

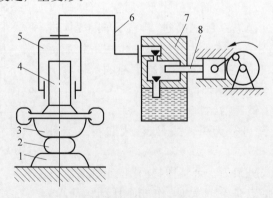

图 2-7　水压机工作原理

1—下砧；2—坯料；3—上砧；4—水压机柱塞；5—工作缸；6—管道；7—泵室；8—泵柱塞

（2）水压机的结构

水压机的本体结构形式可分为三种，即上传动式、下传动式和单臂式。应用最广的自由锻水压机多为三梁四柱上传动式，如图 2-8 所示。水压机由固定系统和活动系统两部分组成。固定系统部分包括下横梁 1、立柱 2、上横梁 4、工作缸 6 和回程缸 10，下砧块 12 装在下横梁 1 上；活动系统部分包括活动横梁 3、工作柱塞 5、回程柱塞 9、回程横梁 13 和拉杆 14，上砧块 11 装在活动横梁的下面。

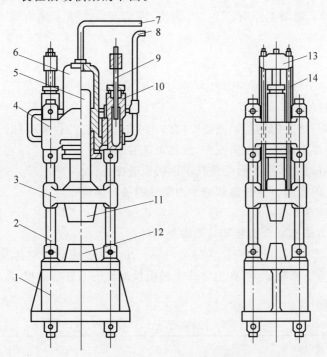

图 2-8　自由锻造水压机

1—下横梁；2—立柱；3—活动横梁；4—上横梁；5—工作柱塞；6—工作缸；7、8—管道；
9—回程柱塞；10—回程缸；11—上砧块；12—下砧块；13—回程横梁；14—拉杆

当高压水沿管道 7 进入工作缸时，工作柱塞带动活动横梁沿立柱下落，实现上砧块对坯料的锻压；当高压水从管道 8 进入回程缸的下腔时，推动回程柱塞向上运动；回程柱塞通过回程横梁、拉杆带着活动横梁和上砧块离开坯料上升，同时，工作缸内的水由管道排往低压水源。

水压机工作时，活动横梁的空程向下、工作行程、回程及悬空等动作通过操纵机构实现。操纵机构称分配器，由各种控制阀组成并装入箱体，通过操纵手柄可控制各阀的开启和关闭。

水压机的吨位是以上砧块的最大工作压力来表示的。常用水压机的吨位为 500～12 000t，适用于大型锻件的生产。

水压机的锻造能力强，锻透深度大，锻造时坯料变形速度低，无振动，是目前制造大型锻件理想的锻压设备。

2.2.2 自由锻造基本工序

自由锻造的基本工序是指锻造过程中使金属产生塑性变形,从而达到锻件所需形状和尺寸的工艺过程。

自由锻造时,锻件的形状是通过一些基本变形工序将坯料逐步锻成的。自由锻的工序有基本工序、辅助工序和修整工序。基本工序有镦粗、拔长、冲孔、扩孔、弯曲、扭转、错移和切割等;辅助工序有压钳口、倒棱、压肩等;修整工序有修整、校直、平整端面等。

1. 镦粗

使坯料高度减小而横截面积增大的锻造工序称为镦粗。

(1) 镦粗的目的

① 将高径(宽)比大的坯料锻成高径(宽)比小的饼、块、凸台等锻件。

② 冲孔前平整端面和增大横截面,满足工艺要求。

③ 增大坯料横截面,提高后续拔长工序的锻造比。

④ 提高锻件的横向力学性能和减少力学性能的异向性。

(2) 镦粗的基本方法

镦粗的基本方法有完全镦粗和局部镦粗两种。

坯料沿全长产生变形的镦粗称为完全镦粗。其方法是将坯料整体加热后,竖立于平砧、平台、回转台或下镦粗盘上,在上砧或上镦粗板的作用下进行镦粗,常见完全镦粗方法及应用场合见表 2-1。

表 2-1 常见完全镦粗方法及应用场合对比表

简图					
类型	平砧间镦粗	平板间镦粗	上球面镦粗板和下平板间镦粗	带钳口上平板镦粗	带钳口上球面镦粗板镦粗
应用场合	多用于锻造饼、块类锻件	多用于锻造饼、块类锻件	主要用于冲孔后要求端面平整的坯料镦粗	常用于锻宽板或矩形截面的锻前锭料镦粗	常用于锻宽板或矩形截面的锻前锭料镦粗

坯料只是局部长度(端部或中间)进行的镦粗称为局部镦粗。**局部镦粗又分为端部和中间镦粗。**

① 将加热(全部或局部)坯料的一端插入漏盘或胎模中限制变形,使端部产生镦粗变形,称为端部镦粗,如图 2-9 所示。

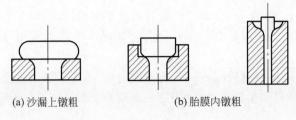

(a) 沙漏上镦粗　　　(b) 胎膜内镦粗

图 2-9　端部镦粗

② 将加热的坯料直接（或两端拔出凸台后）置于两漏盘之间，使坯料中间产生镦粗变形，称为中间镦粗，如图 2-10 和图 2-11 所示。

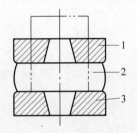
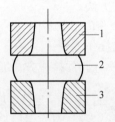

图 2-10　在两个漏盘间直接镦粗　　　图 2-11　拔出凸台后在漏盘之间镦粗

1—上漏盘；2—锻件；3—下漏盘　　　1—上漏盘；2—锻件；3—下漏盘

2. 拔长

使坯料横截面积减小而长度增加的锻造工序称为拔长。

（1）拔长的目的

用于轴、杆类锻件的锻造成形和提高锻件的内部质量。

（2）拔长的方式

拔长一般是在上、下平砧上进行的。为提高生产率，水压机上常用上平砧、下 V 形砧拔长。在拔长塑性差的钢种时，为改善应力状况，可采用上、下 V 形砧拔长。为提高锻件表面质量则可用上、下弧形砧拔长。

（3）拔长的操作方法

为使坯料在拔长过程中各部分的温度和变形均匀，拔长时应将坯料一边送进，一边不停地翻转。

上、下平砧拔长翻转坯料的方法有 3 种，如图 2-12 所示。

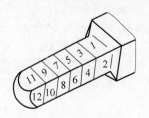
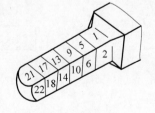
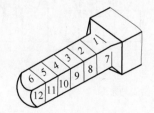

(a) 左右反复翻转90°　　　(b) 沿螺旋线翻转90°　　　(c) 沿坯料全长拔长一遍后翻转90°，再依次拔长

图 2-12　上、下砧拔长操作方法

① 左右反复翻转 90°拔长,常用于一般材料的小型锻件,如图 2-12(a)所示。

② 沿螺旋线翻转 90°拔长,常用于锻造台阶轴。它可以防止偏心,如图 2-12(b)所示。

③ 沿坯料全长拔长一遍后翻转 90°,再依次拔长,多用于锻造大型锻件,如图 2-12(c)所示。此方法易使坯料产生弯曲,因此拔完一遍后应翻转 180°,将坯料校直,再翻转 90°,依次拔长。

3. 冲孔

在坯料上锻造出通孔或不通孔的锻造工序称冲孔。锻造各种带孔锻件和空心锻件都需要冲孔。

(1) 冲孔的方法

根据所用冲头的形状不同,分为实心冲头冲孔和空心冲头冲孔。

(2) 冲孔的操作方法

① 实心冲头冲孔的操作方法有双面冲孔(见图 2-13)和单面冲孔(见图 2-14)两种。

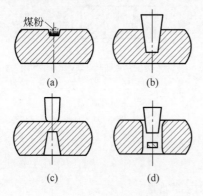

图 2-13　实心冲头双面冲孔

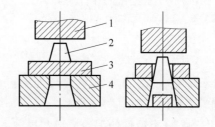

图 2-14　实心冲头单面冲孔

1—上砧;2—冲头;3—坯料;4—漏盘

双面冲孔的操作方法:在锤锻上冲孔一般是冲头的小头向下,如图 2-15 所示;在水压机上冲孔一般是冲头的大头向下,如图 2-16 所示。

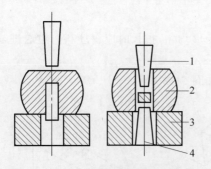

图 2-15　在锻锤上不放煤粉的冲孔方法

1—第二只冲头;2—坯料;3—漏盘;4—第一只冲头

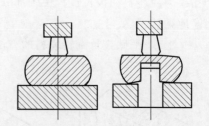

图 2-16　水压机双面冲孔

操作时,将冲头放置于坯料冲孔处并冲入坯料,当深度达到坯料的三分之二到四分之三,取出冲头,将坯料翻转 180°,再从反面对准孔位将冲头冲入,并将孔冲穿。

为了使冲孔位置准确及易于取出冲头,先将冲头放在坯料冲孔处轻击一下,取出冲头观察冲出的凹坑位置是否正确。若不正确可重新校正冲头位置,待位置正确后在凹坑内放些煤粉,再放上冲头继续锤击,直至应冲的深度;取出冲头,将坯料翻转180°,对准孔位放上冲头继续锤击将孔冲透。这种方法操作不太安全,冲头易弹出伤人,操作时应特别小心;不可连击,也不可将锤头抬得过高。

另一种是不放煤粉的冲孔方法,如图2-15所示。当冲头冲入坯料达到深度后,冲头不取出,将坯料翻转180°后放在漏盘上,然后用第二个冲头从坯料的上面对准孔位冲入,直至冲穿。

单面冲孔的操作方法:实心冲头单面冲孔常用于坯料高度与直径之比小于0.125(即$H/D < 0.125$)的薄坯料冲孔。操作时将坯料置于漏盘上,将冲头大头向下对准孔位,锤击冲头直至冲透,如图2-14所示,冲孔后应稍加平整。这种冲孔的特点是坯料变形小,但芯料损耗大。

② 空心冲头冲孔的操作方法:冲孔操作时,将坯料的冒口端向下,冲头和冲垫应放正。当冲孔到一定深度后,将坯料和冲头移在漏盘上继续冲,直到把孔冲透,如图2-17所示。空心冲头冲孔的特点是坯料变形较小,芯料损耗大,但因钢锭中心质量差的部分被冲掉,从而改善了锻件的力学性能。

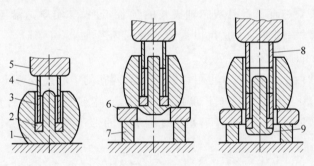

图 2-17　空心冲头冲孔

1—坯料;2—冲头;3—第一个冲垫;4—第二个冲垫;5—上砧;6,7—漏盘;8—第三个冲垫;9—芯料

4. 扩孔

减小空心毛坯壁厚而增加其内、外径的锻造工序称为扩孔。扩孔的方法有冲头扩孔、马杠扩孔和劈缝扩孔等。

(1) 冲头扩孔的操作方法

冲头扩孔又称为过孔,是先在坯料上冲出较小的孔,然后用直径较大的冲头,逐步将孔径扩大到要求的尺寸,如图2-18所示。

冲头扩孔时,坯料壁厚减薄,内、外径扩大,端面略有拉伸,高度略有减小。因此,扩孔前坯料高度 H_0 应为锻件高度 H 的1.05倍,以使扩孔后进行端面平整、滚圆等修整。

为防扩孔时将坯料胀裂,每次扩孔量不宜过大,一般

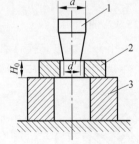

图 2-18　冲头扩孔

1—扩孔冲头;2—坯料;3—漏盘

应控制在 30~15mm。对扩孔量较大的锻件,必须更换不同直径的冲头进行多次扩孔,而且坯料温度过低应重新加热后再扩。

(2) 马杠扩孔的操作方法

将马杠穿入预先冲好孔的坯料中,马杠支承在马架上,沿坯料圆周进行锤击将孔扩大,如图 2-19 所示。锤击的同时马杠不断绕其轴线转动而带动坯料转动进行送进,使坯料周而复始地受到锻压,随之坯料壁厚减小内外径增大,高度稍有增加,直至达到所要求的尺寸为止。由于扩孔后高度稍有增加,因此坯料高度应比锻件高度低一些。

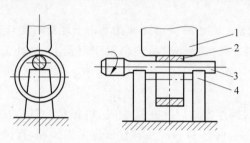

图 2-19 马杠扩孔

1—上砧;2—坯料;3—马杠;4—马架

马杠扩孔用于锻造环形锻件或芯轴拔长的预备工序,其实质是沿坯料圆周拔长。马杠扩孔不易产生裂纹,用这种方法可以锻造薄壁圆环锻件。

(3) 劈缝扩孔的操作方法

在坯料上预冲两个小孔(不冲也可以),然后沿两孔的中心连线劈开,再用冲头胀开切口成圆形,如图 2-20 所示。劈缝的长度应接近孔径。这种方法是一种特殊的制孔方法,用于锻造大孔径薄壁圆环锻件或外形是不规则形状的带孔薄壁锻件。

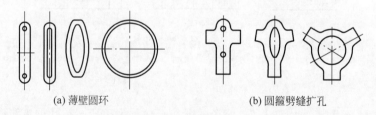

(a) 薄壁圆环　　　　　　　　　　(b) 圆箍劈缝扩孔

图 2-20 劈缝扩孔

5. 弯曲

采用一定的工具模具将坯料弯成规定外形的锻造工序称为弯曲。用于锻造各种弯曲类锻件,如吊钩、卡瓦、弯曲轴、杆等。

(1) 弯曲的操作方法

弯曲的方法很多,有平砧间弯曲、平板上弯曲、支架上弯曲和胎膜中弯曲等。

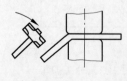

图 2-21 大锤打弯

① 平砧间弯曲　将坯料的一端压紧在上、下砧之间,另一端用大锤打弯,如图 2-21 所示,或用吊车打弯,如图 2-22 所示。

② 平板上弯曲　将芯轴 2 和挡块 4 固定在平板上,如图 2-23 所示。坯料 3 需弯曲的一端放在芯轴和挡铁之间,在另一端施加力使坯料产生弯曲。若坯料较小,可套上套筒 5 用手工弯曲;对于较大的坯料可用吊车拉弯。由于芯轴的直径是根据锻件弯曲半径选定的,因此这种方法弯曲的锻件尺寸,尤其是弯曲半径比平砧间弯曲要准确。

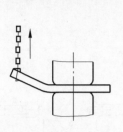 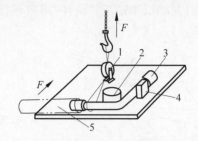

图 2-22　吊车打弯　　　　　　　图 2-23　平板上弯曲

1—滑轮;2—芯轴;3—坯料;4—挡块;5—套筒

③ 支架上弯曲　如图 2-24 所示,它多用于弯曲较复杂的大、中型锻件。因为支架上的支点是可转动的滚子,所以弯曲部分截面的变形较小;而且支点间的距离是可调的,所以可弯曲不同弯曲半径的锻件。

④ 胎膜中弯曲　如图 2-25 所示,因弯曲是在专用胎膜中进行的,因此能获得形状和尺寸都较准确的锻件。

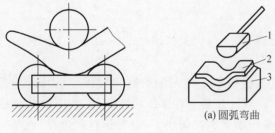 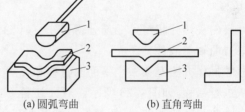

(a) 圆弧弯曲　　　　　(b) 直角弯曲

图 2-24　支架上弯曲　　　　　　图 2-25　胎膜中弯曲

1—模心(压铁);2—坯料;3—垫模(下模)

(2) 弯曲的操作要求

① 为保证锻件质量,坯料加热部分不宜过长,最好只加热弯曲部分,并且加热要均匀。

② 锻件需多处弯曲时,一般弯曲顺序是:首先弯锻件的端部,其次弯与直线相连的部分,然后弯曲其余部分。

③ 弯曲时,坯料外侧产生拉伸,内侧产生皱褶,使截面积缩小,因此在制坯时弯曲部分截面积适当增大并锻出凸肩,或者选用截面积稍大的坯料,弯曲后再拔长其余部分至锻件尺寸。

6. 扭转

将坯料的一部分相对另一部分绕其轴线旋转一定的角度的锻造工序称为扭转。可用于锻造曲轴、麻花钻、地脚螺栓等锻件。

（1）扭转的操作方法

扭转分小型锻件扭转和大型锻件扭转两种方法。

① 小型锻件扭转用上、下砧压住锻件，然后用大锤打击锻件，使其扭转，如图 2-26 所示。

② 大型锻件扭转以锤砧压紧锻件，用扭转扳子夹住需扭转部分，靠吊车拉力使其扭转，如图 2-27 所示。

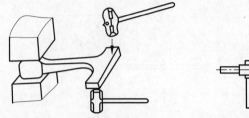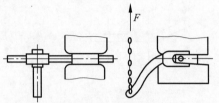

图 2-26　小型锻件扭转　　　　　　图 2-27　大型锻件扭转

（2）扭转的操作要求

扭转时，由于扭转部分内、外层金属变形不均匀，易产生裂纹，因此应遵循以下要求。

① 扭转部分表面必须光滑，无裂纹，对短粗轴颈最好机械加工后再扭转。

② 扭转部分应加热到塑性最好的温度范围，并保温均匀后再进行扭转。

③ 扭转后，锻件必须缓慢冷却，最好进行退火冷却。

7. 错移

将坯料的一部分相对另一部分错移开，但仍保持轴心平行的锻造工序称为错移。它常用于锻造曲轴类锻件。

错移的操作方法有在一个平面内错移和在两个平面内错移两种。对小坯料可在锤上用扁方铁进行错移，如图 2-28 所示。对大坯料可在水压机上通过上、下砧彼此错位来进行错移。为防止坯料弯曲，将坯料另一端支承在垫块上，随着错移的进行，逐渐减少支承垫块，如图 2-29 所示。

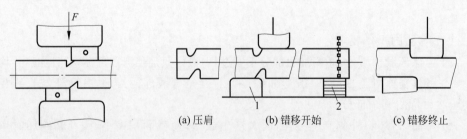

(a) 压肩　　　　(b) 错移开始　　　　(c) 错移终止

图 2-28　小型坯料的错移　　　　图 2-29　水压机上大型坯料错移

1—下砧；2—垫块

在一个平面内错移，是指上、下压肩切口位置在同一垂直平面内，如图 2-30 所示。

在两个平面内错移，是上、下压肩切口位置彼此有一段距离，其距离的大小由工艺决定，如图 2-31 所示。

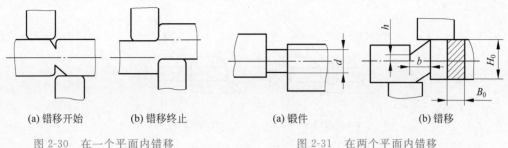

| (a) 错移开始 | (b) 错移终止 | (a) 锻件 | (b) 错移 |

图 2-30　在一个平面内错移　　　　　图 2-31　在两个平面内错移

因压肩会使坯料切口肩部产生拉缩现象,错移后必须进行修整,为此切口肩部应留有足够的拉缩量。

8. 切割

将坯料分成几部分或部分切割,或从坯料的外部割掉一部分,或从内部割出一部分的锻造工序称为切割。切割用于下料、切头和剁下锻件。

（1）切割的工具

切割的工具有剁刀、克棍。剁刀有水压机剁刀和锤用剁刀。水压机剁刀分为大型剁刀和小型剁刀,大型剁刀是用工具提升机构或剁刀操作机操作,小型剁刀由人工操作。锤用剁刀质量轻,形状复杂,有直剁刀、圆头剁刀、成形剁刀和单面剁刀等,锤用剁刀都是由人工操作。

（2）切割操作方法

常用的切割方法有克断法、单面切割法、双面切割法、四面切割法和圆周切割法等。

① 克断法　它用于切割薄坯料,切割时将坯料放在上、下克棍之间,两克棍刀口稍错开,锤击上克棍,坯料即被切断,如图 2-32 所示。

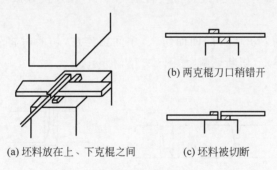

(b) 两克棍刀口稍错开

(a) 坯料放在上、下克棍之间　　(c) 坯料被切断

图 2-32　克断法

② 单面切割法　它是将剁刀垂直放在坯料的切割线上,锤击剁刀使其切入坯料,直到底部留下一层略小于克棍厚度的连皮时,取出剁刀,将料翻转 180°,再把克棍放在连皮上锤击克棍,坯料即被切断,连皮则成为废料,应去掉,如图 2-33 所示。

③ 双面切割法　它分为无毛刺切割和有毛刺切割两种。

无毛刺双面切割法是将剁刀从坯料两面切入约一半厚度,中间留一层连皮,然后把剁刀背向下放在切口上,打击剁刀,坯料即被切掉。这种方法切断的端面比较平整,无毛刺。

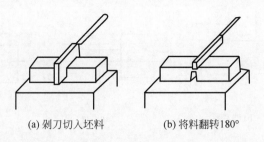

(a) 剁刀切入坯料　　　　　(b) 将料翻转180°

图 2-33　单面切割

　　有毛刺双面切割法是将剁刀切入坯料厚度的三分之二,如图 2-34(a)所示。然后取出剁刀,将坯料翻转 180°,按图 2-34(b)所示的双点画线位置放上剁刀,锤击剁刀直至切断。如图 2-34(c)所示,该方法易产生毛刺,因此,常用于切除料头,并将毛刺留在料头上。

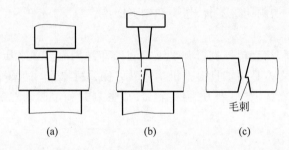

(a)　　　　　　(b)　　　　　　(c)

图 2-34　有毛刺双面切割

　　④ 四面切割法　首先在坯料上、下两面相对切下,如图 2-35(a)所示。然后翻转 90°在第三面切下,底部留有连皮,最后将坯料翻转 180°,在连皮处放上克棍,锤击克棍将坯料切断。

　　另一种方法是剁刀从坯料的四面切入,中间留连皮,切断时将剁刀背向下放在连皮上,锤击刀刃,克去连皮,切断坯料,如图 2-35(b)所示。

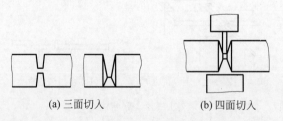

(a) 三面切入　　　　　(b) 四面切入

图 2-35　四面切割法

　　四面切割时坯料端面平整,无毛刺,常用于切割大截面坯料。

　　⑤ 圆周切割法　它用于切割圆形坯料。切割时第一刀切入 1/3～1/2,将坯料转120°～150°后,第二刀切入 1/3～1/2,再将坯料转 120°～150°,第三刀切下剩余部分,如图 2-36 所示。

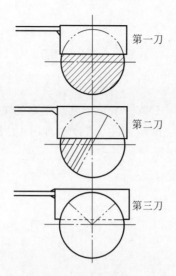

第一刀

第二刀

第三刀

图 2-36　圆周切割法

目 标 检 测

一、填空题

1. 锻造是在_____的作用下,使金属坯料或铸锭产生,以获得一定几何形状、尺寸和质量的锻件的加工方法。根据成形方式不同,锻造分为_____和_____两大类。

2. 锻造能改善金属的_____,提高金属的_____,具有较高的劳动生产率。

3. 锻造时加热速度过快,锻件易出现的缺陷是_____。

4. 自由锻常见的缺陷有裂纹_____、_____、_____、_____等。

二、选择题

1. 以下不是锻造优点的是(　　)。
   A. 改善金属的内部组织　　　　　B. 提高金属的力学性能
   C. 锻造形状复杂的锻件　　　　　D. 加工范围广

2. 始锻温度是指锻件开始锻造的温度,含碳量越高的碳素钢,始锻温度(　　)。
   A. 越高　　　　B. 越低　　　　C. 相等　　　　D. 视具体情况而定

3. 提高加热温度可以提高生产率,对于导热性较好的材料,加热的方法是(　　)。
   A. 先低温预热,再高温快速加热　　　B. 先低温快速加热,再高温加热
   C. 高温和低温一样　　　　　　　　D. 直接加热

4. 对于空冷、坑冷和堆冷,他们的冷却速度正确的是(　　)。
   A. 空冷＞坑冷＞堆冷　　　　　B. 坑冷＞空冷＞堆冷
   C. 堆冷＞坑冷＞空冷　　　　　D. 空冷＞堆冷＞坑冷

5. 坯料在锻压时送进量小于单面压下量容易引起的缺陷是(　　)。
   A. 裂纹　　　　B. 末端凹陷　　　　C. 轴心裂纹　　　　D. 折叠

思 考 题

在很多人心目中,自由锻压工是一项安全风险很高的工种,如果你是车间主任,如何理解"以人为本"和"安全第一、预防为主、综合治理"的方针,在员工培训中,你会如何去做?

单元 3

焊 接

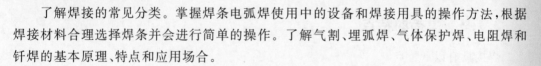

3.1 概　　述

3.1.1　焊接的定义

焊接就是通过加热、加压或者两者并用,并且用(或不用)填充材料,使焊件达到原子结合的一种加工方法,如图 3-1 所示。

焊接是一种永久性连接金属材料的工艺方法,它不仅可以连接各种同质金属,也可以连接各种不同质的金属,在现代工业生产中具有十分重要的应用。

焊接技术作为一门连接技术,历经百年的发展,现已成为众多工业制造领域中不可缺少的工艺方法,小到轻工业,大到国防、军工领域都可以看到焊接技术的实际应用。

焊接技术主要应用于三种领域：高精尖领域，如军工、航空航天、核电和高速铁路等；重型工业领域，如船舶、汽车、压力容器、石化装备、电力建设、管道及重型机械设备等；轻工民用领域，如建筑装饰施工、五金工具及家电行业等。

图 3-1　焊接

3.1.2　焊接的分类

金属焊接方法有 40 种以上，按照各种焊接方法的基本特征，总体上分为三类，即熔（化）焊、压（力）焊和钎焊。

1. 熔焊

熔焊是将待焊两工件接口处迅速加热熔化，形成熔池（在焊件上由熔化的填充金属与局部熔化的母材共同组成的一个具有一定几何形状的液态金属区）。熔池随热源向前移动，冷却后形成的连接两个被连接体的接缝称为焊缝，从而将两工件连接成为一体。

2. 压焊

压焊是在加压条件下，使两工件在固态下实现原子间结合，又称固态焊接。常用的压焊工艺是电阻对焊，当电流通过两焊件的连接端时，该处因电阻很大而温度上升，当温度升高到一定程度使工件处于塑性状态时，在轴向压力作用下连接成为一体。

3. 钎焊

钎焊是使用比工件熔点低的金属材料作钎料，将工件和钎料加热到钎料熔点，低于工件熔点的温度，利用液态钎料润湿工件，填充接口间隙并与工件实现原子间的相互扩散，从而实现焊接的方法。

3.1.3　焊接的特点

焊接具有以下特点。

（1）与铆接相比，焊接可以节约金属材料，接头密封性好，容易实现机械化和自动化。

（2）与铸造、锻造相比，焊接生产程序简单，经济效益高。用型材等拼焊成焊接结构件来代替大型复杂的铸件，生产周期短，劳动强度低。

（3）设备简单，操作方便，生产成本低。

3.2　焊条电弧焊

3.2.1　施焊原理

焊条电弧焊是熔焊中最常见的类型，工作原理如图 3-2 所示。

（1）电弧在焊条和焊件之间燃烧，电弧热使工件和焊芯同时熔化形成熔池，同时使焊

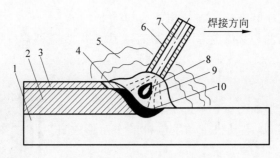

图 3-2　焊条电弧焊示意图

1—焊件；2—焊缝；3—渣壳；4—熔渣；5—气体；6—药皮；7—焊芯；8—熔滴；9—电弧；10—熔池

条的药皮熔化并分解，熔化后的药皮与液态金属发生物理化学反应，形成的熔渣从熔池中上浮。

（2）药皮受热分解后产生大量的保护气体，和熔渣一起保护熔化金属。

（3）电弧沿着焊接方向推进后，工件和焊条不断熔化汇成新的熔池，原来的熔池不断冷却凝固，构成连续的焊缝。

3.2.2　焊接电弧

电弧是焊条和工件之间的气体放电现象。电弧放电电压低，电流大，温度低，将电弧放电作焊接热源，既安全，加热效率又高。

1. 电弧的组成

焊接电弧可分为三个区域，即阳极区、弧柱区和阴极区，如图 3-3 所示。

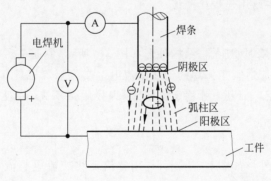

图 3-3　电弧的组成

2. 焊接电弧的温度和热量分析

用钢焊条焊接时，阴极区温度为 2 400K 左右，放出热量为电弧总热量的 38％；阳极区温度为 2 600K 左右，热量占 42％；弧柱区中心温度可达 5 000～8 000K，热量占 20％左右。

3.2.3　焊接电源

焊条电弧焊的焊接电源（俗称电焊机），用于提供焊接所需的能量，其空载电压为

$60 \sim 100V$，工作电压为 $25 \sim 45V$，输出电流为 $50 \sim 1\,000A$。

电焊机有直流电源和交流电源两种，分直流弧焊机、交流弧焊变压器和弧焊整流器三大类。

1. 直流弧焊机

直流弧焊机的外形如图 3-4 所示，它由一台交流电动机和一台直流发电机组成，电动机带动发电机工作而形成直流焊接电源。

直流弧焊机提供直流电，制造较简单，成本较高，但是其电弧稳定焊接质量好。直流弧焊机有正反两种接法。

（1）正接法　将焊件接焊机正极，焊条接焊机负极，这种接法称为正接法，如图 3-5(a)所示。其发热量大，主要用于焊接厚板。

图 3-4　直流弧焊机

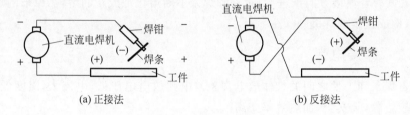

(a) 正接法　　　　　　　　　　(b) 反接法

图 3-5　正接法和反接法

（2）反接法　将焊件接焊机负极，焊条接焊机正极，这种接法称为反接法，如图 3-5(b)所示。其发热量小，主要用于焊接薄板。

2. 交流弧焊机

交流弧焊机又称弧焊变压器，结构外形如图 3-6 所示，它是一种特殊的变压器。它把网络电压的交流电变成适宜于弧焊的低压交流电。交流弧焊机具有结构简单、易造易修、成本低、效率高等优点。但其电弧稳定性较差，焊接质量不高，一般用于手弧焊、埋弧焊、钨极氩弧焊等方法。

3. 弧焊整流器

弧焊整流器结构外形如图 3-7 所示，它用整流器将交流电整流成直流电作为焊接电源，具有噪声小、空载损耗小、成本低、制造和维修容易等优点，其应用已日趋普及。

图 3-6　交流弧焊机　　　　　　　　　图 3-7　弧焊整流器

3.2.4　焊接用具

焊条电弧焊必备的焊接用具有焊接电缆、焊钳、面罩、焊条保温筒、焊条烘干箱和辅助器具等。

1. 焊接电缆

焊接电缆以实现焊钳、焊件对焊接电源的连接,并传导焊接电流,如图 3-8 所示。焊接电缆应具有良好的导电能力和良好的绝缘外皮。线芯为多股细铜线,并应按照国家标准选用。焊接电缆的两端可通过接线夹头连接焊件与焊机,以减小连接电阻;工作时要防止焊件压伤或折断电缆;切忌电缆与刚焊完的热焊件接触,以防电缆被烧坏;一般要使用整根电缆线,中间不要有接头;严禁焊接电缆与油脂等易燃物料接触。

快速接头是一种快速方便地将焊接电缆与焊机连接或接长焊接电缆的专用器具,如图 3-9 所示,它应具有良好的导电性能和外套绝缘性能,使用中不能松动,保证接触良好、安全可靠,禁止砸碰。

图 3-8　焊接电缆

图 3-9　快速接头

2. 焊钳

在焊条电弧焊中,用以夹持焊条并传导电流进行焊接的工具叫作焊钳,俗称焊把,如图 3-10 所示。焊钳主要有 300A 和 500A 两种规格。

（1）焊钳的选择

选用焊钳时注意以下几点。

① 根据焊接电源的额定电流选用相应的焊钳。

② 焊钳应在任何角度上能迅速牢固地夹持不同直径的焊条。

图 3-10　焊钳

③ 焊钳的夹持部位导电性能良好。

④ 焊条的手柄应有良好的绝缘和隔热性能。

（2）使用注意事项

① 通电后,焊钳不得与焊件接触,以免烧坏焊钳。

② 焊钳上的弹簧失效后应及时更换,钳口应保持清洁。

③ 焊钳与电缆的连接必须牢固。

④ 过热的焊钳不能放入水中冷却,防止触电。

⑤ 应经常检查焊钳的各个部位,以防松动。

3. 面罩

面罩是防止焊接时的飞溅、弧光及高温辐射对焊工面部及颈部造成灼伤的一种遮蔽工具,用红色或褐色石棉纸板压制而成,有手持式和头盔式两种,如图 3-11 所示。面罩的正面开有长方形孔,内嵌白色玻璃和护目玻璃。

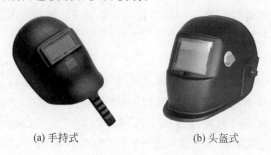

(a) 手持式　　　　　　　　(b) 头盔式

图 3-11　焊接面罩

焊接时,护目玻璃有减弱电弧光和过滤红外线、紫外线的作用,颜色以墨绿色和橙色居多。

4. 焊条保温筒和焊条烘干箱

焊条保温筒是在施工现场供焊工携带的可储存少量焊条的一种保温容器,它与电焊机的二次电压相连,以保持一定的温度,如图 3-12 所示。

焊条烘干箱是对受潮焊条进行烘干的设备,使用前按规定穿好劳动保护用品,检查烘干机的接地保护是否牢固可靠。取送焊条前必须切断电源,以免产生触电事故,如图 3-13 所示。

图 3-12　焊条保温筒

图 3-13　焊条烘干箱

5. 常用焊接辅助工具

(1) 敲渣锤。清除焊渣用的尖锤,可提高清渣效率。

(2) 錾子。用于清除焊渣,也可铲除飞溅物和焊瘤。

(3) 钢丝刷。可用于清除焊件表面的铁锈、油污等。清除坡口和多层焊道时,宜用两三行窄形弯把钢丝刷。

(4) 锉刀。一般使用半圆锉,用于修理根部接头。

(5) 焊工手套。是使焊工手臂不被灼伤、防止触电的专用护具。不要戴着手套直接拿灼热的焊件和焊条头。破损的手套应及时修补或更换。

（6）护脚布。保护焊工脚腕，避免被灼伤。

（7）工作服。是防止弧光及火花灼伤人体的防护用品，一般由较坚固且不宜着火的白色帆布制成，袖口要小，开口不要过多。焊接时，上衣不要掖在裤子里，盖好口袋，纽扣应扣好。

（8）平光眼镜。供清渣时佩戴，防止焊渣崩射眼睛。

（9）角向磨光机。主要用来打磨坡口和焊缝接头，或修磨焊接缺陷，不得强力或冲击性使用，严禁提拉电缆。其型号按砂轮片的直径来编制，砂轮片直径越大，电动机功率越大。型号包括$\phi100mm$、$\phi125mm$、$\phi150mm$、$\phi180mm$。

（10）电动磨头。具有角向磨光机的功能，不过磨头较小，易实现细小部位的磨削。其切屑易飞出伤人，使用时应加强自身及他人的防护；刀具更换时应夹紧，严禁使用已弯曲的刀具。

（11）气动刮铲机和针束打渣除锈器。主要用于除锈、打渣，其结构轻巧灵活，后坐力小，安全方便。突出优点是大大降低了清除焊渣过程中的飞溅及劳动强度。

（12）地线夹。为保证导线与焊件可靠地连接，可采用地线夹或多用对口钳。地线夹的形状如图 3-14 所示。GQ-2 型多用对口钳（见图 3-15）用于快速钳紧，适用于 30～70mm 板厚。

（13）管焊对口钳。焊接管子对接焊缝时，若采用管焊对口钳进行装配，可保证同轴度，焊完定位焊缝后，拆下管焊对口钳即可进行焊接。常用的管焊对口钳如图 3-16 所示，适用于 $\phi15～\phi108mm$ 管子的对接焊。

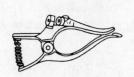 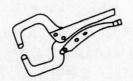 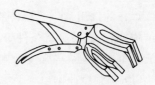

图 3-14　地线夹　　　　图 3-15　GQ-2 型多用对口钳　　　　图 3-16　管焊对口钳

（14）焊缝测量器。焊缝测量器是测量焊缝角度及外形尺寸的量具，可用来测量坡口角度、间隙宽度、错边量大小、焊缝高度和焊缝宽度等。其使用方法如图 3-17 所示。

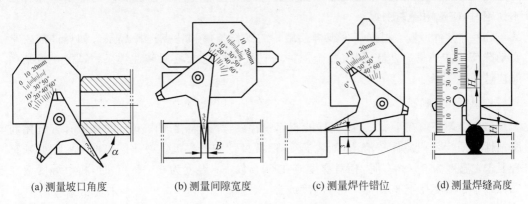

(a) 测量坡口角度　　　(b) 测量间隙宽度　　　(c) 测量焊件错位　　　(d) 测量焊缝高度

图 3-17　焊缝测量器用法示例

3.2.5　焊条

1. 焊条的组成

焊条由焊芯和药皮组成。

(1) 焊芯。焊条中被药皮包覆的金属芯称为焊芯,它是具有一定长度和直径的金属丝。焊芯在焊接过程中主要有两个作用:一是传导焊接电流,维持电弧,把电能转化为热能;二是用于向焊缝中填充金属,与熔化的母材一起组成焊缝。

(2) 药皮。药皮是压涂在焊芯表面上的涂料层,由各种不同的矿石粉、铁合金粉、有机物和化工产品等按照一定比例配制而成。在焊接过程中,药皮有以下作用。

① 机械保护(造气、造渣):药皮熔化时放出大量气体并形成熔渣,气体在电弧周围形成气层,隔绝空气,熔渣覆盖在熔池金属上面,起保护熔化金属不受空气影响的作用。

② 冶金处理(脱氧、脱硫、脱磷、掺入合金):熔渣和熔化金属之间进行冶金反应,去除熔池中的有害杂质,并向熔池金属内掺入合金元素,从而改善和提高焊缝的力学性能。

③ 改善焊接工艺条件(稳弧、改善成形、脱渣、减少飞溅):药皮使焊接点容易引燃和燃烧稳定,焊缝成形好,并能减少焊接时金属颗粒向周围飞散及使脱渣容易。

2. 焊条的种类

根据焊接材料的不同,焊条可分为结构钢焊条、不锈钢焊条、堆焊焊条、铸铁焊条、铁及铁合金焊条、铝及铝合金焊条、铜及铜合金焊条、特殊用途焊条等不同类型。

3. 焊条的选用原则

焊条的选用是一个复杂的问题,要考虑技术要求(主要是力学性能),焊件的工作条件和结构特点,以及经济条件等因素。其中最重要的因素是技术要求。技术要求一般要考虑三个重要原则:等强度原则、同等性能原则和等条件原则。

(1) 等强度原则:对于承受静载或一般载荷的工件或结构,通常选用与母材相等的抗拉强度的焊条。对于低碳钢和普通低合金钢构件,一般都要求焊缝金属与母材等强度,因此可根据被焊钢材强度等级来选用相应的焊条。

(2) 同等性能原则:在特殊环境下工作的结构,如要求具有较高的耐磨、耐腐蚀、耐高温或低温等力学性能,应选用能保证熔敷金属的性能与母材性能相近的焊条。如焊接不锈钢时,应选用不锈钢焊条。

(3) 等条件原则:根据焊件或焊接结构的工作条件和特点选择焊条。如焊件需要承受动载荷或冲击载荷,应选用熔敷金属冲击韧性较好的低氢型碱性焊条;焊接一般结构时应选酸性焊条。

4. 焊条的保管

(1) 焊条必须在干燥、通风良好的仓库中存放,焊条储存库内不允许放置有害气体和腐蚀性介质。室内应保持清洁,配置温度计、湿度计和去湿机。库房的温度与湿度必须符合要求:温度为5～20℃时,相对湿度应在60%以下;温度为20～30℃时,相对湿度应在50%以下;温度高于30℃时,相对湿度应在40%以下。

(2) 库内无地板时,焊条应放在架子上。架子的高度不小于300mm,与墙壁的距离不小于 300mm。架子下应放干燥剂,严防焊条受潮。

(3) 应按种类、牌号、批次、规格及入库时间对焊条进行分类堆放。每垛应有明确的标注,避免混乱。

(4) 焊条在出厂后的 6 个月内可正常使用。对于入库的焊条,应做到先入库的先使用。

(5) 特种焊条的储存与保管应高于一般焊条,应堆放在专用仓库内或指定的区域,受潮或包装破损的焊条未经处理不准入库。

(6) 对于受潮、药皮变色及焊芯有锈迹的焊条,须将其烘干并进行质量评定,各项性能指标满足要求时方可入库,否则不准入库。

(7) 一般焊条出库量不能超过两天用量,已经出库的焊条必须由焊工保管好。

(8) 如发现焊条受潮,首先将焊条在自然条件下晾干或在专用的烘箱里以低温(80℃左右)烘干,时间为 3～10h,然后在 250～300℃下烘干,时间为 1～2h。在没有烘箱的情况下,可将焊条放置在钢板上加热烘干,但不得用明火直接烘烤。

5. 焊接接头和坡口

(1) 焊接接头　焊接接头是指零件(焊件)连接处所采用的结构形式。焊接接头形式影响焊件质量的高低,选择时应根据焊件结构形状、强度要求、工件厚度、焊后变形大小要求等因素综合决定。在焊条电弧焊中,常用的焊接接头形式有对接接头、角接接头、T 形接头和搭接接头,如图 3-18 所示。

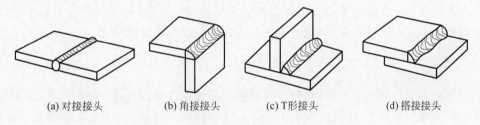

| (a) 对接接头 | (b) 角接接头 | (c) T形接头 | (d) 搭接接头 |

图 3-18　焊接接头形式

(2) 坡口　焊接较厚(厚度大于 6mm)的钢板时,需在钢板的焊接部分开坡口。坡口是根据设计或工艺需要,在焊件的待焊部位加工并装配成一定几何形状的沟槽。坡口的作用是确保焊件焊透,从而保证焊件质量。

常用的对接接头坡口形式有 I 形、V 形、X 形和 U 形等,如图 3-19 所示。应在确保焊透、熔化比合理、焊接变形小的前提下,选用加工容易、节约充填金属材料和便于焊接的坡口。

3.2.6　焊接操作

手工焊条电弧焊的基本操作技术包括引弧、运弧、停弧(熄弧)、接头和收弧等。在焊接操作过程中,只有熟练地掌握好以上 5 种操作方法,焊缝的质量才能有保证。

1. 引弧

引弧是手工焊条电弧焊操作中最基本的动作,如果引弧不当会产生气孔、夹渣等焊接

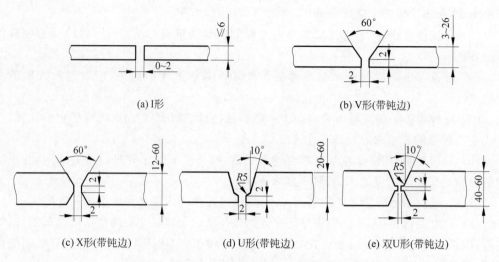

(a) I形   (b) V形(带钝边)

(c) X形(带钝边)   (d) U形(带钝边)   (e) 双U形(带钝边)

图 3-19 对接接头的坡口形式

缺陷。引弧有两种方法,即直击法和划擦法。

(1) 直击法

直击法也称为击弧法,是一种理想的引弧方法,将焊条垂直于焊件接触形成短路后迅速提起 2～4mm 的距离后电弧即引燃。直击法不易掌握,但焊接淬硬倾向较大的钢材时最好采用敲击法,如图 3-20 所示。

直击法引弧的优点是不会使焊件表面造成电弧划伤缺陷,不受焊件表面大小及焊件形状的限制;缺点是引弧成功率低,焊条与焊件往往要碰击几次才能使电弧引燃并稳定燃烧,操作不容易掌握。

(2) 划擦法

划擦法引弧与划火柴相似,比较容易掌握。将焊条在焊件表面上划动一下,即可引燃电弧。但容易在焊件表面造成电弧擦伤,所以必须在焊缝前方的坡口内划擦引弧,如图 3-21 所示。

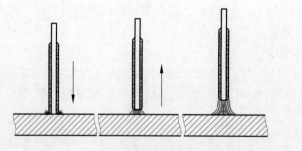

图 3-20 直击法引弧

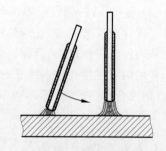

图 3-21 划擦法引弧

划擦法的优点是电弧容易引燃,操作简单,引弧效率高;缺点是容易损害焊件表面,有电弧划伤痕迹,在焊接重要产品时应该少用。

以上两种接触式引弧方法中,划擦法比较容易掌握,而在狭小工作面上或不允许焊件表面有划痕时,应采用直击法。酸性焊条引弧时,可以采用直击法引弧或划擦法引弧;碱性焊条引弧时,多采用划擦法引弧,用直击法引弧容易在焊缝中产生气孔。

2. 运弧

电弧引燃以后,就进入正常的焊接过程,此时焊条的运动是三个方向运动的合成。运弧方向如图 3-22 所示。

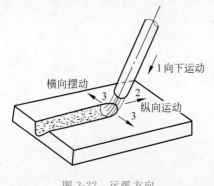

图 3-22 运弧方向

（1）向下运动。随着焊条不断被电弧熔化,为保持一定的弧长,就必须使焊条沿其中心线向下送进。控制弧长的变化可以改变电弧电压,并最终实现对熔池宽窄的调整。

（2）纵向运动。焊接时焊条还应沿着焊缝方向纵向移动,从而形成焊缝。移动速度即焊接速度,应根据焊缝尺寸的要求、焊条直径、焊接电流、工件薄厚和焊接位置等来确定。

（3）横向摆动。主要是为了增加焊缝的宽度和调整熔池形状。

图 3-23 所示为常用的几种焊条横向摆动的形式。三个方向的动作必须协调一致,根据焊缝的空间位置和接头形式,采用适当的运条操作,才能获得符合要求的焊缝。

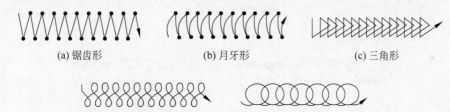

(a) 锯齿形　　　　(b) 月牙形　　　　(c) 三角形

(d) "8"字形　　　　(e) 环形

图 3-23 焊条横向摆动的形式

在焊接过程中,通过运弧来达到下面三个目的。

（1）通过运弧调整熔池温度,使中间与两侧的温差缩小,避免产生咬边现象,有利于焊缝成形。

（2）搅拌焊接熔池有利于熔渣、气体浮出表面。

（3）控制熔池形状,使焊缝外形达到要求的尺寸。

3. 停弧

在焊接过程中,由于换焊条等原因需要中间停弧,这就要快速进行热接头焊接,如何停弧就显得非常重要,它直接影响着焊接质量。如停（熄）弧时操作不当,熔池温度太高,突然冷却下来会出现缩孔。

正确的停弧方法是:打底焊在停弧前给两滴铁水并稍稍加快焊速,使熔池缩小,将电弧停在熔池侧前方,可避免缩孔产生;或停弧时,在熔池冷却的过程中,用断弧焊的方法连续给熔池冷收缩处补充 2～3 滴铁水,也可防止缩孔产生。

停弧方法如图 3-24～图 3-26 所示。

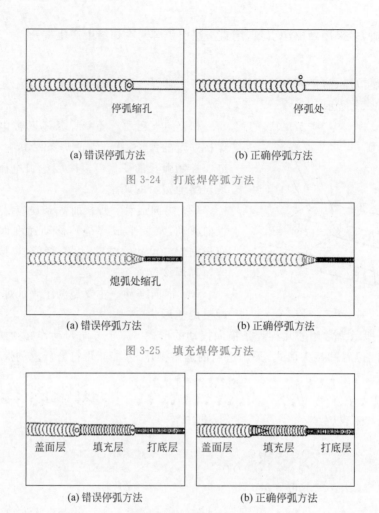

图 3-24　打底焊停弧方法

图 3-25　填充焊停弧方法

图 3-26　盖面焊停弧方法

4. 接头

手工焊条电弧焊时,由于受焊条长度的限制,在焊接过程中产生焊缝接头的情况是不可避免的。常用的施焊接头的连接形式大体分为两类:一类是焊缝与焊缝之间的接头连接,一般称为冷接头,如图 3-27(a)～(c)所示;另一类是焊接过程中由于自行断灭弧或更换焊条时,熔池处在高温红热状态下的接头连接,称为热接头,如图 3-28 所示。

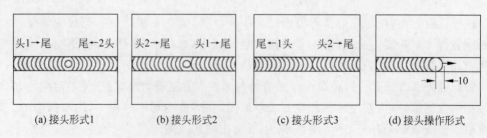

图 3-27　冷接头及接头操作方法

1—先焊焊缝;2—后焊焊缝

根据不同的接头形式,可采用不同的接头操作方法,例如,酸性焊条接头中冷接头操作方法如图 3-27(d)所示。在施焊前,应使用砂轮机或机械方法将焊缝被连接处打磨出斜坡形过渡带,在接头 10mm 处引弧,电弧引燃后稍微拉长一些,然后移到接头处,稍作停留,待形成熔池后继续向前焊接。用这种方法可以使接头得到必要的预热,保证熔池中气体的逸出,防止在接头处产生气孔。收弧时要将弧坑填满后,慢慢地将焊条拉向弧坑一侧熄弧。

热接头的操作方法可分为两种:一种是快速接头法;另一种是正常接头法。快速接头法是在熔池熔渣尚未完全凝固的状态下,将焊条端头与熔渣接触,在高温热电离的作用下重新引燃电弧后的接头方法,如图 3-28(b)所示。这种接头方法适用于厚板的大电流焊接,这要求焊工更换焊条的动作要特别迅速而准确。正常接头法是在熔池前方 10mm 左右处引弧后,将电弧迅速拉回熔池,按照熔池的形状摆动焊条后正常焊接的接头方法,如图 3-28(c)所示,如果等到收弧处完全冷却后再接头,则宜采用冷接头操作方法。

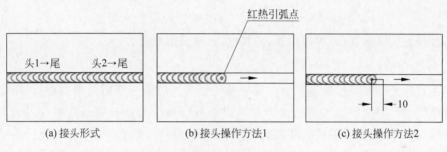

(a) 接头形式   (b) 接头操作方法1   (c) 接头操作方法2

图 3-28　热接头及接头操作方法

1—先焊焊缝；2—后焊焊缝

5. 收弧

收弧是焊接过程中的关键动作,是整条焊缝的结束,收弧时不仅是熄灭电弧,还要将弧坑填满。如果操作不当,可能会产生弧坑、缩孔和弧坑裂纹等焊接缺陷。

一般来说,收弧有四种方法,即回焊收弧法、画圈收弧法、反复断弧收弧法和熔池衰减(缩小)法。

(1) 回焊收弧法。在使用碱性焊条时,焊条焊至焊缝终点即停止运条,然后反方向运条,增加焊缝尾部厚度,待填充熔池后即断弧,如图 3-29 所示。

(2) 画圈收弧法。在焊接厚板时,当焊条焊至焊缝终点,焊条末端做圆圈运动,等熔滴填满弧坑后再断弧,如图 3-30 所示。

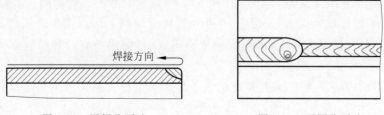

图 3-29　回焊收弧法   图 3-30　画圈收弧法

（3）反复断弧收弧法。收弧时，必须将电弧拉向坡口边缘或焊缝中间再息弧。焊缝收尾处应采取反复断弧，待弧坑填满后再息弧，如图 3-31 所示。

（4）熔池衰减法。利用高频等方法使焊接电流逐渐减小直至断弧，如图 3-32 所示。

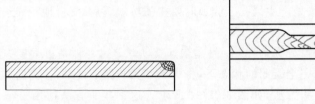

图 3-31　反复断弧填满弧坑　　　　　　图 3-32　熔池衰减法

3.2.7　焊接工艺参数的选择

焊接时，为了保证焊接质量而选定的各物理量的总称叫作焊接工艺参数。手工电弧焊工艺参数包括焊条直径、焊接电源、焊接电流、电弧电压等。

1. 焊条直径

焊条直径大小对焊接质量和生产效率影响很大。焊条直径需要根据焊件厚度、接头形式、焊缝位置、焊接层数等进行选择。厚焊件可以采用大直径焊条及相应大的焊接电流，这样有助于焊缝金属的填充和接头的完全熔合，得到适当的熔深。

厚度较大的焊件，搭接和 T 形接头的焊缝应选用直径较大的焊条。对于带坡口需多层焊的接头，第一层焊缝应选用小直径焊条，这样在接头根部容易操作，以后各层可使用大直径焊条，可以得到适当的熔深，并且提高熔敷效率。

另外，在平焊时，焊条直径可以大些；立焊时，所用焊条直径不超过 5mm；横焊和仰焊时，所用焊条直径不超过 4mm；开坡口多层焊接时，为了防止产生未焊透的缺陷，第一层焊缝宜选用 3.2mm 的焊条。

2. 焊接电源

选择焊接电源的依据是被焊工件的种类、规格尺寸及焊接时采用的焊材类型、使用条件等。

3. 焊接电流

焊接电流过大或过小都会影响焊接质量和生产率，焊接电流过大，焊条后部发红，药皮失效或脱落，保护效果变差，造成气孔和飞溅，出现烧穿和咬边等缺陷；焊接电流过小，则电弧不稳定，易造成未焊透、未熔合、气孔和夹渣等缺陷。所以选择焊接电源的依据是焊条的类型、直径、接头形式、焊缝空间位置等因素，其中焊条直径和焊缝空间位置最为关键。

在一般钢结构的焊接中，焊接电流的大小与焊条直径关系可以采用经验公式进行试选，$I = 10d^2$，式中，I 为焊接电流（A）；d 为焊条直径（mm）。另外，立焊时，电流比平焊时小 15%～20%；横焊和仰焊时，电流应比平焊电流小 10%～15%。

4. 电弧电压

电弧电压主要由电弧长度来决定,电弧长,电弧电压高,反之则低。焊接过程中,电弧不宜过长,否则会出现电弧燃烧不稳定,飞溅大,熔深浅以及产生咬边、气孔等缺陷,所以应尽可能选择短弧焊。

3.2.8 焊接缺陷

焊接过程中在焊接接头中产生的金属不连续、不致密或连接不良的现象称为焊接缺陷。

产生焊接缺陷的主要原因有:焊前接头处未清理干净、焊条未烘干、焊接工艺参数选择不当或操作方法不正确等。

常见的焊接缺陷有以下几点。

(1) 未焊透。焊接时接头根部未焊透。造成未焊透的原因有焊接电流太小、坡口角度太小、钝边太大、间隙太小、焊条角度不当等。

(2) 夹渣。夹渣是指焊后在焊缝中残留焊渣。焊接电流太小、焊接速度过快、焊接边缘及焊层或焊道之间清理不干净等均会造成夹渣。

(3) 气孔。焊接时,熔池中的气泡在凝固时未能溢出而残留下来所形成的空穴称为气孔。焊件边缘上留有水、锈等杂质,焊接电弧过长等均是形成气孔的原因。

(4) 咬边。咬边时由于焊接参数选择不当或操作方法不正确,焊缝边缘在母材部位产生的沟槽或凹陷。

(5) 焊瘤。焊瘤是在焊接过程中,熔化金属流淌到焊缝之外未熔化的母材上所形成的金属瘤。其产生原因主要时焊接参数选择不当和操作方法不正确。

(6) 焊接裂纹。裂纹是指存在于焊缝或热影响区内部或表面的缝隙。裂纹是焊接结构中危险性最大的焊接缺陷。裂纹的形式较多,按裂纹的方向和所处的位置不同,可分为纵向裂纹、横向裂纹、放射状裂纹和弧坑裂纹等。

3.3 气　割

1. 气割原理

气割的实质是金属在氧中的燃烧,它利用可燃气体和氧气混合燃烧形成的预热火焰,将被切割金属材料加热到其燃烧温度,由于很多金属材料能在氧气中燃烧并放出大量的热,被加热到燃点的金属材料在高速喷射的氧气流作用下,就会发生剧烈燃烧,产生氧化物,放出热量,同时氧化物熔渣被氧气流从切口处吹掉,使金属分割开来,达到切割的目的。

气割过程包括三步。

(1) 火焰预热——使金属表面达到燃点。

(2) 喷氧燃烧——氧化、放热(上部金属燃烧放出的热量加热下部金属到燃点)。

(3) 吹除熔渣——金属分离。

2. 气割的特点

气割设备简单、使用方便；切割速度快、生产效率高；成本低、适用范围广。可切割各种形状的金属零件，厚度可达 1 000mm，可切碳钢、低合金钢；可用于切割毛坯，也可用于开坡口或割孔。

3. 实现气割的条件

气割不能用于所有金属的下料，实现气割的金属应满足以下条件。

(1) 金属的燃点应低于其熔点。

(2) 燃烧后形成的产物流动性要好，黏度要小。

(3) 金属燃烧时应能放出大量的热以预热下层金属，这是实现连续切割的条件。

(4) 金属应有较低的导热系数。

根据上述条件可以看出。

(1) 中碳钢和普通低合金钢可用气割下料。但随着含碳量的增加，熔点下降，燃点升高，切割越难实现；随着含碳量的增加，切割边缘产生淬火裂纹的倾向性增强，所以要切割碳的质量分数高于 0.7% 的碳钢，须预热至 $400 \sim 700℃$；当碳的质量分数大于 1% 时，无法气割。

(2) 铸铁含碳量较高，其熔点大大低于燃点，且燃烧时产生的 SiO_2 流动性很差，因此不适合于气割。

(3) 低锰、低铬钢可用气割下料，但应注意切口处淬硬倾向。

(4) 铬的质量分数大于 5% 的钢、不锈钢、铝及其合金通常不采用气割下料。

4. 气割用气体

气割用气体可分为可燃性气体和助燃性气体两类。可燃性气体种类很多，如乙炔、氢、天然气、煤气、液化石油气等。

气割时，究竟选用哪一种气体以以下因素决定。

(1) 气体燃烧热效率的高低。

(2) 经济性。

(3) 安全性。

(4) 储运的方便性。

5. 影响气割质量的主要因素

(1) 预热火焰。

(2) 切割氧。

(3) 切割速度。

(4) 割嘴与工件表面的间距。

(5) 钢板初始温度。

6. 气割方法与设备

(1) 手工气割——射吸式薄板割炬，如图 3-33 所示。

(2) 机械气割——小车式直线切割机，如图 3-34 所示。

(3) 机械切割——摇臂仿形气割机，如图 3-35 所示。

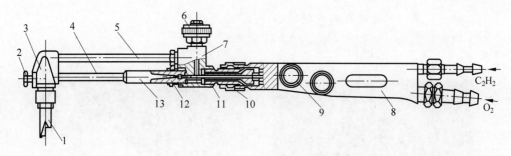

图 3-33　射吸式薄板割炬结构图

1—割嘴；2—支架螺钉；3—割嘴接头；4—混合气管；5—高压氧管；6—高压氧手轮；7—中部主体；
8—手柄；9—氧气手轮；10—连接套；11—销钉螺母；12—射吸管螺母；13—射吸管

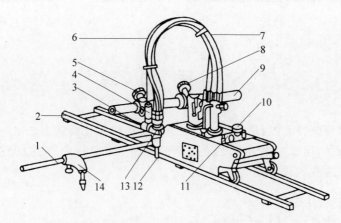

图 3-34　小车式直线切割机

1—半径杆；2—导轨；3—割炬升降手轮；4—升降杆；5—割炬横移手轮；6—氧气软管；
7—燃气软管；8—齿条横移手轮；9—带齿条横移杆；10—电源插座；
11—调速旋钮；12—割嘴；13—割炬夹持器；14—定位架

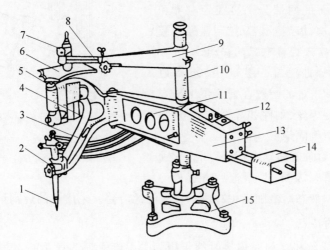

图 3-35　CG2 型摇臂仿形气割机

1—割嘴；2—割嘴调节架；3—主臂；4—驱动电机；5—磁性滚轮；6—靠模板；7—连接器；8—固定样板调节杆；
9—横移架；10—立柱；11—基架；12—控制盘；13—速度控制箱；14—平衡锤；15—底座

（4）机械切割——光电跟踪气割机，如图 3-36 所示。

（5）机械切割——数控气割机，如图 3-37 所示。

 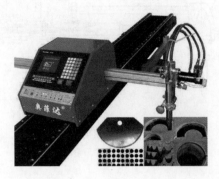

图 3-36　光电跟踪气割机　　　　　　　　图 3-37　数控气割机

3.4　埋　弧　焊

埋弧焊又称埋弧自动焊，是当今生产效率较高的机械化焊接方法之一。埋弧焊是使用焊剂进行渣保护，用焊丝作为电极，在焊剂的掩埋下电弧稳定燃烧。埋弧焊的引弧、送进焊条均由自动装置完成。

1. 埋弧焊的工作过程

埋弧焊的工作过程如图 3-38 所示，其工作过程如下。

（1）焊剂 2 由焊剂斗 3 流出后均匀地堆敷在装配好的焊件 1 上。焊丝 4 由送丝机构经送丝滚轮 5 和导电嘴 6 送入焊接电弧区。

（2）焊接电源的两端分别接在导电嘴和工件上。送丝机构、焊剂漏斗及控制盘通常装在一台小车上以实现焊接电弧的移动。

（3）工件被焊处覆盖一层 30～50mm 厚的粒状焊剂，连续送进的焊丝在焊剂层下与焊件间产生电弧，使焊丝、工件和焊剂溶化，形成金属熔池，并与空气隔绝。

（4）焊机自动向前移动，电弧不断熔化前方的焊件金属、焊丝及焊剂，熔池后方焊件冷却凝固形成焊缝，液态熔渣随后也冷凝形成坚硬的渣壳。未熔化的焊剂可回收使用。

图 3-38　埋弧焊

1—焊件；2—焊剂；3—焊剂斗；4—焊丝；
5—送丝滚轮；6—导电嘴；7—焊缝；8—焊渣

2. 埋弧焊的特点

埋弧焊中，焊丝和焊剂在焊接时的作用与手工电弧焊的焊条芯、焊条药皮一样。焊接不同的材料应选择不同成分的焊丝和焊剂。与手工电弧焊相比，埋弧焊具有以下特点。

（1）电弧在焊剂包围下燃烧，所以热效率高。

（2）焊丝为连续的盘状，可连续送丝，从而实现连续作业。

（3）焊接无飞溅，可实现大电流高速焊接，生产效率高。

（4）金属利用率高，焊接质量好，劳动条件好。

3. 埋弧焊的应用

埋弧焊有许多优点，至今仍然是工业生产中最常用的一种自动焊方法，目前主要用于焊接各种钢板结构。可焊接的钢板包括碳素结构钢、低合金结构钢、不锈钢、耐热钢及其复合钢材等。埋弧焊主要用于压力容器的环缝焊和直缝焊，锅炉冷却壁的长直焊缝焊接，船舶和潜艇壳体的焊接，起重机械（航车）和冶金机械（高炉炉身）的焊接。对于短焊缝、曲折焊缝、狭窄位置及薄板的焊接，不能发挥其长处。

3.5　气体保护焊

气体保护焊采用气体作为保护介质保护熔池，根据保护气体的不同分为氩弧焊和CO_2气体保护焊两种类型。

1. 氩弧焊

氩弧焊是利用氩气保护电弧热源及焊缝区进行焊接的方法。

（1）不熔化极氩弧焊

以钨铈合金为阴极，利用钨合金熔点高、阴极发热少的特点，形成不熔化极氩弧焊，如图 3-39 所示。因为电极能通过的电流有限，所以只适用于焊接厚度在 6mm 以下的工件。

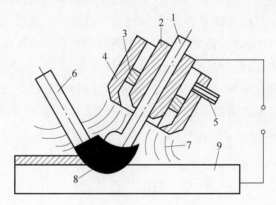

图 3-39　不熔化极氩弧焊

1—钨极；2—导电嘴；3—铜丝网；4—喷嘴；5—进气管；6—填充金属丝；7—氩气流；8—电弧；9—工件

（2）熔化极氩弧焊

熔化极氩弧焊以连续送进的焊丝作为电极，电流较大，可以焊接厚度在 25mm 以下的工件，如图 3-40 所示。

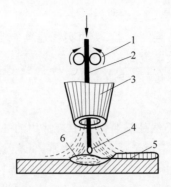

图 3-40　熔化极氩弧焊

1—送丝轮；2—焊丝；3—导电嘴；4—电弧；5—工件；6—熔池

（3）氩弧焊的特点及应用

氩弧焊的主要特点及用途如下。

① 电弧稳定，保护效果很好，飞溅小，焊缝致密，焊接质量优良，焊缝美观。

② 明弧可见，便于操作，易于实现自动化。

③ 热量集中，熔池小，焊接速度快，焊接热影响区小，焊件变形小。

④ 氩气贵，成本高。

⑤ 氩弧焊主要用于易氧化的有色金属和合金钢的焊接，如铝、铁、不锈钢等。

2. CO_2 气体保护焊

CO_2 气体保护焊以 CO_2 为保护气体，用焊丝为电极引燃电弧，实现半自动焊或自动焊，其焊接方式有如下特点。

（1）成本低。因为 CO_2 的制取容易，所以 CO_2 气体保护焊的成本低。

（2）生产效率高。焊丝连续送进，焊接速度快。焊后没有渣壳，节省了清理时间。

（3）操作性能好。明弧焊，容易发现焊接中的问题并及时修正。

（4）电弧热量集中，热影响区小，变形和裂纹倾向小。

（5）由于 CO_2 的氧化作用，飞溅严重，焊缝不够光滑，还容易产生气孔。

CO_2 气体保护焊目前主要用于船舶制造、汽车制造等领域，焊接 30mm 以下的低碳钢和低合金钢焊件，特别适合于薄板的焊接。

3.6　电　阻　焊

电阻焊是压力焊的一种，是利用电流通过焊件及其接触处所产生的电阻热将焊件局部加热到塑性或熔化状态，然后在压力作用下实现焊接的方法。

1. 电阻焊的基本要素

电阻焊的实现需要以下两个基本要素。

（1）热源。焊接工件的电阻很小，通常使用大电流在极短时间内让工件迅速加热。工件表面越粗糙，氧化越严重，接触电阻越大，发热越多。

（2）力。焊接时，使用静压力可以调整电阻大小，改善加热，产生塑性变形或在压力下结晶。使用冲击力（锻压力）可以细化晶粒，减少焊合缺陷。

2. 电阻焊的类型

电阻焊可以分为点焊、缝焊和对焊 3 种形式。

（1）点焊

点焊是指柱电极压紧工件，通电和保压后获得焊点的电阻焊方法，其原理如图 3-41 所示。点焊通常使用搭接接头，典型形式如图 3-42 所示。

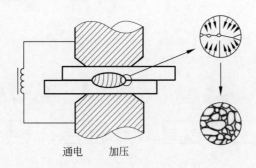

通电　加压

图 3-41　点焊原理

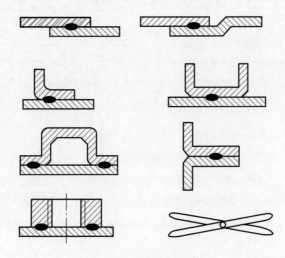

图 3-42　点焊的接头形式

点焊主要用于汽车、飞机中薄板结构的大批量焊接生产。

（2）缝焊

缝焊是连续的点焊过程，是用连续转动的盘状电极代替柱状电极，焊后获得相互重叠的连续焊缝，如图 3-43 所示。

缝焊通常采用强规范焊接，焊接电流比点焊大 1.5～2 倍。缝焊的密封性好，主要用于焊接较薄的薄板结构，例如低压容器、油箱、管道等。

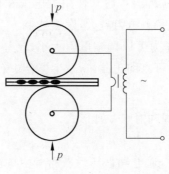

图 3-43　缝焊

（3）对焊

对焊是利用电阻热使两个工件在整个接触面上焊接起来的一种方法，根据操作方法的不同又分为电阻对焊和闪光对焊两种，如图 3-44 所示。

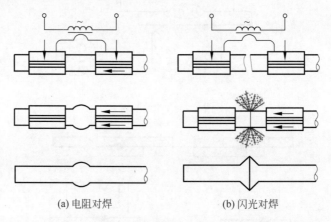

(a) 电阻对焊　　　　　　　　　(b) 闪光对焊

图 3-44　对焊

电阻对焊一般用于钢筋的对接焊。先将工件压紧并加压，然后通电使接触面温度达到塑性温度（950～1 000℃）。在压力下塑变和再结晶形成固态焊接接头。

闪光对焊主要用于钢轨、锚链、管道等的焊接，也可用于异种金属的焊接。工件先通电并接触，因为工件表面不平，所以只是少量点接触，通过的电流密度高，在蒸汽压力和电磁力的作用下，形成闪光。端面加热到熔化状态时，施加压力形成焊接接头。

3.7　钎　　焊

钎焊是利用熔点比母材（被钎焊材料）熔点低的填充金属（称为钎料或焊料），在低于母材熔点、高于钎料熔点的温度下，利用液态钎料在母材表面润湿、铺展和在母材间隙中填缝，与母材相互溶解与扩散，从而实现零件间连接的焊接方法。较之熔焊，钎焊时母材不熔化，仅钎料熔化；较之压焊，钎焊时不对焊件施加压力。钎焊形成的焊缝称为钎缝，钎焊所用的填充金属称为钎料。

1. 钎焊过程

表面清洗好的工件以搭接形式装配在一起，把钎料放在接头间隙附近或接头间隙之间。当工件与钎料被加热到稍高于钎料熔点温度后，钎料熔化（工件未熔化），并借助毛细管作用被吸入和充满固态工件间隙之间，液态钎料与工件金属相互扩散溶解，冷凝后即形成钎焊接头。钎焊前对工件必须进行细致加工和严格清洗，除去油污和过厚的氧化膜，保证接口装配间隙。间隙一般要求在 0.01～0.1mm。

2. 钎焊特点

(1) 钎焊加热温度较低，接头光滑平整，组织和力学性能变化小，变形小，工件尺寸精确。

(2) 可焊异种金属，也可焊异种材料，且对工件厚度差无严格限制。

(3) 有些钎焊方法可同时焊多焊件、多接头，生产率很高。

(4) 钎焊设备简单，生产投资费用少。

(5) 接头强度低，耐热性差，且焊前清理要求严格，钎料价格较贵。

3. 对钎料的基本要求

钎料即钎焊时用做填充金属的材料。钎焊时，焊件是依靠熔化的钎料凝固后连接起来的，因此，钎焊接头的质量在很大程度上取决于钎料。为了满足工艺要求和获得高质量的钎焊接头，钎料应满足以下 5 项基本要求。

(1) 钎料应具有合适的熔点。它的熔点至少应比钎焊金属的熔点低几十度。二者熔点过于接近，会使钎焊过程不易控制，甚至导致钎焊金属晶粒长大、过烧以及局部熔化。

(2) 钎料应具有良好的润湿性，能充分填满钎缝间隙。

(3) 钎料与钎焊金属的扩散作用应保证它们之间形成牢固的结合。

(4) 钎料应具有稳定和均匀的成分，尽量减少钎焊过程中的偏析现象和易挥发元素损耗等。

(5) 所得到的接头应能满足产品的技术要求，如力学性能（常温、高温或低温下的强度、塑性、冲击韧性等）和物理化学性能（导电、导热、抗氧化性、抗腐蚀性等）方面的要求。

此外，也必须考虑钎料的经济性，应尽量少用或不用稀有金属和贵重金属。

4. 钎料的分类

根据熔点不同，钎料分为软钎料和硬钎料。

软钎料即熔点低于 450℃ 的钎料，有锡铅基、铅基（$T_m < 150℃$，一般用于钎焊铜及铜合金，耐热性好，但耐蚀性较差）、镉基（软钎料中耐热性最好的一种，$T_m = 250℃$）等合金。硬钎料即熔点高于 450℃ 的钎料，有铝基、铜基、银基、镍基等合金。硬钎料主要用于焊接受力较大、工作温度较高的工件。

5. 钎剂的作用

钎剂又称钎焊熔剂或熔剂。钎剂的作用如下。

（1）清除母材和钎料表面的氧化物及其他杂质。

（2）以液态薄膜的形式覆盖在工件金属和钎料的表面上，隔离空气，起保护作用，保护钎料及焊件不被氧化。

（3）改善液态钎料对工件金属的浸润性，增大钎料的填充能力。

6. 钎焊方法

（1）烙铁钎焊

烙铁钎焊是最简便的软钎焊方法，在无线电及仪表等工业部门得到广泛的应用。它是依靠烙铁头的热传导加热母材和熔化钎料来进行钎焊，由于热量有限，对于钎焊温度高的硬钎焊及热容量大的工件是不适用的。

（2）火焰钎焊

火焰钎焊应用很广，它通用性大，工艺过程较简单，又能保证必要的钎焊质量；所用设备简单轻便，又容易自制；燃气来源广，不依赖电力供应。主要用于以铜基钎料、银基钎料钎焊碳钢、低合金钢、不锈钢、铜及铜合金的薄壁和小型焊件，也用于铝基钎料钎焊铝及铝合金。这种钎焊方法是用可燃气体或液体燃料的气化产物与氧或空气混合燃烧所形成的火焰来进行钎焊加热的。

（3）电阻钎焊

电阻钎焊的基本原理与电阻焊相同，是依靠电流通过焊件的钎焊处所产生的电阻热加热焊件和熔化钎料而实现钎焊的。电阻钎焊的优点是加热迅速，生产率高，劳动条件好；但加热温度不易控制，接头尺寸不能太大，形状不能很复杂，这是它的缺点。目前主要用于钎焊刀具，电动机的定子线圈、导线端头以及各种电气元件上的触点等。

（4）感应钎焊

感应钎焊时，焊件钎焊处的加热是依靠它在交变磁场中产生的感应电流的电阻热来实现的。导体内的感应电流与交流电的频率成正比，随着所用的交流电频率的提高，感应电流增大，焊件的加热变快，基于这一点，感应加热大多使用高频交流电。

感应钎焊所用设备主要由两部分组成，即交流电源和感应线圈，另外，为了夹持和定位焊件，还需使用辅助夹具。

（5）浸沾钎焊

浸沾钎焊是把焊件局部或整体地浸入熔化的盐混合物或钎料中来实现钎焊过程的。由于液体介质热容量大，导热好，这种钎焊方法能迅速而均匀地加热焊件，钎焊过程的持续时间一般不超过 2min。因此，生产率高，焊件的变形、晶粒长大和脱碳等都不显著。钎焊过程中液体介质隔绝空气，保护焊件不受氧化。并且钎焊过程容易实现机械化，有时还能同时完成淬火、渗碳、氧化等热处理过程，因此工业上广泛用来钎焊各种合金。浸沾钎焊按所用的液体介质不同分为两类：盐浴浸沾钎焊和熔化钎料中浸沾钎焊。

（6）炉中钎焊

炉中钎焊利用电阻炉加热焊件，按钎焊过程中焊件所处的气氛不同，可分为四种，即空气炉中钎焊、还原性气氛保护炉中钎焊、惰性气氛炉中钎焊和真空炉中钎焊。

目 标 检 测

1. 由于焊接参数选择不当,易产生的焊接缺陷是(　　)。
   A. 夹渣　　　　　　B. 气孔　　　　　　C. 咬边　　　　　　D. 缩孔
2. 焊接时,焊接电流太小,焊接速度过快会产生的缺陷是(　　)。
   A. 夹渣　　　　　　B. 未焊透　　　　　C. 气孔　　　　　　D. 焊接裂纹
3. 焊接时,由于焊接参数选择不当,易产生的焊接缺陷是(　　)。
   A. 夹渣　　　　　　B. 焊瘤　　　　　　C. 气孔　　　　　　D. 未焊透
4. 为防止熔池过大引起液态金属下滴,通常选择直径较小的焊条进焊接的焊接位置有(　　)。
   A. 平焊、平角焊、横焊　　　　　　　　B. 平焊、立焊、仰焊
   C. 平角焊、横焊、立焊　　　　　　　　D. 横焊、立焊、仰焊
5. 电阻焊属于(　　)。
   A. 熔焊　　　　　　B. 压焊　　　　　　C. 钎焊　　　　　　D. 气焊

思 考 题

长春某集团有限公司发生"11.06"较大火灾事故,原因系电焊引燃墙面上聚氨酯泡沫易燃保温材料,燃烧挥发出大量可燃气体,迅速引发轰然,蔓延成灾。火灾造成5人死亡,1人受伤。通过该事故,如何理解"发展决不能以牺牲安全为代价的红线意识",执行好焊接安全生产规程?

模块二　切削加工基础知识

知识要点

了解金属切削原理与刀具；了解常见金属切削机床的基本知识和常见机床夹具。

重点知识

金属切削要素及切削参数的选择；刀具的材料及选用；常见金属切削机床的结构及工作原理；典型的夹具结构。

金属切削原理与刀具

目标描述

了解金属切削加工的基础知识,判断并控制机械加工中产生的断屑类型、积屑瘤,了解刀具的类型及结构,了解影响金属切削加工性的主要因素及控制方法。

技能目标

根据实际机械加工中切屑情况进行判断断屑类型,并对生产中出现的积屑瘤进行控制,在不同的切削阶段选用合适的切削用量。

知识目标

正确理解主运动、进给运动和合成切削运动的概念,理解切削用量三要素,掌握常见刀具的结构、刀具的材料,根据切削材料的类型合理选择刀具和加工方法。

4.1　金属切削基础知识

金属切削加工是机械零件加工的最普遍的方法。直接用来切削金属的工具称为金属切削刀具;用来完成切削的机器称为金属切削机床,简称机床。在机床上,用金属切削刀具切除工件上多余的金属,使其形状、尺寸精度及表面质量达到预定要求的加工,称为金属切削加工。

金属切削加工虽有多种不同的形式,但在很多方面,如切削运动、切削工具以及切削过程等都有着共同的现象和规律。这些现象和规律是学习各种切削加工方法的共同基础。

4.1.1 切削运动

加工过程中,刀具与工件之间的相对运动称为切削运动。

切削加工必须具备两种运动,即主运动和进给运动,如图 4-1 所示。

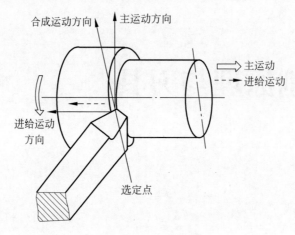

图 4-1 切削运动

1. 主运动

主运动是切削过程中的主要运动,是使刀具和工件之间产生相对运动,从而切下切屑所必需的最基本运动。如车削时工件的旋转运动,铣削时铣刀的旋转运动,刨削时工件或刀具的往复运动。主运动在切削中速度最高,消耗功率也最大。

2. 进给运动

进给运动是在切削过程中,使刀具与工件之间产生附加的相对运动,从而切下切屑,得到所需的已加工表面。

主运动和进给运动共同作用,即可间断地或连续地切除多余金属,并得出具有所需几何特性的加工表面。进给运动可以是连续的运动,如车削外圆时车刀平行于工件轴线的纵向运动;也可以是间断运动,如刨削时刀具的横向移动。

3. 合成切削运动

合成切削运动是由主运动和进给运动合成的运动。刀具切削刃上选定点相对工件的瞬时合成运动方向称合成切削运动方向,其速度称合成切削速度,如图 4-2 所示。主运动与进给运动可由刀具和工件分别完成,也可由刀具单独完成。常用机床的切削运动见表 4-1。

各种机器零件的形状虽多,但分析起来,都不外乎是由平面、外圆面(包括圆锥面)、内圆面(即孔)及成形面所组成的。因此,只要能对这几种典型表面进行加工,就能完成所有机器零件的加工。

外圆面和孔可认为是以某一直线为母线,以圆为运动轨迹做旋转运动时所形成的表面。

平面是以一直线为母线,另一直线为轨迹做平移运动而形成的表面。

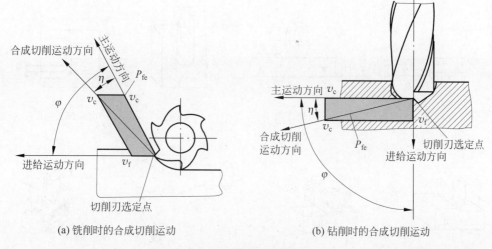

(a) 铣削时的合成切削运动　　　　　(b) 钻削时的合成切削运动

图 4-2　合成切削运动

表 4-1　常用机床的切削运动

切削机床	主运动	进给运动	切削机床	主运动	进给运动
卧式车床	工件旋转	刀具纵向、横向移动	牛头刨床	刨床往复移动	工件横向、垂直间歇移动或刨刀垂直间歇移动
钻床	钻头旋转	钻头轴向移动	龙门刨床	工件往复移动	刨刀横向、垂直间歇移动
铣床	铣刀旋转	工件横向、纵向或垂直移动	外圆磨床	砂轮旋转	工件转动,同时工件往复移动,砂轮横向移动
卧式镗床	镗刀旋转	镗刀或工件轴向移动	平面磨床	砂轮旋转	工件往复移动,砂轮横向、垂直方向移动

成形面是以曲线为母线,以圆或直线为轨迹做旋转或平移运动时所形成的表面。

上述几种表面可分别用图 4-3 所示的相应的加工方法来获得。

4.1.2　切削要素

1. 工件上的加工表面

切削时,工件表面多余材料不断被切除形成新的表面,在此过程中工件上形成三个不断变化的表面:已加工表面、过渡表面和待加工表面,如图 4-4 所示。

(1) 已加工表面　工件上切去一层后形成的新的表面。

(2) 过渡表面　工件上正在被切削的表面。

(3) 待加工表面　工件上即将被切去金属层的表面。

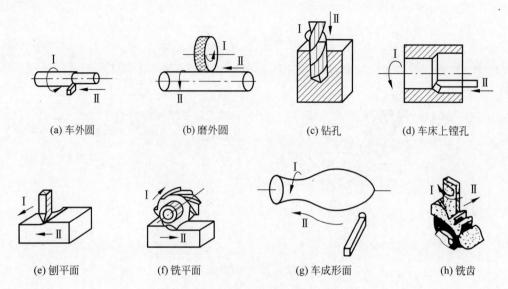

(a) 车外圆　　　　(b) 磨外圆　　　　(c) 钻孔　　　　(d) 车床上镗孔

(e) 刨平面　　　　(f) 铣平面　　　　(g) 车成形面　　　　(h) 铣齿

图 4-3　零件不同表面加工时的切削运动

Ⅰ—主运动；Ⅱ—进给运动

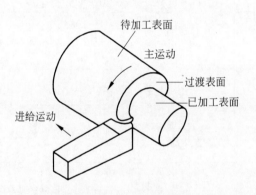

图 4-4　工件上的加工表面

2. 切削用量

任何切削加工都必须选择合适的切削速度 v，进给量 f 及背吃刀量 a_p，它们总称为切削用量，三者又称为切削用量三要素。切削用量是衡量主运动和进给运动大小的参数，是调整机床运动的依据。合理选择切削用量与提高生产效率有着密不可分的关系。

（1）切削速度 v

切削速度是主运动的线速度，单位为 m/s 或 m/min。

主运动是旋转运动时，切削速度计算公式为

$$v = \frac{\pi d n}{1\,000}$$

式中，d——工件加工表面或刀具的最大直径，单位为 mm。

n——主运动的转速，单位为 r/s 或 r/min。

若主运动是往复直线运动（如刨、插等），则以平均速度为切削速度，计算公式为

$$v = \frac{2Ln_r}{1\,000}$$

式中,L——往复运动行程长度,单位为 mm。

$\quad n_r$——主运动每分钟的往复次数,单位为 str/min。

（2）进给量 f

刀具在进给运动方向上相对工件的位移量称为进给量。不同的加工方法,由于所用的刀具和切削运动形式不同,进给量的表述和度量方法也不相同,主要有以下三种表述方法。

① 每转进给量 f　在主运动一个循环内,刀具与工件沿进给运动方向的相对位移,单位为 mm/r 或 mm/str。

② 每分钟进给量（进给速度）v_f　进给运动的瞬时速度,即在单位时间内,刀具与工件沿进给运动方向的相对位移,单位为 mm/min。

③ 每齿进给量 f_z　刀具每转或每行程中齿相对工件在进给运动方向上的位移量,单位为 mm/z。三者关系为

$$v_f = fn = f_z zn$$

（3）背吃刀量 a_p

待加工表面与已加工表面的垂直距离称为背吃刀量,单位是 mm。

外圆车削背吃刀量 a_p 为

$$a_p = \frac{d_w - d_m}{2}$$

钻孔背吃刀量 a_p 为

$$a_p = \frac{d_m}{2}$$

式中,d_m——已加工表面直径,单位为 mm。

$\quad d_w$——待加工表面直径,单位为 mm。

4.2　刀具的结构

刀具的结构形式,对刀具的切削性能、切削加工的生产效率和经济效益有着重要的意义。以常见的车刀为例,其结构形式有整体式、焊接式、机夹重磨式和机夹可转位式等几种,如图 4-5 所示。

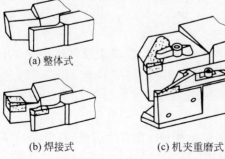
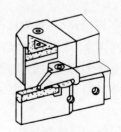

(a) 整体式　　(b) 焊接式　　(c) 机夹重磨式　　(d) 机夹可转位式

图 4-5　车刀结构

　　尽管切削刀具的种类很多,但分析不同刀具各部分的构造和作用,仍然存在共同之处。

　　车刀的组成要素具有普遍的代表性,因此,以车刀为例进行说明。

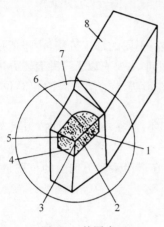

图 4-6　外圆车刀

1—主切削刃;2—主后面;
3—刀尖;4—副后面;5—副切削刃;
6—前面;7—切削部分;8—夹持部分

　　如图 4-6 所示为最常用的外圆车刀,其基本组成包括夹持部分和切削部分。

1. 夹持部分

　　夹持部分俗称刀柄或刀体,主要用于刀具安装与标注。

2. 切削部分

　　切削部分俗称刀头,是刀具的工作部分,由刀面、切削刃(又称刀刃)组成。其组成要素包括以下几部分,简称"三面两刃一尖"。

　　(1) 前面又称前刀面,是切削过程中切屑流出所经过的刀具表面。

　　(2) 主后面又称主后刀面,是切削过程中与过渡表面相对的刀具表面。

　　(3) 副后面又称副后刀面,是切削过程中与已加工表面相对的刀具表面。

　　(4) 主切削刃是前刀面与主后刀面的交线,承担主要切削工作,形成过渡表面。

　　(5) 副切削刃是前刀面与副后刀面的交线,辅助切除余量并形成已加工表面。

　　(6) 刀尖是主、副切削刃连接处的一小部分切削刃,可以是一个点,也可以是一小段其他形式的切削刃(未加说明可视为一个点),是刀具切削部分工作条件最恶劣的部位。

4.3　刀具的材料

　　刀具材料主要是指刀具切削部分的材料。在切削过程中,刀具的切削能力,直接影响着生产率、加工质量和加工成本。而刀具的切削性能,主要取决于刀具材料;其次是刀具几何参数和刀具结构的选择与设计是否合理。因此,应当重视刀具材料的正确选择和合理使用。

1. 刀具材料应具备的性能

　　(1) 高硬度。刀具材料的硬度必须高于工件的硬度,常温硬度一般在 60HRC 以上,并能抵抗切削过程中的磨损,维持一定的切削时间。

　　(2) 高耐磨性。刀具的耐磨性与硬度、强度、化学成分和纤维组织及摩擦区温度有关。

　　(3) 足够的强度和韧性。刀具切削时要承受很大的压力、冲击和振动,刀具材料必须具有足够的强度和韧性,以避免产生崩刃和折断。

（4）高耐热性。刀具耐热性是指在高温下保持材料硬度的性能，用高温硬度或红硬性表示。耐热性越好，允许的切削速度越高，因此它是衡量刀具材料性能的重要指标。

（5）良好的工艺性和经济性。即要求刀具材料本身的可切削性能、磨削性能、焊接性能等要好，且又要资源丰富，价格低廉。

2. 常用刀具材料及选用

目前，刀具材料种类很多，在切削加工中常用的有碳素工具钢、合金工具钢、高速钢、硬质合金、陶瓷、金刚石和立方氮化硼等。碳素工具钢和合金工具钢因耐热性差，仅用于手工工具。陶瓷、金刚石和立方氮化硼，由于质脆、工艺性差及价格昂贵，只能在小范围内使用。目前最常用的工具材料是高速钢和硬质合金。

（1）高速钢

高速钢的强度、韧性、工艺性均较好，而且价格便宜，热处理变形小，刃磨后切削刃较锋利，可制造多种刀具，尤其是复杂刀具，如成形刀具、铣刀、钻头、拉刀、齿轮刀具等。加工材料范围也很广泛，如钢、铁和有色金属等。

（2）硬质合金

由于硬质合金中含有大量的金属化合物，其硬度、熔点都很高，化学稳定性也好，因此硬质合金的硬度、耐磨性、耐热性都很高，但抗弯强度和冲击韧性较差。硬质合金具有良好的切削性能，已成为主要的刀具材料，不但绝大部分车刀采用硬质合金，面铣刀和一些形状复杂的刀具，如麻花钻、齿轮滚刀、铰刀、拉刀等也日益广泛采用此材料。

3. 其他刀具材料

（1）涂层硬质合金。在韧性较好的硬质合金基体上，涂一层硬度、耐磨性极高的难熔金属化合物获得涂层硬质合金，它较好地解决了刀具的硬度、耐磨性和强度韧性之间的矛盾，具有良好的切削性能。与未涂层刀具相比，涂层刀具能降低切削力、切削温度，并能提高已加工表面质量，在相同的刀具使用寿命下，能提高切削速度。

（2）陶瓷。陶瓷刀具有很高的高温硬度，在 1 200℃时，硬度可达到 80HRA，仍具有较好的切削性能，在高温下不易氧化，与普通钢不易发生粘结和扩散作用，还有较低的摩擦因数，可用于加工钢、铸铁，对于冷硬铸铁、淬硬钢的车削和铣削特别有效，其使用寿命、加工效率和已加工表面质量常高于硬质合金刀具。

（3）金刚石。金刚石是目前已知的最硬材料，它的硬度极高，接近于 10 000HV（硬质合金仅为 1 300～1 800HV）。金刚石分天然和人造两种，天然金刚石的质量好，但价格昂贵，用得较少。

金刚石刀具既能对陶瓷、高硅铝合金、硬质合金等高硬度耐磨材料进行切削加工，又能切削有色金属及其合金，使用寿命极高，在正确使用条件下，金刚石车刀可工作 100h 以上。金刚石的热稳定性较差，当切削温度高于 700℃时，碳原子即转化成石墨结构而丧失了硬度，因此，不宜加工钢铁材料。

（4）立方氮化硼。立方氮化硼（CBN）是由六方 BN（HBN）在合成金刚石的相同条件下加入氮化剂转变而成。立方氮化硼刀具硬度高、耐磨性好，耐热性高，主要用于对高温合金、冷硬铸铁进行半精加工和精加工。

4.4　金属切削过程及切削参数的选择

金属切削过程是指用金属切削刀具从工件表面切除多余金属,获得符合一定精度和表面质量要求的零件的切削过程。切削过程伴有多种物理、力学现象,各种切削因素会影响切削过程。研究并掌握金属切削规律,有助于合理选择加工条件和参数,保证切削加工质量,提高生产率,降低生产成本。

4.4.1　切屑的形成过程

1.　切削层的变形

塑性金属切削过程在本质上是被切削层金属在刀具的挤压作用下产生变形,并与工件本体分离形成切屑的过程。切削过程中的切削变形可大致划分为三个变形区。

（1）第一变形区

从 OA 线开始产生塑性变形,到 OM 线金属晶粒的剪切滑移基本完成,这一区域称为第一变形区(见图 4-7 中 I 区)。在 OA 到 OM 之间整个第一变形区内,变形的主要特征是沿滑移面的剪切变形,以及随之产生的加工硬化。被切金属层的变形主要在第一变形区进行。在一般切削速度下,第一变形区的宽度仅为 0.02～0.2mm,可以用一剪切面来表示。

（2）第二变形区

切屑沿前刀面流出时,切屑底层受到前刀面的进一步挤压和摩擦。由于切屑与刀具之间存在较大的压力以及较高的温度,使靠近前刀面处的金属晶粒进一步变形,并沿前刀面方向纤维化。这部分变形区称为第二变形区(见图 4-7 中 II 区)。

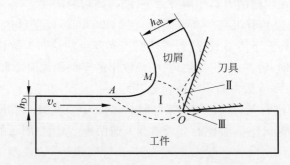

图 4-7　金属切削过程中的变形区

（3）第三变形区

已加工表面受到切削刃钝圆部分与后刀面的挤压,产生变形与回弹,造成已加工表面上金属与后刀面摩擦,产生纤维化和加工硬化,导致工件表面形成残余应力。这部分的变形也较为密集,称为第三变形区(见图 4-7 中 III 区)。

三个变形区汇集在切削刃附近,相互关联,相互影响,称为切削区域。在切削区域内,应力集中而复杂,被切金属层在此与工件本体分离。

在切削过程中,刀具切下的切屑厚度 h_{ch} 通常都要大于工件上切削层的厚度 h_D,而切屑的长 l_{ch} 小于切削层长度 l_c,这种现象称为切屑收缩现象,如图 4-8 所示。切屑收缩的程度用变形系数 ζ 表示,它直观地反映了切屑的变形程度。ζ 值越大,说明切出的切屑越厚、越短,切削变形越大,工件的表面质量越差,切削过程中所消耗的能量越多。

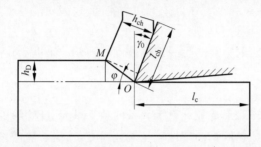

图 4-8 切屑的变形

2. 切屑的形成

在切削过程中,切削层金属以切削速度 v_c 向刀具前面接近。在前面的挤压下,被切金属产生弹性变形,并逐渐加大,其内应力也在增加。在图 4-7 中,当被切金属运动到 OA 线时,其内应力达到屈服点,开始产生塑性变形,金属内部发生剪切滑移,OA 线称为始滑移线。随着被切金属继续向前面逼近,塑性变形加剧,内应力进一步增加,到达 OM 线时,变形和应力达到最大,OM 称为终滑移线。切削刃附近金属内应力达到金属断裂极限而使被切金属与工件本体分离,分离后的变形金属沿刀具的前面流出成为切屑。

3. 切屑的种类

在切削加工中,切削层的变形程度不同,产生的切屑形态就不同。按形态不同,切屑可分为如图 4-9 所示的四种类型。

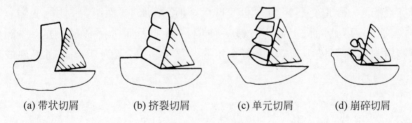

(a) 带状切屑   (b) 挤裂切屑   (c) 单元切屑   (d) 崩碎切屑

图 4-9 切屑类型

(1) 带状切屑

带状切屑是最常见的一种切屑。切屑外形呈较长的带状,切屑上无明显的裂纹,用显微镜观察其背面,可以看到剪切变形的条纹。切屑底面光滑,背面呈毛茸状,每个剪切单元很薄。这种切屑一般在加工塑性金属,选用较小的进给量、较高的切削速度、较大的刀具前角时得到。

形成带状切屑时,切削过程平稳,切削力波动小,已加工表面粗糙度数值小。但带状切屑会缠绕工件和刀具,需要采取一定的断屑措施,否则会影响正常的加工,尤其在自动化加工中。

（2）挤裂切屑

切屑外形仍然连续不断,但变形程度比带状切屑大,切屑背面呈明显的齿状,底面有时有裂纹,但仍比较光滑。形成这类切屑时,第一变形区较宽,剪切滑移量较大,局部地方的切应力达到材料的断裂强度。在以较低切削速度、较大切削厚度、较小刀具前角加工中等硬度塑性金属时会产生这种切屑。

形成挤裂切屑时,切削力会产生一定的波动,造成切削过程不平稳,使工件的表面质量降低。

（3）单元切屑

切屑上裂纹已经贯穿,形成彼此毫无关系的独立单元,即梯形的单元切屑。当用更低的切削速度、更大的切削厚度切削塑性较差的金属时,挤裂切屑的裂纹将会扩展到整个断面上,整个变形单元则被分离,成为梯形的单元切屑。

形成单元切屑时,切削力波动较大,工件表面质量也更差。

（4）崩碎切屑

切削铸铁、硬黄铜等脆性材料时,材料塑性太差,切屑形成时几乎未经塑性变形便突然崩裂,形成形状不规则的细小颗粒状切屑,这种切屑称为崩碎切屑。

形成崩碎切屑时,切削过程不稳定,切削力集中在刀刃附近,容易引起刀具的破损。工件的已加工表面凹凸不平,表面粗糙度数值大。

4. 切屑类型的控制

在生产实践中会看到不同的排屑情况,有的切屑打成螺卷状,达到一定长度时自行折断;有的切屑折断成 C 形、6 字形;有的呈发条状卷屑;有的碎成针状或小片,四处飞溅,影响安全;有的带状切屑缠绕在刀具和工件上,易造成事故。不良的排屑状态会影响生产的正常进行,因此控制切屑类型和流向具有重要意义,这在自动化生产线上加工时尤为重要。切屑经第Ⅰ、第Ⅱ变形区的剧烈变形后,硬度增加,塑性下降,性能变脆。在切屑排出过程中,当碰到刀具后面、工件上过渡表面或待加工表面等障碍时,如某一部位的应变超过了切屑材料的断裂极限值,切屑就会折断。图 4-10 所示为切屑碰到工件或刀具后面折断的情况。

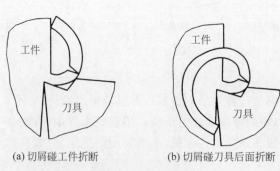

　　(a) 切屑碰工件折断　　　　　　(b) 切屑碰刀具后面折断

图 4-10　切屑碰到工件或刀具后面折断

研究表明,工件材料脆性越大、切屑厚度越大、切屑卷曲半径越小,切屑就越容易折断。常可采取以下措施对切屑实施控制。

(1) 采用断屑槽。通过设置断屑槽对流动中的切屑施加一定的约束力,可使切屑应变增大,切屑卷曲半径减小。断屑槽的尺寸参数应与切削用量的大小相适应,否则会影响断削效果。常用的断屑槽截面形状有折线形、直线圆弧形和全圆弧形,如图 4-11 所示。前角较大时,全圆弧形断屑槽刀具的强度较好。断屑槽位于前面上的形式有平行、外斜、内斜三种,如图 4-12 所示。外斜式常形成 C 形屑和 6 字形屑,能在较宽的切削用量范围内实现断屑;内斜式常形成长紧螺卷形屑,只能在较窄的切削用量范围内实现断屑;平行式断屑槽的断屑范围介于上述两者之间。

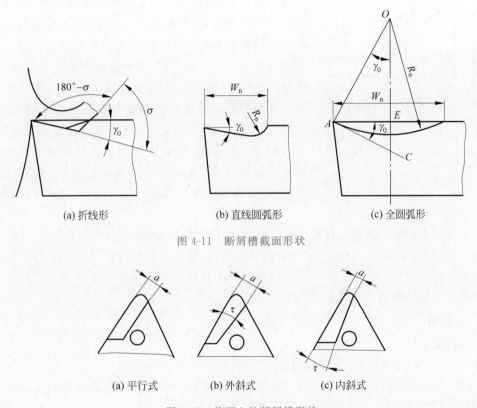

(a) 折线形　　　　(b) 直线圆弧形　　　　(c) 全圆弧形

图 4-11　断屑槽截面形状

(a) 平行式　　　　(b) 外斜式　　　　(c) 内斜式

图 4-12　前面上的断屑槽形状

(2) 改变刀具角度。增大刀具主偏角 κ_r,切削厚度 h_D 增大,有利于断屑。减小刀具前角 γ_0,可使切屑变形加大,切屑易于折断。刃倾角 λ_s 可以控制切屑的流向,λ_s 为正值时,切屑卷曲后流向主后面,折断成 C 形屑或自然流出形成螺卷屑;λ_s 为负值时,切屑卷曲后流向已加工表面,折断成 C 形屑或 6 字形屑。

(3) 调整切削用量。提高进给量 f 使切削厚度 h_D 增大,对断屑有利,但增大 f 会使加工表面粗糙度值增大。适当地降低切削速度 v_c 可使变形系数增大,也有利于断屑,但这会降低材料切除效率。因此需要根据实际条件适当选择切削用量。

4.4.2 积屑瘤

1. 现象

加工一般钢料或铝合金等塑性材料时,在切削速度不高而又能形成带状切屑时,常发现在刀具的前面靠近切削刃的部位粘附着一块剖面呈三角状的硬块,称为积屑瘤,如图 4-13 所示。积屑瘤硬度很高,为工件材料的 2～3 倍,处于稳定状态时可代替刀尖进行切削。

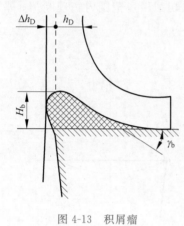

图 4-13　积屑瘤

2. 形成

积屑瘤的形成一般可以分为形成核和核长大两个过程。切削塑性金属时,由于金属的强烈变形与摩擦,切削区域温度升高。当切屑沿刀具的前面流出时,在一定的温度与压力作用下,与前面接触的切屑底层受到很大的摩擦阻力,致使这一部分金属的流动速度减慢,形成一层很薄的滞流层。当前面对滞流层的摩擦阻力超过切屑材料的内部结合力时,就会有一部分金属粘附在刀刃附近的前面上,形成积屑瘤核。积屑瘤核形成后,随着切屑的流动,切屑底层结构相似的原子团不断依附,使积屑瘤核不断长大,达到一定高度后破碎,被切屑带走或嵌附在工件表面。

积屑瘤的形成与被加工材料的硬化性质、切削区的温度、压力分布等有关。

一般地说,塑性金属材料的加工硬化倾向越强,越易产生积屑瘤;温度低、压力小时,不易产生积屑瘤;温度太高时,使金属软化,也不易产生积屑瘤。对于碳钢,300～350℃时最易形成积屑瘤,500℃以上时趋于消失。

3. 影响

积屑瘤主要有以下影响。

(1) 使实际前角增大,减小切削力,对切削过程起积极作用。

(2) 影响刀具的耐用度。稳定时代替刀刃切削,减少刀具磨损,提高刀具的耐用度;破裂时,可能使硬质合金颗粒剥落,反而加剧刀具的磨损。

(3) 增大加工表面粗糙度。积屑瘤的顶部很不稳定,容易破裂,或部分粘附于切屑底部而排出,或部分留在已加工表面而影响粗糙度。

4. 控制

精加工时,防止积屑瘤产生的措施如下。

(1) 用低速切削,使切削温度低,粘结现象不易发生;或用高速切削,使切削温度高于积屑瘤消失的相应温度。

(2) 采用润滑性能好的切削液,减小摩擦。

(3) 增大前角 γ_0,减小切削变形。

(4) 当工件材料硬度很低、塑性很好时,可采取适当的热处理,提高工件材料硬度,降低塑性,减小加工硬化倾向。

4.4.3　切削力和切削温度

1. 总切削力的概念

切削过程中,为了克服工件被切层材料对切削的抵抗,刀具必须对工件施加力的作用。

刀具的一个切削部分在切削工件时所产生的全部切削力称为一个切削部分总切削力。多刃刀具(如铣刀、铰刀、麻花钻等)有几个切削部分同时进行切削,所有参与切削的各切削部分所产生的总切削力的合力称为刀具总切削力。显然,单刃刀具(如车刀、刨刀等)只有一个切削部分参与切削,这个切削部分总切削力就是刀具总切削力。

为便于理解,下面仅讨论一个切削部分的总切削力,并简称为总切削力 F。

2. 总切削力的分解

图 4-14 所示为车外圆时总切削力的分解,通常将总切削力分解成三个相互垂直的切削分力。

(1) 切削力 F_c　总切削力 F 在主运动方向上的正投影。它消耗功率最大,约占总消耗功率的 95%。

(2) 背向力 F_p　总切削力 F 在垂直于工作平面方向上的分力。车外圆时,刀具与工件在这个分力方向上无相对运动,所以 F_p 不做功。

(3) 进给力 F_f　总切削力 F 在进给运动方向上的正投影。它与进给速度 v_f 方向一致。由于进给力和进给速度远小于切削力和切削速度,所以它消耗的功率非常小。

3. 总切削抗力

切削加工时,工件材料抵抗刀具切削所产生的阻力称为总切削抗力。

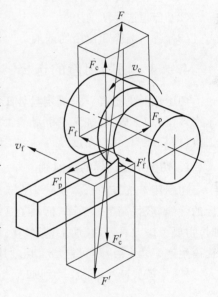

图 4-14　车外圆时总切削力的分解

工件抵抗切削的总切削抗力与切削时刀具对工件的总切削力是一对作用力与反作用力,它们大小相等、方向相反,分别作用在刀具与工件上。

4. 影响总切削抗力的因素

(1) 工件材料的强度、硬度越高,韧性和塑性越好,越难切削,总切削抗力越大。

(2) 切削深度和进给量增大,切削横截面积也增大,切屑粗壮,切下金属增多,总切削抗力增大。

(3) 刀具前角增大,后角增大,均可使总切削抗力增大。

(4) 合理选择切削液,可以减小工件材料的变形抗力和摩擦阻力,使总切削抗力较小。

5. 切削热与切削温度

切削过程中,由于被切削材料层的变形、分离及刀具和被切削材料间的摩擦而产生的热量称为切削热。

切削过程中,切削区域的温度称为切削温度。切削过程中产生的切削热大部分由切屑带走。虽然传入刀具的切削热只占很小的一部分,但由于刀具切削部分(尤其是刀尖部位)体积很小,温度容易升高,在高速切削时仍可达 1 000℃以上,致使刀具材料软化,切削性能降低,磨损加快,进而影响加工质量和缩短刀具寿命。传入工件的切削热,会导致工件受热伸长和膨胀,从而影响加工精度。对于细长轴、薄壁套和精密零件的加工,切削热引起的热变形影响尤为严重。

6. 减少切削热和降低切削温度的工艺措施

(1) 合理选择刀具材料和刀具几何角度。

(2) 合理选择切削用量。

(3) 适当选择和使用切削液。

4.4.4 切削用量的选择

切削用量的选择就是确定具体工序的背吃刀量、进给量和切削速度。这直接关系到生产效率、加工成本、加工精度和表面质量,选择时需要综合了解工件材料的切削加工性,刀具材料、结构、几何角度及寿命,加工方式,加工阶段,机床,夹具,切削液等多方面因素。

1. 切削用量选择的总原则

切削用量选择的总体原则是在保证零件加工质量要求的基础上,充分利用刀具和机床的性能,获得高生产效率、低加工成本和切削用量三要素的最佳组合。在选择切削用量时,主要考虑刀具寿命、加工精度、生产效率,还应考虑机床刚度、电动机功率等条件。从提高生产率角度,应尽可能增大切削用量,但受刀具寿命限制,切削用量三要素中一个增大,另两个就要减小,而且受到加工精度等其他条件限制,切削用量只能在一定范围内选择。

2. 切削用量的选择方法

刀具寿命是切削用量选择时首要的考虑因素。切削用量对刀具寿命的影响程度由大到小依次为 v_c、f、a_p,因此在允许的条件下,应首先选取尽可能大的背吃刀量 a_p,然后选取尽可能大的进给量 f,最后按刀具的最高生产率或最低成本寿命的经验公式计算出切削速度 v_c。

切削力、表面粗糙度也是切削用量选择时要考虑的因素。切削用量对切削力的影响程度由大到小依次为 a_p、f、v_c。切削用量对表面粗糙度的影响主要是 f 影响理论粗糙度值,v_c 可通过积屑瘤影响表面粗糙度,a_p 对表面粗糙度的影响较小。

(1) 切削用量可根据工件处于不同的加工阶段进行选择。

① 粗加工阶段。粗加工是要尽快去除毛坯表面的铸造、锻造硬皮,即高生产效率是追求的基本目标。这个目标常用单件机动工时最少或单位时间切除金属体积最多来表示。从而,在留有后续加工余量及机床刚度允许的前提下,尽可能一次走刀完成切除,即

选择较大的 a_p。

② 半精加工。半精加工是在粗加工的基础上,提高加工精度,为精加工做准备。所以半精加工以快速去除材料为主,兼顾加工精度。背吃刀量 a_p 应根据加工余量选择,半精加工的加工余量比粗加工小,而且待加工表面是粗加工的已加工表面,材质比较均匀,一般也尽可能一次走刀完成切除;进给量 f 的选择应考虑加工表面粗糙度;切削速度 v_c 的选择应避开积屑瘤区。

a_p 和 f 应比粗加工时小一些,但不能过小,以免影响生产率。

③ 精加工。精加工要使工件达到加工精度要求。加工余量比半精加工还小,即背吃刀量 a_p 也很小;进给量 f 的选择应考虑工件表面粗糙度的要求;切削速度 v_c 的选择也应避开积屑瘤区和产生自激振动的区域,可以选择较高的切削速度。

(2) 在具体选择切削用量时还应考虑以下因素。

① 工件材料的切削加工性。工件材料容易切削时,可选用较大的切削用量,反之,加工难切削材料时,需要根据材料特点,适当减小切削用量。

② 加工面结构及加工方式。加工外表面时,可选用较大的切削用量;加工内表面时,为了方便切削液进入、切屑排出,应适当减小切削用量。加工成形表面时,如螺纹、齿轮齿面,可适当减小切削用量。加工大件、细长件、薄壁件时,应适当减小切削用量。

③ 机床刚度。机床刚度足够时,受力变形很小或可以忽略不计,切削用量可以适当增大;机床刚度不足时,为减小切削力,应减小切削用量,尤其是背吃刀量 a_p。

④ 刀具结构。对于定尺寸刀具及成形刀具,为提高刀具寿命,应适当减小切削用量。

⑤ 切削液。使用性能好的切削液时,可适当地增大切削用量。

3. 提高切削用量的途径

为了提高生产率,可通过以下途径提高切削用量。

(1) 使用高性能切削液和高效冷却方法。

(2) 提高刀具刃磨质量。

(3) 选用新型刀具材料、改进刀具结构和几何参数。

(4) 改善工件材料切削加工性。

4.5 刀具的主要种类及应用

刀具的种类很多,按照一般机械加工方法可分为车刀、铣刀、刨刀、拉刀、镗刀、砂轮和钻孔刀具等。

4.5.1 车刀

车刀是金属切削加工中最常用的刀具之一,也是研究铣刀、刨刀、钻头等其他切削刀具的基础。车刀通常是只有一条连续切削刃的单刃刀具,可以适应外圆、内孔、端面、螺纹以及其他成形回转表面等不同的车削要求。常见的有以下几种分类方法。

1．按用途分类

（1）外圆车刀。用于粗车和精车外回转表面，常用的外圆车刀如图 4-15 所示。宽刃车刀 I 主要用于精车外圆；直头车刀 II 可用于车削外圆，也可用于外圆倒角；90°～93°偏刀 III，有右偏刀和左偏刀之分，用于车削外圆、轴肩或端面；弯头车刀 IV 用于车削外圆、端面或倒角，一般主、副偏角均为 45°。

（2）端面车刀。用于车削垂直于轴线的平面，工作时采用横向进给，如图 4-16 所示。

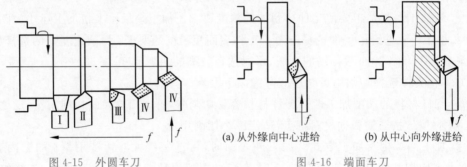

图 4-15　外圆车刀　　　　　(a) 从外缘向中心进给　　　(b) 从中心向外缘进给
　　　　　　　　　　　　　　　　　　图 4-16　端面车刀

通常车刀都从工件外缘向中心进给，如图 4-16(a)所示，这样车削方便测量；如果中心有孔，也可采用从中心向外缘进给的方法，如图 4-16(b)所示，这种方法可使工件表面粗糙度较小。

（3）内孔车刀。常用内孔车刀如图 4-17 所示，车刀 I 用于车削通孔，车刀 II 用于车削盲孔，车刀 III 用于切割凹槽和倒角。内孔车刀因为受工件结构的限制，工作条件比外圆车刀差，刀杆悬挂长度较大，刀杆截面积较小，刚度低，易振动，能承受的切削力较小。

（4）切断刀。切断刀如图 4-18 所示，根据刀头与刀身的相对位置，可分为对称和不对称（左偏和右偏）两种。切断刀用于切断较小直径的棒料，或从坯件上切下已加工好的零件，也可以切窄槽。

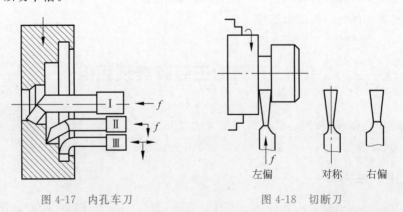

图 4-17　内孔车刀　　　　　　左偏　　对称　　右偏
　　　　　　　　　　　　　　图 4-18　切断刀

（5）螺纹车刀。螺纹车刀如图 4-19 所示，用于车削工件的外螺纹，车削内螺纹的螺纹车刀，刀头做成内孔车刀的形状。

（6）成形车刀。成形车刀如图 4-20 所示，是一种专用刀具，用于加工工件的成形回转表面。

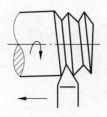 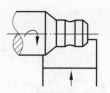

图 4-19 螺纹车刀   图 4-20 成形车刀

2. 按结构分类

（1）整体车刀。主要是高速钢车刀，俗称"白钢刀"，截面为正方形或矩形，使用时可根据不同用途加以刃磨。

（2）焊接车刀。焊接车刀如图 4-21 所示，它是将一定形状的硬质合金刀片，用紫铜或其他焊料镶焊在普通碳钢制成的刀杆上，经过刃磨而成。焊接车刀结构简单，制造方便，可根据需要刃磨，硬质合金得到充分利用，但其切削性能取决于工人的刃磨水平，并且焊接时会降低硬质合金硬度，易产生热应力，严重时会导致硬质合金裂纹，影响刀具耐用度。此外，焊接车刀刀杆不能重复使用，刀片用完，刀杆也随之报废。焊接车刀应根据刀片的形状和尺寸开出刀槽，刀槽形式如图 4-22 所示，有通槽、半通槽和封闭槽等。

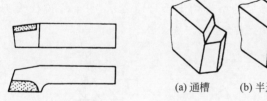 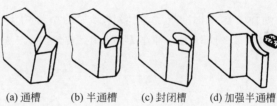

(a) 通槽   (b) 半通槽   (c) 封闭槽   (d) 加强半通槽

图 4-21 焊接车刀   图 4-22 刀槽形式

（3）机夹车刀。机夹车刀是将硬质合金刀片用机械夹固的方法安装在刀杆上的一种车刀。机夹车刀只有一主切削刃，用钝后可多次修磨，由于刀片不经高温焊接，排除了产生焊接裂纹的可能性，提高了刀具耐用度；而且机夹车刀刀杆可重复使用，还可进行热处理，提高了硬质合金支承面的硬度和强度，减少了撞刀的危险性，延长了刀具使用寿命。机夹刀具必须从结构上保证刀片夹固可靠，刀片重磨后应可调整尺寸，有时还应考虑断屑的要求。常用的刀片夹固方式有上压式和侧压式，如图 4-23 所示。

（4）可转位车刀。可转位车刀是将硬质合金可转位刀片用机械夹固的方法装夹在特制刀杆上的一种车刀，由刀杆、刀片、刀垫和夹固元件组成，如图 4-24 所示。

可转位车刀的刀片为多边形，用钝后只需将刀片转位，就可以使新的切削刃投入切削，当全部刀刃都用钝后才更换新刀片。可转位刀片已有国家标准（GB/T 2079—2015），刀片形状很多，常用的有三角形、偏 8°三角形、凸三角形、正方形、五角形和圆形等，如

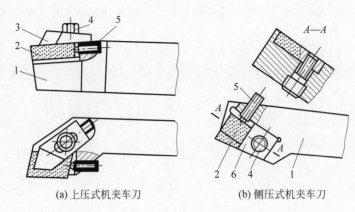

(a) 上压式机夹车刀　　　　(b) 侧压式机夹车刀

图 4-23　机夹车刀

1—刀杆；2—刀片；3—压板；4—螺钉；5—调整螺钉；6—楔块

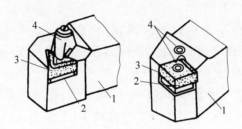

图 4-24　可转位机夹刀片

1—刀杆；2—刀垫；3—刀片；4—夹固元件

图 4-25 所示。国家标准规定,可转位刀片的型号用十个号位表示,每个号位代表刀片的一个参数,表 4-2 所列为一种车刀刀片的型号表示方法。

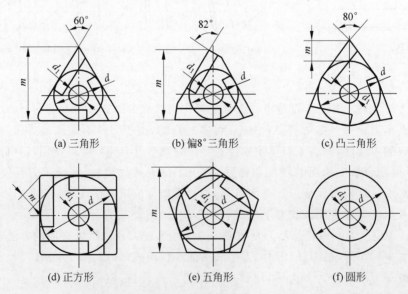

(a) 三角形　　　　(b) 偏8°三角形　　　　(c) 凸三角形

(d) 正方形　　　　(e) 五角形　　　　(f) 圆形

图 4-25　硬质合金可转位刀片的常用形状

表 4-2　可转位车刀刀片型号的表示

号位	1	2	3	4	5	6	7	8	9	10
车刀片	T	N	U	M	16	04	08	E	R	A_2

号位 1 表示刀片形状,T 代表三角形刀片。

号位 2 表示刀片法向后角的大小,N 代表法向后角为零。

号位 3 表示刀片的精度等级,U 为普通级。

号位 4 表示有无断屑及有无固定孔,M 表示单面断屑槽及刀片带孔。

号位 5 表示刀片边长为 16mm 左右。

号位 6 表示刀片厚度为 4mm 左右。

号位 7 表示刀片刀尖圆弧半径 r_E 为 0.8mm。

号位 8 中的 E 表示有倒圆的刀刃。

号位 9 中的 R 表示右手刀。

号位 10 表示 A 型断屑槽,槽宽为 2mm。

(5) 成形车刀。成形车刀又称样板刀,其刃形是根据工件的轴向截面形状设计的,是加工回转成形表面的专用高效刀具。它主要用于大批大量生产,在半自动车床或自动车床上加工内、外回转成形表面。成形刀具具有质量稳定、生产效率高、刀具使用寿命长等特点。

成形车刀的分类方法很多,下面只介绍常见的。一是按结构和形状,分为平体成形车刀、棱体成形车刀和圆体成形车刀,如图 4-26 所示。二是按照进刀方式,分为径向成形车刀,如图 4-27(a)所示;切向成形车刀,如图 4-27(b)所示。

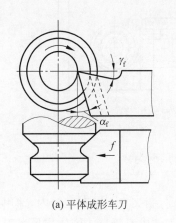
(a) 平体成形车刀

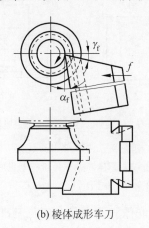
(b) 棱体成形车刀

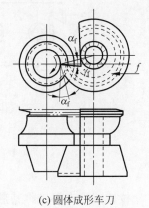
(c) 圆体成形车刀

图 4-26　成形车刀的种类

用成形车刀加工零件时,要获得精确的工件表面形状和尺寸精度,除正确设计和制造刀具外,成形车刀在刀夹上的正确安装及调整也至关重要,刀尖的调整和成形车刀前、后角的形成等,都是靠刀夹的结构来实现的,此外,使用成形车刀进行加工时,切削力较大,因此,还要求刀夹的刚性好、夹固可靠。

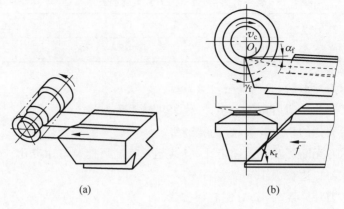

图 4-27　切向成形车刀

　　如图 4-28 所示为常见的两种成形车刀的装夹：径向棱体成形车刀的装夹和径向圆体成形车刀的装夹。

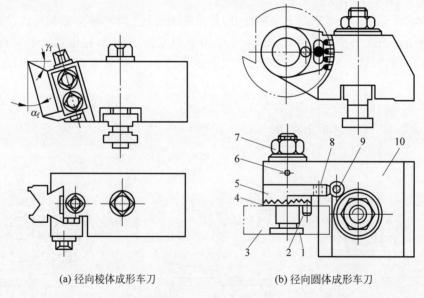

(a) 径向棱体成形车刀　　　　　　(b) 径向圆体成形车刀

图 4-28　成形车刀的装夹

1—心轴；2—销子；3—圆体刀；4—齿环；5—扇形板；6—螺钉；

7—夹紧螺母；8—销子；9—蜗杆；10—刀夹

　　棱体成形车刀是将其燕尾的底面和侧面作为定位基准面，装夹在刀夹燕尾槽内，并用螺钉和弹性槽夹紧的。刀尖可用刀具下端的螺钉调整到与工件中心等高。圆体成形车刀则以内孔为定位基准，套装在刀夹上，中心高于工件中心、带螺纹的心轴上，并通过销子与端面齿环相连，以防车刀因切削受力而转动。转动与扇形板相啮合的蜗杆，扇形板可使车刀绕心轴旋转，实现刀尖高度的精调，当刀尖调整到与工件中心等高后，锁紧螺杆上的螺母，即完成装夹。平体成形车刀装夹方法与普通车刀相同。

4.5.2 铣刀

铣刀是一种多齿、多刃刀具,可用于加工平面、台阶、沟槽及成形表面等。根据用途,可分为以下几类,如图 4-29 所示。

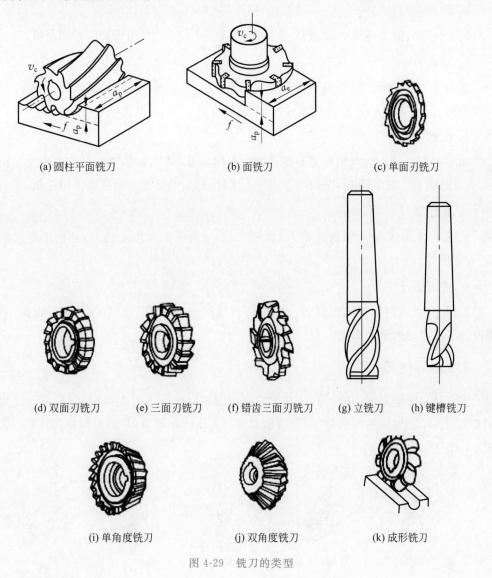

(a) 圆柱平面铣刀　　　　(b) 面铣刀　　　　(c) 单面刃铣刀

(d) 双面刃铣刀　(e) 三面刃铣刀　(f) 错齿三面刃铣刀　(g) 立铣刀　(h) 键槽铣刀

(i) 单角度铣刀　　　　(j) 双角度铣刀　　　　(k) 成形铣刀

图 4-29　铣刀的类型

1. 圆柱平面铣刀

如图 4-29(a)所示,圆柱平面铣刀切削刃为螺旋形,其材料有整体高速钢和镶焊硬质合金两种,用于在卧式铣床上加工平面。

2. 面铣刀

面铣刀又称为端铣刀,如图 4-29(b)所示,该铣刀主切削刃分布在铣刀端面上,主要采用硬质合金可转位刀片,多用于立式铣床上加工平面,生产效率高。

3. 盘铣刀

盘铣刀分为单面刃、双面刃、三面刃和错齿三面刃铣刀四种,如图 4-29(c)、(d)、(e)、(f)所示,该铣刀主要用于加工沟槽和台阶。

4. 锯片铣刀

锯片铣刀实质上是薄片槽铣刀,齿数少,容屑空间大,主要用于切断和切窄槽。

5. 立铣刀

如图 4-29(g)所示,立铣刀圆柱面上的螺旋刃为主切削刃,端面刃为副切削刃,它不能沿轴向进给;有锥柄和直柄两种,装夹在立铣头的主轴上,主要加工槽和台阶面。

6. 键槽铣刀

如图 4-29(h)所示,键槽铣刀是铣键槽的专用刀具,其端刃和圆周刃都可作为主切削刃,只重磨端刃。铣键槽时,先轴向进给切入工件,然后沿键槽方向进给铣出键槽。

7. 角度铣刀

如图 4-29(i)所示为单角度铣刀,如图 4-29(j)所示为双角度铣刀,它们用于铣削斜面、燕尾槽等。

8. 成形铣刀

如图 4-29(k)所示为成形铣刀。成形铣刀用于普通铣床上加工各种成形表面,要根据被加工工件的廓形来确定。

4.5.3　刨刀

刨刀是用于刨削加工的刀具。刨刀刀柄的横截面积比车刀大,切削时可承受较大的冲击力。为了增加刀尖的强度,一般将刨刀的刀尖磨成小圆弧,并选刃倾角为负值。常用刨刀如图 4-30 所示。

| (a) 平面刨刀 | (b) 偏刀 | (c) 角度偏刀 | (d) 切刀 | (e) 弯切刀 |

图 4-30　常用刨刀

4.5.4　拉刀

拉刀是用于拉削的成形刀具。刀具表面上有多排刀齿,各排刀齿的尺寸和形状从切入端至切出端依次增加和变化。当拉刀作拉削运动时,每个刀齿就从工件上切下一定厚度的金属,最终得到所要求的尺寸和形状。拉刀常用于成批和大量生产中加工圆孔、花键孔、键槽、平面和成形表面等,生产率很高。拉刀按加工表面部位的不同,分为内拉刀和外拉刀;按工作时受力方式的不同,分为拉刀和推刀。推刀常用于校准热处理后的型孔。图 4-31 所示为常用拉刀。

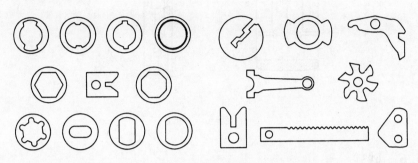

图 4-31　常用拉刀

4.5.5　镗刀

镗刀是镗削刀具的一种,一般是圆柄的,在加工较大工件时使用方刀杆,最常用的场合是内孔加工、扩孔、仿形等。镗刀有一个或两个切削部分,专门用于对已有的孔进行粗加工、半精加工或精加工的刀具。

镗刀可在镗床、车床或铣床上使用。常用的镗刀类型有单刃镗刀和浮动镗刀。

1. 单刃镗刀

单刃镗刀的刀头结构与车刀类似,使用时,用紧固螺钉将其装夹在镗杆上,如图 4-32 所示,其中图 4-32(a)所示为不通孔镗刀,刀尖倾斜安装;图 4-32(b)所示为通孔镗刀,刀头垂直于镗刀轴线安装。

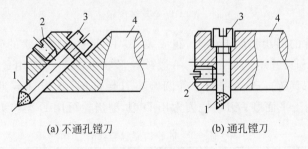

(a) 不通孔镗刀　　　　　　(b) 通孔镗刀

图 4-32　单刃镗刀

1—刀头;2—紧固螺钉;3—调节螺杆;4—镗杆

2. 浮动镗刀

图 4-33 所示为浮动镗刀,在对角线的方位上有两个对称的切削刃(属多刃镗刀),两个切削刃间的尺寸 D 可以调整,以切削不同直径的孔。调整时,先松开螺钉 1,再旋动螺钉 2 以改变刀块 3 的径向位移尺寸,并用千分尺检验两切削刃间尺寸,使之符合被镗孔的孔径尺寸,最后拧紧螺钉 1 即可。

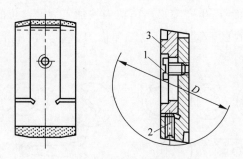

图 4-33　浮动镗刀
1,2—螺钉；3—刀块

4.5.6　砂轮

砂轮是由磨料(砂粒)加粘结剂用烧结的方法而制成的多孔物体。砂轮的性质取决于其磨料、粘结剂、粒度、硬度和组织结构等。

图 4-34 所示为砂轮及磨削示意图。

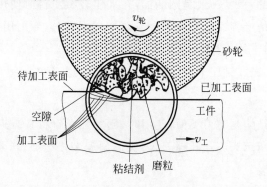

图 4-34　砂轮及磨削示意图

根据加工工件的形状和加工要求,制成表 4-3 所示的各种形状的砂轮。为了选用方便,砂轮截面形状和尺寸均已标准化。一般砂轮形状中以 P 型使用最广泛,可用于外圆磨、无心磨、刃磨刀具等。PSA 型用于外圆磨与刃磨刀具;B 型、BW 型常用于磨平面及刃磨刀具;N 型用于平面磨;刃磨铣刀常用 D 型,磨齿轮可用 D 型与 PSX 型砂轮。选用

表 4-3　砂轮的形状与代号

形状						
名称	平形	双边斜	双边凹	筒形	杯形	碗形	碟形
代号	P	PSX	PSA	N	B	BW	D

砂轮时,其外径在可能情况下尽量选大些,可使砂轮圆周速度提高,以增加工件表面光洁度和生产率。砂轮宽度应根据机床的刚度、功率大小来决定。机床刚性好、功率大,可使用宽砂轮。

4.5.7　钻孔刀具

常用的钻孔刀有麻花钻、中心钻、深孔钻等。其中最常用的是麻花钻,其直径规格为$\phi 0.1 \sim \phi 80 \text{mm}$。标准麻花钻由高速钢制成,其结构如图 4-35 所示,其柄部是钻头的夹持部分,并用来传递扭矩。钻头柄部有直柄与锥柄两种,前者用于小直径钻头,后者用于大直径钻头。工作部分由导向部分和切削部分组成,导向部分包括两条对称的螺旋槽和较窄的刃带,螺旋槽的作用是形成切削刃,并且起排屑和输送切削冷却液作用;刃带与工件孔壁接触,起导向和修光孔壁的作用。

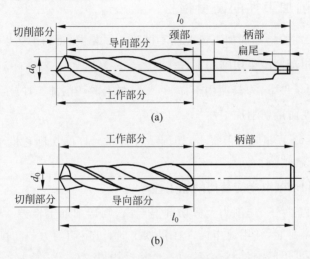

图 4-35　标准麻花钻的结构

切削部分担负着主要切削工作,钻头有两条主切削刃、两条副切削刃和一条横刃,如图 4-36 所示。螺旋槽表面为钻头的前面,切削部分顶端的锥曲面为后面,刃带为副后面,横刃是两主后面的交线。切削刃承担切削工作,其夹角为 118°;横刃起切削和定心作用,但会大大增加钻削时的轴向力。

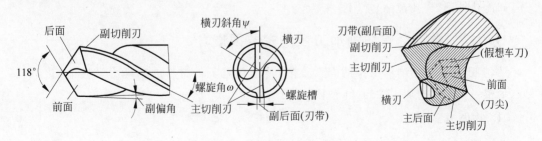

图 4-36　钻头的切削部分

4.6 影响金属切削加工性的主要因素及其控制

金属的切削加工性是指在一定的切削条件下,工件材料切削加工的难易程度。这种难易程度是相对工件材料而言,会随着加工方式、加工性质和具体加工条件的不同而不同。对同一种材料,但结构、尺寸不同的零件,其加工性也有着很大的差异。在研究材料加工性,还应当有针对性地研究零件的加工性。将二者结合起来,对生产就有更大的指导意义。金属的切削加工性概念具有相对性,是相对于某基准材料而言的。一般以中碳结构钢45钢为基准,称高强度钢比较难加工,是相对于45钢而言的。

4.6.1 切削加工性的衡量指标

衡量切削加工性的指标因加工情况的不同而不尽相同,可归纳为以下几种。

1. 以刀具使用寿命衡量切削加工性

在相同的切削条件下,刀具使用寿命长,工件材料的切削加工性好。

2. 以切削速度衡量切削加工性

在刀具使用寿命 T 相同的前提下,切削某种材料允许的切削速度 v_T 高,切削加工性好;反之 v_T 小,切削加工性差。

3. 以切削力和切削温度衡量切削加工性

在相同的切削条件下,切削力大或切削温度高,则切削加工性差。切削力大,则消耗功率多,机床动力不足时,常用此指标。在粗加工时,可用切削力或切削功率作为切削加工性指标。切削温度不易测量和标定,故这个指标用得较少。

4. 以加工表面质量衡量切削加工性

易获得好的加工表面质量,则切削加工性好。精加工时常用此指标。

5. 以断屑性能衡量切削加工性

在数控机床、自动机床、组合机床及自动生产线上,或者对断屑性能有很高要求的工序(如深孔钻削、盲孔镗削)常用该指标。

4.6.2 影响金属切削加工性的主要因素

影响工件材料切削加工性的因素很多,下面仅就工件材料的物理力学性能、化学成分、金相组织对切削加工性的影响加以说明。

1. 物理力学性能

(1)材料硬度。材料的硬度包括常温硬度、高温硬度、硬质点及加工硬化。一般情况下,同类材料中硬度高的切削加工性差。这是因为材料硬度高时,切屑与刀具前面的接触长度减小,前面上应力增大,摩擦热量集中在较小的刀-屑接触面上,切削温度增高,刀具磨损加剧。

工件材料的高温硬度高,切削过程中工件材料的硬度下降很少,这样刀具与工件的硬度差就小,切削加工性不好。如高温合金的切削加工性差,就是个重要原因。此外,工件材料中的硬质点多、加工硬化严重,则切削加工性也差。

(2) 材料强度。工件材料的强度包括常温强度和高温强度。工件材料的常温强度高,切削力大,切削温度就高,刀具磨损大。所以,一般情况下,工件材料的强度越高,切削加工性越差。工件材料的高温强度越高,切削加工性越差。

(3) 材料的塑性与韧性。材料的塑性以延伸率 δ 表示,δ 值越大,塑性越大。工件材料强度相同时,塑性变形大,切削变形越大,切削力越大,切削温度也高,且易与刀具发生粘结,刀具磨损大,已加工表面粗糙。因此,工件材料塑性越大,切削加工性越差。但塑性过小,刀具与切屑的接触长度短,切削力和切削热均集中在刀具刃口附近,也将使刀具磨损加剧。由此可知,塑性过大或过小(或脆性)都使切削加工性变差。

材料的韧性以冲击韧度 A_k 表示,A_k 值越大,表示材料在破断之前吸收的能量越多。材料的韧性越大,消耗切削功越多,切削力大,且韧性对断屑影响较大,故韧性越大,切削加工性越差。

(4) 材料的热导率。工件材料的热导率越大,由切屑带走的和由工件传导出的热量越多,越有利于降低切削区温度,因此切削加工性好。不锈钢及高温合金的热导率很小,仅为 45 钢的 $1/4 \sim 1/3$,故这类材料的切削加工性差。但热导率大的材料,切削温度较高,给尺寸精度的控制造成一定困难。

(5) 其他力学性能。其他物理力学性能对加工性也有一定影响,如线胀系数大的材料,加工时热胀冷缩,工件尺寸变化很大,故不易控制精度。弹性模量小的材料,在已加工表面形成过程中弹性恢复大,易与刀具后面发生强烈摩擦。

2. 化学成分

(1) 钢

① 含碳量。钢的强度与硬度一般随碳质量分数的增加而增高,而塑性和韧性随碳质量分数的增加而降低。高碳钢($w_C > 0.45\%$)的强度、硬度较高,切削力较大,刀具易磨损;低碳钢($w_C < 0.35\%$)的塑性、韧性较高,不易断屑,加工表面粗糙度值大,均给切削加工带来困难;中碳钢($w_C = 0.35\% \sim 0.45\%$)介于前述二者之间,其切削加工性较好。

② 合金元素。为改善性能,会在钢中添加 Cr、Mn、Ni、Mo、V、Si、Al 等元素。这些元素含量较少时,对切削加工性影响不大,但当含量增多后使切削加工性变差。

③ 夹杂物。钢中的 Pb、S、P、O 等元素,会形成硬质夹杂物,破坏了铁素体的连续性,还有润滑作用,故能减轻刀具磨损,使切屑容易折断,从而改善了切削加工性。

(2) 铸铁

对铸铁来说,材料的化学成分是以促进或阻碍碳的石墨化来影响切削加工性的。铸铁中的元素常以两种形态存在,即高硬度的碳化铁(Fe_3C)或低硬度且润滑性能好的游离石墨。石墨很软,具有润滑作用,刀具磨损较小,石墨越多,越容易切削。因此,铸铁中含有 Si、Al、Cu、Ti 等促进石墨化的元素,能提高其加工性。含有 Cr、V、Mn、Mo、P、Co、S 等阻碍石墨化的元素,会降低其加工性。

3. 材料金相组织的影响

钢的金相组织有铁素体、渗碳体、索氏体、托氏体、奥氏体、马氏体等,是决定工件材料力学性能的重要因素。化学成分相同的材料,若其金相组织不同,其切削加工性也不同。

(1) 金相组织对钢料切削加工性的影响。一般情况下,钢中铁素体与珠光体的比例影响钢切削加工性。铁素体塑性大,珠光体硬度较高,马氏体比珠光体更硬,故珠光体含量越少者,允许的 v_c 越高、T 越长、切削加工性越好;而马氏体含量越高者,切削加工性越差。另外,金相组织的形状和大小也影响切削加工性。如珠光体有球状、片状和针状之分,球状硬度较低,易加工;而针状硬度高,不易加工,即切削加工性差。

(2) 金相组织对铸铁切削加工性的影响。白口铁、麻口铁、灰铸铁和球墨铸铁的硬度依次递减,塑性依次增高,其切削加工性依次变好。轧钢机上所用的轧辊,需在表面上进行激冷处理形成白口铁,以便提高轧辊表面的硬度和耐磨性。其表面层硬度达 52～55HRC,切削加工性很差。钻探中用的泥浆泵,材料是合金耐磨铸铁,含有很高的合金成分,硬度极高。如耐磨合金耐磨铸铁 Cr15Mo3 的硬度达 62HRC,是目前最难进行切削加工的金属材料之一。

4.6.3 改善材料切削加工性的途径

从以上分析不难看出,金相组织和化学成分对工件材料切削加工性影响很大,故应从这两个方面着手改善工件材料切削加工性。

1. 采取适当的热处理方法

如前述,金相组织不同,切削加工性也不同,因此可通过热处理来改变金相组织,达到改善工件材料切削加工性的目的。材料的硬度过高或过低,切削加工性均不好。生产中常采用预先热处理,目的在于通过改变硬度来改善切削加工性。例如,低碳钢经正火处理或冷拔处理,使塑性减小,硬度略有提高,从而改善切削加工性;高碳钢通过球化退火使硬度降低,有利于切削加工;中碳钢常采用退火处理,以降低硬度,改善切削加工性。白口铁在 950～1 000℃ 下经长期退火处理,使其硬度大大降低,变成可锻铸铁,从而改善了切削加工性。

2. 调整材料的化学成分

在不影响材料力学性能的前提下,可在钢中适当添加一种或几种合金元素,如 S、Ph、Ca、P 等,其加工性可得到显著改善,而这样的钢称为"易切钢"。易切钢的良好切削加工性表现在:切削力小、易断屑、刀具使用寿命长,已加工表面质量好。在大批量生产的产品上采用易切钢,可节省大量的加工费用。

近年来,我国发展了许多易切碳素结构钢、易切合金结构钢、易切不锈钢、易切轴承钢等新钢种,在汽车、机床、手表、轴承等制造部门发挥了很大的作用。

目 标 检 测

1. 切削加工必须具备两种运动：_____和_____。

2. 切削用量三要素是指_____、_____和_____。

3. 常用外圆车刀基本组成部分包括_____和_____。

4. 刀具材料应具备的性能有高硬度、_____、_____、_____和良好的工艺性和经济性。

5. 常见的切屑类型有带状切屑、_____、_____和崩碎切屑。

6. 常见的切屑控制方法有_____、_____和调整切削用量。

思 考 题

"工欲善其事，必先利其器。"由此可见，刀具在加工中起着重要的作用。但并不意味着每一把刀具都具有同等重要的地位。

如何从传统文化汲取营养，从辩证的角度思考，联系自身实习体会，总结一下你是如何合理选用刀具的，最大限度提高性价比？

单元 5

金属切削机床

目标描述

了解机床的分类方法，了解常见机床的主要结构组成。熟悉车床、铣床、刨床、钻床、磨床的结构和工作原理等。

技能目标

根据铭牌识别机床的类型，了解其加工范围。

知识目标

了解机床的分类方法，并熟悉机床型号的表示方法，根据铭牌识别机床类型及加工范围。熟悉车床、铣床、刨床、钻床、磨床的结构和工作原理等。

5.1 金属切削机床基本知识

金属切削机床，习惯上简称为"机床"，是用刀具切削的方法将金属毛坯加工成机械零件的机器。机床在机械加工过程中为刀具与工件提供实现工件表面成形所需的相对运动，以及为加工过程提供动力。它是用来生产其他机械的机器，是机械制造业的基础设备。

在机器制造部门所拥有的技术装备中，机床所占的比重一般为 $50\%\sim60\%$，在生产中所担负的工作量占制造机器总工作量的 $40\%\sim60\%$。因此，机床是加工机械零件的主要设备。机床的技术水平直接影响着机械制造业的产品质量和生产率。

5.1.1 机床的分类

金属切削机床品种和规格繁多,不同的机床,其构造、加工工艺范围、加工精度和表面质量、生产率和经济性、自动化程度和可靠性等不尽相同。为了便于区别、使用和管理,有必要对机床加以分类。机床可按不同的分类方法划分为多种类型。

1. 按加工方法或加工对象分类

目前,按这种分类法,我国将机床分为 12 大类,即车床、钻床、镗床、磨床、齿轮加工机床、螺纹加工机床、铣床、刨(插)床、拉床、锯床、特种加工机床及其他机床等。在每一类机床中,又按工艺特点、布局形式、结构性能等不同,分为若干组,每一组又细分为若干系(系列)。

2. 按机床的应用范围分类

(1) 通用(万能)机床。这类机床可以加工多种工件、完成多种工序,加工范围较广,通用性较大。例如,卧式车床、万能升降台铣床、卧式镗床等。通用机床由于功能较多,结构比较复杂,生产率低,因此,主要适用于单件、小批量生产。

(2) 专门化机床。这类机床的工艺范围较窄,专门用于加工形状相似而尺寸不同的工件的某一道(或几道)特定工序。例如,曲轴车床、凸轮轴车床、精密丝杠车床等。

(3) 专用机床。这类机床的工艺范围最窄,只能用于加工特定工件的特定工序,适用于大批量生产。例如,加工机床主轴箱的专用镗床、加工车床导轨的专用磨床等。专用机床中有一种以标准的通用部件为基础,配以少量按工件特定形状或加工工艺设计的专用部件组成的自动或半自动机床,称为组合机床。各种组合机床也属于专用机床。

3. 按工件大小和机床质量分类

机床的质量和外形尺寸与被加工零件的质量和尺寸密切相关,被加工产品小到仪器、仪表,大到工程机械等,都需要与之相适应的制造设备。由此,机床可分为以下几种。

(1) 仪表机床。

(2) 中小型机床,称为一般机床,最为常用。

(3) 大型机床,质量达 10t 以上的机床或工件回转直径超过 1 000mm 的普通车床等。

(4) 重型机床,质量在 30t 以上或加工直径超过 3 000mm 的立式车床、回转直径超过 1 600mm 的普通车床等。

(5) 超重型机床,质量在 100t 以上的机床。

4. 按精度分类

机床按加工精度可分为普通精度机床、精密机床和高精度机床。精密机床是在普通精度机床的基础上,提高了主轴、导轨或丝杠等主要零件的制造精度。高精度机床不仅提高了主要零件的制造精度,而且采用了保证高精度的机床结构。以上 3 种精度等级的机床均有相应的精度标准,其允许误差若以普通精度级为 1,则大致比例为 1∶0.4∶0.25。

5. 按自动化程度分类

按自动化程度机床可分为手动操作机床、半自动机床和自动机床。

6. 按机床的自动控制方式分类

按自动控制方式,机床可分为仿形机床、程序控制机床、数字控制机床、适应控制机床、加工中心和柔性制造系统。柔性制造系统是由一组数字控制机床和其他自动化工艺设备组成的,用计算机控制,可自动地加工有不同工序的工件,能适应多品种生产。

7. 按机床主要工作部件数目分类

机床主要工作部件数目通常指切削加工时,同时工作的主运动部件或进给运动部件的数目。按此机床可分为单轴机床、多轴机床、单刀机床、多刀机床等。

通常,机床根据加工性质及某些辅助特征来进行分类,如多刀半自动车床、多轴自动车床等。

5.1.2　机床型号的编制方法

机床型号是机床产品的代号,用以简明地表示机床的类型、主要技术参数、性能和结构特点等。GB/T 15375—1994《金属切削机床型号编制方法》规定,我国的机床型号由汉语拼音字母和数字按一定的规律组合而成,它适用于新设计的各类通用机床、专用机床和回转体加工自动线(不包括组合机床、特种加工机床)。本书只简单介绍通用机床型号的编制方法。具体型号表示见表 5-1。

表 5-1　机床型号表示及实例

项目	类型代号	特性代号	组别代号	型别代号	主参数或设计顺序号	主轴数	重大改进顺序号	变形代号	第二参数
形式	(○)□	□	○	○	○○	(.○)	(□)	(/○)	(×○)
实例	X	K	6	0	30				
	C		6	1	40				
	Y		7	1	32		A		
	M		1	4	32				
	C		2	1	40	.6			

注:表中"○"代表阿拉伯数字,"□"代表大写汉语拼音字母。

带"( )"的数字或字母,有代号时将"( )"去掉表示,没有代号时不表示。

1. 机床类别的代号

按国家标准《金属切削机床型号编制方法》(GB/T 15375—1994)将机床分为 12 大类,其类别代号见表 5-2。

表 5-2　机床的类别及代号

类别	车床	钻床	镗床	磨床			齿轮加工机床	螺纹加工机床	铣床	刨插床	拉床	电加工机床	切断机床	其他机床
代号	C	Z	T	M	2M	3M	Y	S	X	B	L	D	G	Q
读音	车	钻	镗	磨	2磨	3磨	牙	丝	铣	刨	拉	电	割	其

2. 机床的特性代号

（1）通用特性代号。当某类型机床，除有普通形式外，还具有表 5-3 中所列的各种通用特性时，则在类别代号字母之后加上相应的特性代号，如 CM6132 型精密普通车床型号中的"M"表示"精密"。如某类型机床仅有某种通用特性，而无普通形式时，则通用特性不必表示。如 C1312 型单轴六角自动车床，由于这类自动车床中没有"非自动"型，所以不必表示出"Z"的通用特性。

表 5-3　通用特性代号

通用特性	高精度	精密	自动	半自动	数控	加工中心（自动换刀）	仿形	轻型	加重型	简式或经济型	柔性加工单元	数显	高速
代号	G	M	Z	B	K	H	F	Q	C	J	R	X	S
读音	高	密	自	半	控	换	仿	轻	重	简	柔	显	速

（2）结构特性代号。为了区别主要参数相同而结构不同的机床，在型号中用汉语拼音字母区分。例如，CA6140 型普通车床型号中的"A"可理解为：CA6140 型普通车床在结构上区别于 C6140 型及 CY6140 型普通车床。结构特性的代号字母是根据各类机床的情况分别规定的，在不同型号中的意义可以不一样。当机床有通用特性代号时，结构特性代号应排在通用特性代号之后。为避免混淆，通用特性代号已用的字母及 I、O 都不能作为结构特性代号。

（3）机床的组别和型别代号。机床的组别和型别代号用两位阿拉伯数字表示，位于类代号或特性代号之后。每类机床按其结构性能及使用范围划分为 10 个组，用数字 0～9 表示。每组机床又分若干个型（型别）。凡主参数相同，并按一定公比排列，工件和刀具本身的和相对的运动特点基本相同，且基本结构及布局形式也相同的机床，即为同一型别。常用机床的组，金属切削机床的类、组、型划分及其代号，可参看 GB/T 15375—1994 中"通用机床统一名称及类、组、型划分表"。

（4）主要参数的代号。主要参数是代表机床主要技术规格大小的一种参数，是用阿拉伯数字来表示的。通常小型机床采用主参数的折算值，普通机床为主参数折算值 1/10，大型机床为主参数的折算值 1/100 表示。在型号中，组和型的两个数字后面的第三及第四位数字都是表示主参数的。

（5）机床重大改进的序号。当机床的性能和结构有重大改进时，按其设计改进的次序分别用字母 A，B，C，…表示，附加于机床型号的末尾，以示区别。例如，表 5-2 中 Y7132A 表示最大工件直径为 320mm 的 Y7132 型锥形砂轮磨齿机的第一次重大改进。

此外，多轴机床的主轴数目要以阿拉伯数字表示在型号后面，并用"·"分开。例如，表 5-2 中的 C2140·6 是加工最大棒料直径为 40mm 的卧式六轴自动车床的型号。

对于同一型号机床的变形设计代号用"/"分开，有些机床要表示第二参数，如最大跨距、最大工件长度、工作台长度等参数时用"×"分开。

5.2 金属切削机床主要结构组成

图 5-1～图 5-5 分别为车床、铣床、刨床、钻床、磨床的结构示意图。

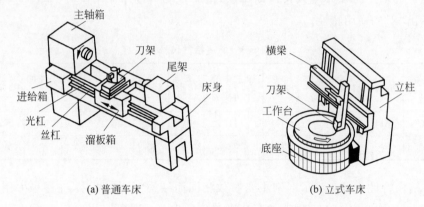

(a) 普通车床   (b) 立式车床

图 5-1   车床结构示意图

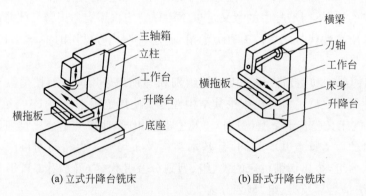

(a) 立式升降台铣床   (b) 卧式升降台铣床

图 5-2   铣床结构示意图

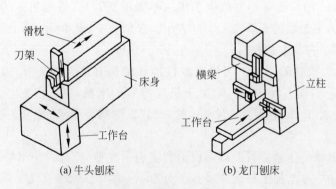

(a) 牛头刨床   (b) 龙门刨床

图 5-3   刨床结构示意图

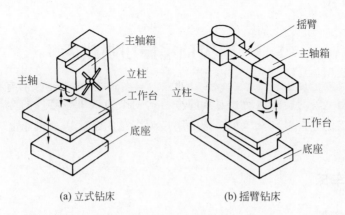

(a) 立式钻床　　　　　(b) 摇臂钻床

图 5-4　钻床结构示意图

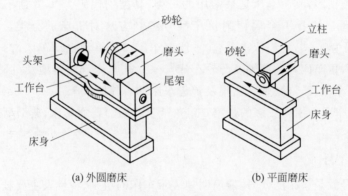

(a) 外圆磨床　　　　　(b) 平面磨床

图 5-5　磨床结构示意图

由上图可知,各类机床的基本结构可归纳如下。

(1) 主传动部件,是用来实现机床主运动的,如车床、铣床和钻床的主轴箱,磨床的磨头等。

(2) 进给运动部件,是用来实现机床进给运动的,也用来实现机床的调整、退刀及快速运动等,如车床的进给箱、溜板箱,铣床、钻床的进给箱,磨床的液压传动装置等。

(3) 动力源,是为机床运动提供动力的,如电动机等。

(4) 刀具的安装装置,是用来安装刀具的,如车床、刨床的刀架,立式铣床、钻床的主轴,磨床磨头的砂轮轴等。

(5) 工件的安装装置,是用来安装工件的,如普通车床的卡盘和后架,铣床、钻床的工作台等。

(6) 支承件,是用来支承和连接机床各零部件的,如各类机床的床身、立柱、底座等,是机床的基础构件。

此外,机床结构还有控制系统,用于控制各工作部件的正常工作,主要是电气控制系统,如数控机床则是数控系统,有些机床局部采用液压或气动控制系统。机床要正常工作还需有冷却系统、润滑系统及排屑装置、自动测量装置等其他装置。

5.3　常见的金属切削机床

车床是利用主轴的旋转运动和刀具的进给运动来加工机械零件的金属切削机床,由于能完成的加工任务很多,所以,车床是应用最为广泛的金属切削机床之一,有工作母机之称。

5.3.1　车床

1. 车床的分类

机床的种类很多,其中车床是最常用的一类,其类别代码为"C",是车床的汉语拼音第一个大写字母。按我国金属切削机床型号编制方法对机床的分类,车床又可分为10组,组别代码为0～9,它们依次是:0—仪表车床,1—单轴自动车床,2—多轴自动、半自动车床,3—六角车床,4—曲轴及凸轮车床,5—立式车床,6—落地及(卧式)普通车床,7—仿形及多刀车床,8—轮、轴、锭、辊及铲齿车床,9—其他车床。

以上10组车床中用得较多的是第6组落地及(卧式)普通车床,典型型号是CA6140、C620-1等。

2. 车床的型号

车床的型号就是车床的代号,能简明地表示车床的组别、特性及主要技术参数等。根据GB/T 15375—1994《金属切削机床型号编制方法》规定,车床型号由拼音字母和阿拉伯数字组成,如CA6140,其含义如下:

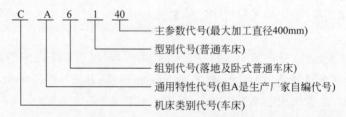

3. 国产CA6140型卧式普通车床

CA6140型车床是中等规格的国产车床,可以完成各种车削加工(包括公制、英制、模数及径节螺纹),有万能车床之称。CA6140型车床在车床中具有代表性,其基本参数如下。

最大回转直径:ϕ400mm。

最大工件长度:750mm、1 000mm、1 500mm、2 000mm。

最大车削长度:650mm、900mm、1 400mm、1 900mm。

主轴转速:正转10～1 400r/min,共24级;反转14～1 580r/min,共12级。

进给量:纵向0.028～6.33mm/r,共64级;横向0.014～3.16mm/r,共64级;车削

螺纹范围：米制螺纹 1～192mm,共 44 种螺距；模数螺纹 0.25～48mm,共 39 种模数。

刀架最大行程：140mm。

主轴内孔直径：ϕ48mm。

主轴内孔锥度：莫氏 6#。

尾座锥孔锥度：莫氏 5#。

电动机容量：7.5kW,1 450r/min。

(1) 车床的基本组成

图 5-6 所示为 CA6140 型普通卧式车床的外形结构图,主要由床身、主轴箱、交换齿轮箱、进给箱、光杠和丝杠、溜板箱、刀架、尾座等组成。

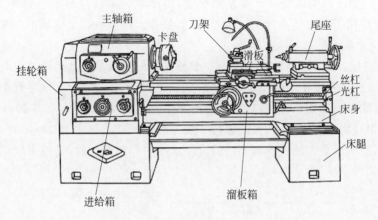

图 5-6　CA6140 型普通卧式车床外形图

(2) 各主要部分的名称及其作用

① 主轴箱。主轴箱又称床头箱。主轴箱内装主轴和获得主轴各种转速的变速机构。主轴通过卡盘或辅助装置带着工件做同步旋转运动,同时通过挂轮箱将运动传给进给箱。

② 进给箱。进给箱内装进给运动的变速齿轮机构,变速机构带着丝杠或光杠以不同速度做旋转运动,丝杠或光杠通过溜板箱带着刀具做横向或纵向的进给(直线)运动。

③ 丝杠和光杠。丝杠和光杠将进给箱的运动传给溜板箱,可使其做直线移动。车外圆、车端面等自动进给时使用光杠传动；车螺纹时使用丝杠传动。丝杠和光杠不能同时使用。

④ 溜板箱。溜板箱与大拖板连在一起,可将光杠的旋转运动转变为车刀的纵向或横向的直线运动,也可将丝杠的旋转运动通过"开合螺母"转变为车刀的纵向移动,用以车削各种螺纹。

⑤ 刀架。刀架用来装夹刀具,可带动刀具在水平面内做多方向直线移动。刀架由大拖板、中拖板、小拖板和方刀架组成,如图 5-7 所示。

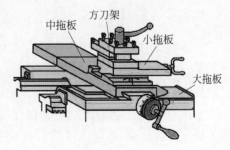

图 5-7　刀架的组成

大拖板又被形象地称为床鞍,因其形状得名。可拖着刀架沿车床导轨做纵向直线移动。

中拖板可带着转盘、小刀架及车刀做横向移动。

转盘装在中拖板上,驮着小托板,松开紧固螺钉时使小刀架在水平面内做一定角度的任意转动。

小拖板又称小刀架,可沿着转盘上的导轨移动,当转盘转过一定角度时,小拖板即可带动车刀在相同方向做直线移动。

方刀架用以装夹车刀,同时可最多装夹 4 把。松开锁紧手柄,方刀架可在水平面 360° 内转位,以选用不同的车刀。

⑥ 尾座。尾座可沿床身导轨做纵向移动,尾座套筒可通过转动手轮进行伸缩,套筒内孔为莫氏锥,用于装夹钻头、绞刀、中心钻、顶尖等。尾座中心与主轴中心等高。

（3）传动系统

① 传动路线。图 5-8 所示是 CA6140 型卧式车床的基本传动路线。主电动机的回转运动（动力）通过带和带轮传给主轴箱,然后分成两支,一支传递给主轴带着工件做回转运动,这是车床的主运动,一支通过进给箱传给车刀做直线运动,这是车床的进给运动。这两支运动既相对独立,又相互联系。进行一般车削（如外圆、端面、切断等）时,根据工件材质或者技术要求,调整主轴转速和车刀的进给速度。车削螺纹时,这两支运动间必须遵循严格的速比关系。

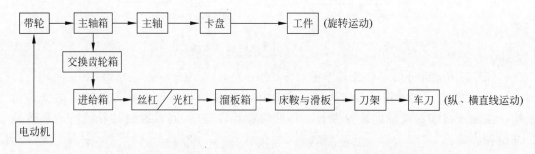

图 5-8　CA6140 型卧式车床基本传动路线

② 传动系统。图 5-9 所示是 CA6140 型卧式车床的传动系统图。图 5-9 中Ⅰ、Ⅱ、Ⅲ等数字是各传动号,字母 M 代表离合器,L 代表传动螺杆的螺纹导程,齿轮（或滑移齿轮）、蜗轮符号旁边的数字代表齿数,蜗杆旁边的数字代表线数（或称蜗杆头数）。

5.3.2　铣床

铣床的种类很多,常用的有卧式万能升降台铣床、立式万能升降台铣床、万能工具铣床和龙门铣床等,其中,前两种铣床应用最多。

1. 卧式铣床

铣床型号 X6132 中,"X"是铣床汉语拼音第一个字母,为铣床类机床的代号;"6"代表万能升降台铣床,为别代号;"1"代表普通铣床;"32"代表工作台宽度的 1/10,即工作台宽 320mm,是主参数代号。

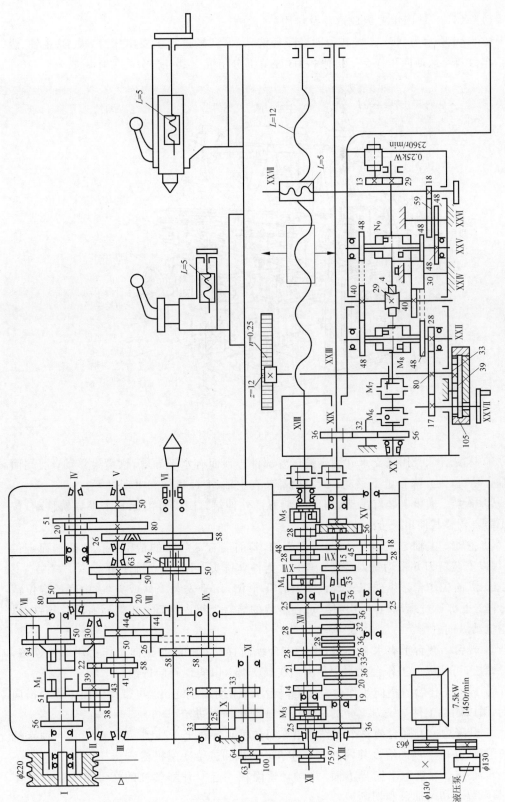

图 5-9 CA6140 型卧式车床传动系统

（1）X6132 铣床主要组成部分及作用

图 5-10 所示为 X6132 卧式万能升降台铣床，该型号铣床主要由床身、横梁、主轴、纵向工作台、转台、横向工作台、升降台和底座等部分组成。其各部分主要作用如下。

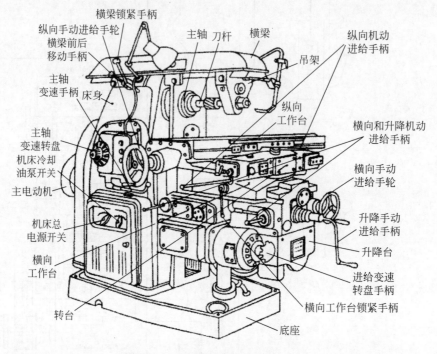

图 5-10　X6132 卧式万能升降台铣床

① 床身。床身用来支承和固定铣床各部件。顶面有水平导轨，供横梁移动；前端面有垂直导轨，供升降台上下移动；床身内部装有主轴、变速机构和电动机等。

② 横梁。横梁上装有吊架，用以支承刀杆外伸端；横梁可沿床身水平导轨移动，按加工需要调整其伸出长度。

③ 主轴。主轴与工作台平行，为空心轴，其前端有 7∶24 的精密锥孔和两端面定位块，用以安装铣刀并带动铣刀旋转；若装上附件立铣头，可作为立铣使用。

④ 纵向工作台。纵向工作台台面上有 T 形槽，用于安装工件或夹具，中间槽定位精度最高；下部通过螺母与丝杠连接，可在转台的导轨上纵向移动；正侧面有限位挡铁，以控制机动纵向进给。

⑤ 转台。转台上有水平导轨，供工作台纵向移动；下部与横向工作台用螺栓连接，松开螺栓，可使纵向工作台在水平平面内旋转±45°，以实现斜向进给。

⑥ 横向工作台。横向工作台位于升降台上面的水平导轨上，可带动纵向工作台横向移动，用以调整工件与铣刀之间的横向位置或获得横向进给。

⑦ 升降台。升降台使整个工作台沿床身的垂直导轨上下移动，以调整工作台面至铣刀的距离，并可垂直进给。其内部装有进给电动机和进给变速机构。

⑧ 底座。底座位于床身下面，并与之紧固在一起。升降丝杠的螺母座安装在底座上，其内装有切削油泵和切削液。

（2）X6132 型铣床的传动系统

卧式万能升降台铣床具有互相独立的主运动传动系统和进给传动系统。其传动路线概要介绍如下。

① 主运动。主电动机→主轴变速机构→主轴→刀具旋转运动。

② 进给运动。

工作台三个方向的运动互相连锁，工作台还可不通过进给变速箱实现快速运动。

2. 立式铣床

立式升降台铣床如图 5-11 所示，是一种具有广泛用途的通用铣床。立式升降台铣床由端面铣刀、立铣刀、圆柱铣刀、锯片铣刀、圆片铣刀、端面铣刀及各种成形铣刀来加工各种零件。适于加工各种零件的平面、斜面、沟槽、孔等，是机械制造、模具、仪器、仪表、汽车、摩托车等行业的理想加工设备。由于机床具备了足够的功率和刚性以及有较大的调速范围（主轴转速和进给量），因此，可充分利用硬质合金刀具来进行高速切削。

3. 龙门铣床

龙门铣床是用于加工中、大型零件的一种带有龙门框架的铣床，如图 5-12 所示。龙门铣床刚性好，允许选用较大的铣削用量进行加工，而且在横梁和两侧立柱上安装有四个铣削头，可以同时用几个铣削头对零件进行铣削加工，因此，生产率很高，在成批生产和大量生产中得到广泛应用。

图 5-11　立式升降台铣床

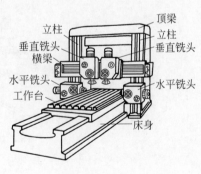

图 5-12　龙门铣床

5.3.3　刨床

刨床是用刨刀对工件的平面、沟槽或成形表面进行刨削的机床。刨床是使刀具和工件之间产生相对的直线往复运动来达到刨削工件表面的目的。往复运动是刨床上的主运动。机床除了有主运动以外,还有辅助运动,也叫进给运动,刨床的进给运动是工作台(或刨刀)的间歇移动。

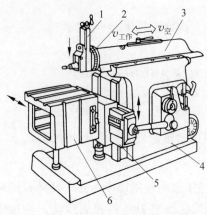

图 5-13　牛头刨床

1—刀架;2—刀架座;3—滑枕;4—床身;

5—横梁;6—工作台

在刨床上可以刨削水平面、垂直面、斜面、曲面、台阶面、燕尾形工件、T 形槽、V 形槽,也可以刨削孔、齿轮和齿条等。

刨床的种类、型号很多,按其结构特征,可以分为牛头刨床和龙门刨床。

1. 牛头刨床

图 5-13 所示为牛头刨床的外形图。滑枕 3 带着刀架 1 可沿床身导轨在水平方向作往复直线运动,使刀架实现主运动,而工作台 6 带着工件作间歇的横向进给运动。刀架座 2 可在床身上升降,以适应不同的工件高度。多用于单件小批生产或机修车间中,加工中、小型零件的平面、沟槽或成形平面。

2. 龙门刨床

龙门刨床为"龙门"式框架结构,主要用于加工大型或重型零件上的各种平面、沟槽和导轨面。图 5-14 所示为龙门刨床的外形图。工作台 9 在可在床身上作纵向直线往复运动,以刨削工件的水平平面。装在立柱 3 上的侧刀架 1 可在立柱导轨上作间歇移动,以刨削竖直平面。横梁 2 可沿立柱升降,以调整工件与刀具的相对位置。

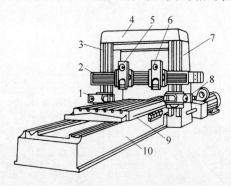

图 5-14　龙门刨床

1,8—左、右侧刀架;2—横梁;3,7—左、右立柱;4—顶梁;5,6—左、右垂直刀架;9—工作台;10—床身

5.3.4　钻床

钻床是指主要用钻头在工件上加工孔的机床。通常钻头旋转为主运动,钻头轴向移动为进给运动。钻床结构简单,加工精度相对较低,可钻通孔、盲孔,更换特殊刀具,可扩、锪孔,铰孔或进行攻丝等加工。钻床的特点是工件固定不动,刀具做旋转运动,并沿主轴方向进给,操作可以是手动,也可以是机动。

在钻床上配有工艺装备时,还可以进行镗孔,在钻床上配万能工作台还能进行钻孔、扩孔、铰孔。

钻床根据用途和结构,主要分为立式钻床、台式钻床、摇臂钻床、深孔钻床、铣钻床等,这里主要介绍立式钻床和摇臂钻床。

1. 立式钻床

图 5-15 所示为立式钻床的外形图。变速箱 5 固定在立柱 6 顶部,装有主电动机和变速机构及操纵机构。进给箱 4 内有主轴 3 和进给变速机构及操纵机构。进给箱右侧的手柄用于使主轴 3 升降。加工时,工件直接或利用夹具安装在工作台 2 上,主轴 3 由电动机带动,既作旋转运动,又作轴向进给运动。进给箱 4、工作台 2 可沿立柱 6 的导轨调整上下位置,以适应加工不同高度的工件,当一个孔加工完再加工第二个孔时,需要重新移动工件,使刀具旋转中心对准被加工孔的中心。因此,对于大而重的工件、操作不方便,适用于中小工件的单件、小批量生产。

2. 摇臂钻床

图 5-16 所示为摇臂钻床外形图。工件固定在底座 1 的工作台 10 上,主轴 9 的旋转和轴向进给运动是由电动机 6 通过主轴箱 8 来实现的。主轴箱 8 可在摇臂 7 的导轨上移动,摇臂借助电动机 5 及丝杠 4 的传动,可沿外立柱 3 上下移动。外立柱 3 可绕内立柱 2 在 ±180° 范围内回转。由于摇臂钻床结构上的这些特点,可以很方便地调整主轴 9 到所需的加工位置上,而无须移动工件。所以,摇臂钻床广泛应用于单件和中、小批生产中加工大中型零件。

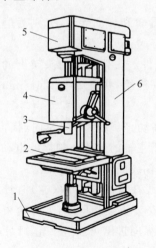

图 5-15 立式钻床
1—底座;2—工作台;3—主轴;
4—进给箱;5—变速箱;6—立柱

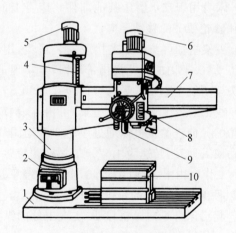

图 5-16 摇臂钻床
1—底座;2—内立柱;3—外立柱;4—丝杠;5,6—电动机;
7—摇臂;8—主轴箱;9—主轴;10—工作台

5.3.5 磨床

磨床是利用磨具对工件表面进行磨削加工的机床。大多数磨床使用高速旋转的砂轮进行磨削加工,少数磨床使用油石、砂带等其他磨具和游离磨料进行加工,如珩磨机、超精加工机床、砂带磨床、研磨机和抛光机等。

磨床的种类很多，主要有外圆磨床、内圆磨床、平面及端面磨床、工具磨床等。此外，还有导轨磨床、曲轴磨床、凸轮轴磨床、花键轴磨床及轧辊磨床等专用磨床。

图 5-17 所示为常用的 M1432B 型万能外圆磨床的外形图。在这种磨床上，可以磨削内、外圆柱面和圆锥面。

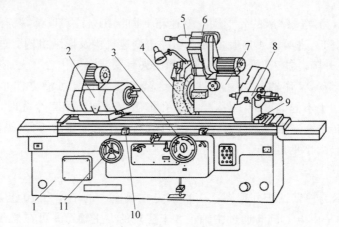

图 5-17　M1432B 型万能外圆磨床

1—床身；2—头架；3—横向进给手轮；4—砂轮；5—内圆磨具；6—内圆磨头；
7—砂轮架；8—尾座；9—工作台；10—挡块；11—纵向进给手轮

1. 主要部件及其功用

（1）床身用于支承磨床其他部件。床身上面有纵向导轨和横向导轨，分别为磨床工作台 9 和砂轮架 7 的移动导向。

（2）头架主轴可与卡盘连接或安装顶尖，用于装夹工件。头架主轴由头架上的电动机经带传动、头架内的变速机构带动回转，实现工件的圆周进给，共有 25～224r/min 6 级转速。头架可绕垂直轴线逆时针回转 0°～90°。

（3）砂轮架用于支承砂轮主轴，可沿床身横向导轨移动，实现砂轮的径向（横向）进给。砂轮的径向进给量可以通过手轮 3 手动调节。安装于主轴的砂轮由独立的电动机通过带传动使其回转，转速为 1 670r/min。砂轮架可绕垂直轴线回转-30°～+30°。

（4）工作台由上、下两层组成，上层可绕下层中心轴线在水平面内顺（逆）时针回转 3°(6°)，以便磨削小锥角的长锥体工件。工作台上层用于安装头架和尾座，工作台下层连同上层一起沿床身纵向导轨移动，实现工件的纵向进给。纵向进给可通过手轮 11 手动调节。工作台的纵向进给运动由床身内的液压传动装置驱动。

（5）尾座套筒内安装尾顶尖，用于支承工件的另一端。后端装有弹簧，利用可调节的弹簧力顶紧工件，也可以在长工件受磨削热影响而伸长或弯曲变形的情况下便于工件装卸。装卸工件时，可采用手动或液动方式使尾座套筒缩回。

（6）内圆磨头上装有内圆磨具 5，用来磨削内圆，它由专门的电动机经平带带动其主轴高速回转（10 000r/min 以上），实现内圆磨削的主运动。不用时，内圆磨头翻转到砂轮架上方，磨内圆时将其翻下使用。

2. 主运动与进给运动

（1）主运动磨削外圆时为砂轮的回转运动；磨削内圆时为内圆磨头的磨具（砂轮）的回转运动。

（2）进给运动。

① 工件的圆周进给运动，即头架主轴的回转运动。

② 工作台的纵向进给运动，由液压传动实现。

③ 砂轮架的横向进给运动，为步进运动，即每当工作台一个纵向往复运动终了，由机械传动机构使砂轮架横向移动一个位移量（控制磨削深度）。

目 标 检 测

1. 机床的基本结构一般包括主传动部件、_____、_____、_____、_____和_____。

2. 机床除了基本结构外，还有控制系统，除此之外，还有 _____、_____、_____及自动测量装置等。

3. 车床的主轴箱是通过_____带动工件做同步旋转运动，同时通过_____将运动传给进给箱。

4. 车床的溜板箱与大拖板连在一起，可将光杠的旋转运动转变为车刀的_____运动，也可将丝杠的旋转运动通过_____转变为车刀的纵向移动，用以车削各种螺纹。

5. 卧式万能升降台铣床是常见的一种_____，床身主要作用是_____。

6. 牛头刨床多用于_____或_____，用于加工中小型零件的平面_____、_____或_____。

7. 钻床是具有广泛用途的通用性机床，可对零件进行 _____、_____、_____、锪平面和攻螺纹等加工。

8. 磨床是利用_____进行磨削加工的机床。大多数的磨床使用_____进行磨削加工，少数磨床使用油石、砂带等其他磨具和游离磨料进行加工，如珩磨机、超精加工机床、砂带磨床、研磨机和抛光机等。

思 考 题

庄子曰：不离其宗，谓之天人；荀子曰：千举万变，其道一也。古为今用，通过学习，你发现机床的共性是什么？其结构主要包括哪些部分？

单元 6

机床夹具

认识常见典型机床夹具结构及组成,了解其特点及工作特性。

掌握典型的机床夹具结构及其应用,在装夹找正基础上,能对典型的机床夹具予以分析。

了解常见典型机床夹具的结构特点、工作特性。

6.1 机床夹具概述

在实际加工生产中,机床夹具是一种不可缺少的工艺装备,它直接影响着加工精度、劳动生产率和制造成本等,所以机床夹具在企业产品设计制造以及生产技术准备中占有及其重要的位置。金属切削机床上使用的夹具称为机床夹具,机床夹具是在机械加工过程中,为了保证加工精度,用来准确地确定工件位置,并将其牢固地夹紧,或者用来引导刀具进行加工的工艺装备,简称夹具。

6.1.1 工件的装夹方法

使工件在机床上或夹具中获得一个正确位置而固定位置的过程称为装夹。装夹包括定位与夹紧两部分内容。定位是确定工件在机床上或夹具中占有正确位置的过程。夹紧是工件定位后将其固定,使其在加工过程中保持定位位置不变的操作。在机床上装夹工件一般采用找正装夹和使用专用夹具装夹两种方式。找正装夹方法简单,是按工件有关表面或划出线痕作为找正依据,用划针或指示表逐个找正工件相对于刀具及机床的位置,然后夹紧。找正装夹不需要专门工装,但装夹精度不高,生产效率也低,一般适用于单件小批量生产;采用专用夹具装夹工件则是靠夹具来保证工件相对刀具及机床的正确位置,并利用夹具使工件夹紧,该装夹方法可以获得较高的精度和生产率,广泛应用于中等及中等以上批量的生产。

工件的装夹是通过机床夹具来实现的,所以工件装夹是否正确、迅速、方便和可靠,将直接影响工件的加工质量、生产效率、制造成本和操作安全。可见,工件的定位是保证工件加工质量的关键。

6.1.2　机床夹具的功用

机床夹具主要功用有以下四个方面。

1. 保证精度,稳定质量

采用夹具后,零件各表面间的相互位置精度由夹具保证,基本不受工人技术水平影响。如在摇臂钻床上使用钻夹具加工孔系时,孔距误差很容易控制在 0.2mm 以内,而按划线找正法加工时,孔距误差为 0.40～1.0mm,且不稳定。

2. 提高生产率,降低成本

使用夹具使得工件的装夹迅速、方便,从而大大缩短了辅助时间。如果采用可实现多件加工、多工位加工的高效夹具,可进一步缩短辅助时间,明显提高劳动生产率,降低成本。

3. 扩大机床使用范围

在一些中小型企业,由于机床品种、数量有限,往往通过设计专用夹具来进一步扩大机床的加工范围,实现一机多用。例如,在铣床上安装一个回转工作台或分度装置,就可以加工有等分要求的工件;在车床上安装镗模,可以加工箱体零件上的同轴孔系。

4. 减轻工人劳动强度

特别大的工件,安装夹紧比较困难,如果使用夹具,工件的装卸更加方便、省时省力,大大减轻了工人的劳动强度,并使操作方便、安全。

6.1.3　机床夹具的组成

图 6-1 所示为一简易钻模夹具。工件可通过内孔和左端面与定位销 5 的外圆及凸肩紧密接触实现其在夹具上的定位;钻头通过钻模板 2 上的钻套 1 引导获得正确的进给方向,并在工件上钻孔;夹具的各个零件都装在夹具体上,形成一个整体。

尽管夹具各式各样,结构各异,但是其组成相似。一般机床夹具由以下几个部分组成。

1. 定位元件

夹具上用来确定工件正确位置的元件称为定位元件,它保证加工时工件与切削刀具间有正确的相对位置。图 6-1 中径向定位销 5、角向定位菱形销 9 即为定位元件。

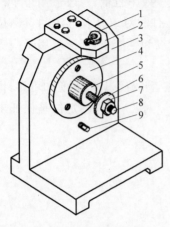

图 6-1　简易钻模夹具

1—钻套;2—钻模板;3—夹具体;

4—支承板;5—径向定位销;

6—开口垫圈;7—螺母;8—螺杆;

9—角向定位菱形销

2. 夹紧装置

工件定位后,需要夹紧装置,保证工件在切削过程中位置不变。图 6-1 中的开口垫圈 6 是夹紧元件,与螺杆 8 和螺母 7 一起组成夹紧装置。

3. 导向元件和对刀装置

导向元件和对刀装置用来引导刀具或调整刀具相对于夹具的位置。图 6-1 中的钻套 1 就是常用的导向元件,其他导向元件还有导向套、对刀块等,钻套用于钻夹具,导向套用于镗床夹具,对刀块主要用于铣床夹具。

4. 夹具体

夹具体是夹具的机架,连接夹具所有元件和部件用的基础元件,使其组成一个整体,通过它将夹具安装在机床上。图 6-1 中夹具体 3 将夹具所有元件连接成一个整体。

根据工序要求不同,有时还在夹具上设有分度机构、靠模装置、上下料装置以及标准化了的其他连接装置。应该指出,并不是所有夹具都要有这些部分。但是,无论哪种夹具都离不开定位元件和夹紧装置,因为保证工件加工精度的关键是正确处理工件的定位与夹紧问题。

6.1.4　机床夹具的分类

1. 按夹具使用的机床分类

根据机床类型不同和具体使用情况,可将机床夹具分为车床夹具、钻床夹具、铣床夹具、镗床夹具等。

2. 按夹具用途分类

按用途夹具可分为机床夹具、装配夹具和检验夹具等。

3. 按夹具动力源分类

按照夹具所使用夹紧动力源,夹具可分为手动夹具、气动夹具、液压夹具、电动夹具、电磁夹具、真空夹具、自紧夹具等。

4. 按照夹具使用范围分类

按照夹具使用范围,夹具大致可分为下面五类。

(1) 通用夹具

通用夹具已标准化、系列化,是可加工同一类型、不同尺寸工件的夹具。如车床上的三爪卡盘和四爪卡盘,铣床上的平口钳、回转工作台、万能分度头,磨床上的电磁吸盘等。

这类夹具通用性强,一般不需调整就可以用于不同工件的加工,通常作为车床附件,由专门工厂制造供应,广泛用于单件小批量生产。

(2) 专用夹具

专用夹具是为某道工序上的装夹而专门设计和制造的机床夹具。这类夹具定位准确,装卸工件迅速,可获得较高的生产率和加工精度,使用维修方便,但是不具有通用性,设计和制造周期较长,费用较高,广泛用于大批大量生产中。

(3) 可调夹具

可调夹具是针对通用夹具和专用夹具的特点而发展起来的一类夹具。这类夹具的主要部分(如夹具体、原动装置、操纵装置)是定型的通用部件,它可以长期安装在机床上。夹具经过调整或更换个别元件,即可用于另一种工件加工。图 6-2 所示就是一个可调夹具,通过更换下托盘即可调整加工一定尺寸范围的齿轮。这类夹具主要用于多品种、中小批量生产。

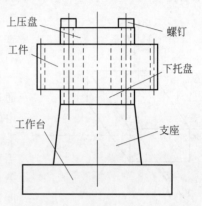

图 6-2　可调齿轮加工夹具

(4) 组合夹具

组合夹具是在夹具零件、部件全部标准化的基础上,根据积木化原理,针对不同的工件结构和工序要求,选用适当元件进行组合连接,形成的一种专用夹具。这类夹具具有结构灵活多变、组装迅速、制造周期短、通用性强、元件和部件可反复使用的特点。但一次性投资大,夹具标准元件存放费高;与专用夹具比,其刚性差,外形尺寸大,这类夹具主要用于新产品试制以及多品种、中小批量生产。

(5) 随形夹具

随形夹具是在加工生产线上,既完成工件的定位与夹紧,又要作为运载工具将工件在机床间进行传送的夹具。工件传送到下一道工序的机床后,随形夹具应能在机床上准确地定位和可靠地夹紧。一条生产线上有许多随形夹具,每个随形夹具借助于输送装置经过每台机床加工工位到达自动线的末端,以便完成对工件全部工序的加工,然后卸下已加工的工件,装上新的待加工工件,循环使用。

综上所述,机床夹具是机械加工必不可少的工艺装备。夹具的设计和制造是促进生产发展的重要措施之一。随着中国机械工业生产不断的发展,夹具的设计和制造已成为广大机械工人和技术人员的一项重要任务。

6.2　工件定位

工件在机床上的装夹质量将直接影响机械加工中的一些最根本的问题,如加工精度、生产率、制造成本、操作安全等。所以工件的定位是保证工件加工质量的关键。

6.2.1 工件定位的基本原理

1. 六点定位规则

一个独立的刚体，在空间直角坐标系中有且仅有六个自由度。如图 6-3 所示，在直角坐标系中，沿 X、Y、Z 轴移动的三个自由度（分别表示为 $\vec{x}$、$\vec{y}$、$\vec{z}$）和绕 X、Y、Z 轴转动的三个自由度（分别表示为 $\hat{x}$、$\hat{y}$、$\hat{z}$）。自由度就是指刚体的运动或位置变化的可能性。

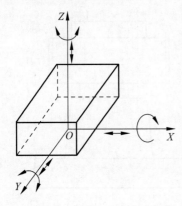

图 6-3　工件的六个自由度

工件定位本质是指工件在夹具中具有某个确定的位置。因此，工件的定位问题可转化为在空间直角坐标系中决定刚体坐标位置的问题来讨论。要使工件在空间处于相对固定不变的位置，就必须限制其六个自由度。可通过坐标平面上适当布置支承点的方式来限制相应的自由度。如图 6-4 所示，若使一个六方体工件在空间占有唯一确定的位置，可在空间直角坐标系的三个平面上适当布置六个支承点，即在 XOY 平面上布置三个不在同一条直线上的支承点 1、2 和 3，相应限制 $\vec{z}$、$\hat{x}$、$\hat{y}$ 三个自由度；在 YOZ 平面上布置两个支承点 4 和 5，限制 $\vec{x}$、$\hat{z}$ 两个自由度；在 XOZ 平面上布置一个支承点 6，限制 $\vec{y}$ 自由度。六个支承点限制工件在空间的六个自由度，使工件在空间占据了唯一确定位置。这种在工件的适当位置上布置六个支承点，相应限制工件的六个自由度，从而确定工件唯一确定位置的规则，称为"六点定位规则"。

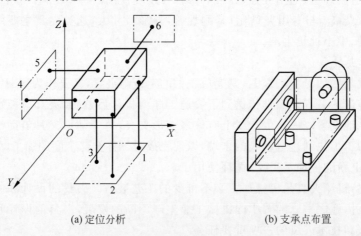

(a) 定位分析　　　　　　　　　(b) 支承点布置

图 6-4　工件在空间的六点定位

支承点的分布必须合理，在图 6-4 中，支承点 1、2、3 不能在同一条直线上，三点确定一个平面，显然三个支承点之间的面积越大，被支承工件就越稳定，工件平面越平整，定位可靠性越好。工件上布置三个支承点的 XOY 面称为主要定位基准，在实际生产中，一般选择工件上大而平整的平面作为主要定位基准。支承点 4、5 的连线不能与支承点 1、2、3 所决定的平面垂直，否则它不仅没有限制 $\hat{z}$ 自由度，而且重复限制 $\hat{y}$ 自由度。布置两个支承点的 YOZ 平面称为导向定位基准，为减少角度定位误差，两支承点间的距离越大越好,故常取工件上的窄长表面作为导向定位基准。工件上布置一个支承点的 XOZ 面称为止动定位基准,最好取工件上能承受切削力的窄小表面作为止动定位基准,以便可靠地防止工件在切削力作用下的移动。由此可见,工件在夹具中占有确定位置的条件是将工件置于一定规律布置的六个支承点上。

2. 工件定位的几种情况

六点定位规则对于任何形状的工件定位都是适用的,如果违背这个原理,工件在夹具中的位置就不能完全确定。然而,工件用六点定位规则进行定位时,必须根据具体加工要求灵活运用,其宗旨是使用最简单的定位方法,使工件在夹具中迅速获得正确位置。

（1）完全定位

工件的六个自由度全部用夹具中的定位元件所限制,工件在夹具中占有完全确定的唯一位置,称为完全定位。

（2）不完全定位

根据工件的具体加工要求,工件的定位不一定要限制全部六个自由度,这样的定位叫不完全定位。一般只要相应地限制那些对加工精度有着影响的自由度就可以,这样可以简化夹具结构。图 6-5 中影响尺寸 A 的自由度是绕 X 轴的 $\hat{x}$ 和绕 Y 轴的 $\hat{y}$ 及沿 Z 轴的 $\vec{z}$,从工件的加工要求来看只要限制这三个自由度就够了。例如厚度尺寸要求的平面磨削加工就是这样。

（3）欠定位

根据加工要求,应该限制的自由度没有完全被限制的情况称欠定位。欠定位会导致工件达不到加工要求而出现废品。如图 6-6 所示,要求所钻的孔与左端面相距尺寸为 A,现在的定位方案共限制了五个自由度,还有一个 $\vec{x}$ 自由度未被限制。夹紧后可能会出现实线和虚线两种位置,导致钻出的孔位明显不同,出现 A_1 和 A_2 两个尺寸,显然不能满足 X 方向上加工尺寸的精度要求。只有在 X 方向设置一个止推销时,工件在 X 方向上才能获得唯一确定位置。

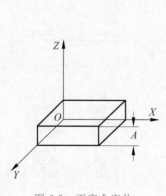

图 6-5　不完全定位

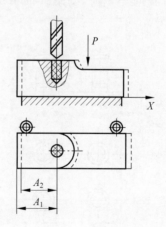

图 6-6　欠定位

（4）过定位

过定位（也称重复定位、超定位）是指工件定位时几个定位元件限制的自由度出现了不必要的重复限制的现象。过定位的结果,往往使工件的定位精度受到影响,使工件或定位元件在工件夹紧后产生变形,因此,过定位一般不允许出现。

图 6-7 为一根长轴以三爪卡盘和机床尾座顶尖的定位情况,图 6-7(a)将工件夹得过长造成过定位。三爪卡盘限制了工件 $\vec{y}$、$\hat{y}$、$\vec{z}$、$\hat{z}$ 四个自由度,顶尖又限制了工件 $\vec{x}$、$\hat{y}$、$\hat{z}$ 三个自由度,这样 $\hat{y}$、$\hat{z}$ 就重复受到限制,发生矛盾,工件容易产生变形;如果改成图 6-7(b)那样,三爪卡盘只夹工件很短一段就合理了,即只限制 $\vec{y}$、$\vec{z}$ 的自由度。

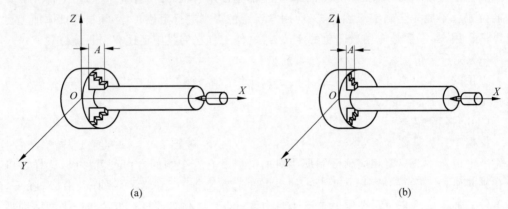

图 6-7　三爪卡盘和尾座顶尖定位

然后在实际生产中,也会有工件采用过定位方式来定位工件的例子,通常在以下两种特殊情况下是允许的。

① 工件刚度很差。在夹紧力、切削力作用下会产生很大的变形,因此,此时定位只是提高工件的某些部位的刚度,减小变形。

② 工件的定位表面和定位元件的尺寸、形状位置精度已很高。定位不仅对定位基准影响不大,而且有利于提高刚度。如图 6-8 所示定位,若工件平面粗糙,支承钉或支承板又不能保证在同一平面,则这样的情况是不允许的。若工件定位平面经过较好的加

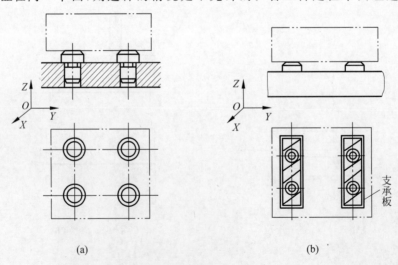

图 6-8　平面定位的过定位

工,保证平整,支承钉或支承板又在安装后一同磨削过,保证了它的平面度,则此定位是允许的。

6.2.2 定位元件和定位方式

1. 定位元件

作为安装基准的夹具零件称为定位元件。定位元件的布置要符合六点定位规则。定位元件的结构和尺寸主要取决于工件定位面的结构形状和工件质量。为了保证工件的稳定性,定位元件的设置应尽量敞开些,使工件的重力和切削力的作用点都落在支承点连线所组成的平面内。对于形状复杂的工件,在定位时,如有不稳定和刚性不足现象,可采用辅助支承来支承工件,以增加工件的刚性,但辅助支承不起限制工件自由度的作用。所以,辅助支承都在定位及夹具以后才去支承工件,否则将造成过定位现象。

设计定位元件时,应满足以下基本要求。

(1) 具有较高的制造精度,以保证工件定位准确。

(2) 耐磨性好,以延长定位元件的更换周期,提高夹具的使用寿命。

(3) 应有足够的强度和刚度,以保证在夹紧力、切削力等外力作用下,不产生较大的变形而影响加工精度。

(4) 工艺性好,定位元件的结构应力求简单、合理、便于装配和更换。

定位元件可选用45、45Cr等优质碳素钢或合金钢制造,或选用T8、T10等碳素工具钢制造,并经过淬火处理,提高其表面硬度及耐磨性。也可以采用20、20Cr等低碳钢经渗碳淬火处理提高耐磨性,渗碳层深度为0.8~1.2mm,淬火硬度为55~62HRC。

2. 常用定位元件

工件的定位主要取决于工件加工要求和工件定位基准的形状、尺寸、精度等因素,因此在选用常用定位元件时,应按工件定位基准面和定位元件的结构特点进行选择。下面介绍几种常用定位元件。

(1) 固定式定位元件

① 钉头支承。钉头支承多用于以平面作定位基准时的定位元件。支承钉有平头、圆头和花头之分,如图6-9(a)、(b)、(c)所示。平头支承钉可避免被定位表面压坏,且

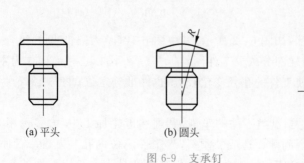

(a) 平头   (b) 圆头   (c) 花头

图6-9 支承钉

磨损较少,适用于精加工定位基准。圆头支承钉容易保证它与工件基准面间的点接触,位置相对稳定,但易磨损,且使定位基准产生压陷,多用于毛坯的平面定位。花头支承钉摩擦力大,阻碍工件移动,定位的稳定性较好,但由于容易存屑,常用于毛坯侧面定位。

② 板型支承。支承板常用于大、中型零件的精基准定位。一般用 2～3 个 M6～M12 的螺钉紧固在夹具体上。支撑板有 A、B 型两种结构,如图 6-10 所示。A 型结构简单、制造方便,但沉头孔与螺钉间隙处易存留切屑,且不易清洗干净,常用于侧面和顶面定位。B 型结构是带斜槽的支承板,利于清除切屑,可用于底面定位。

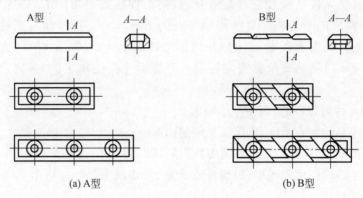

(a) A型   (b) B型

图 6-10　支承板

③ 定位销。定位销主要用于零件上的中、小孔的定位,一般直径不超过 50mm,定位销结构已标准化,图 6-11 所示为常用定位销结构,其中图 6-11(a)、(b)、(c)为固定式,直接装配在夹具体上;图 6-11(d)为带衬套的结构,便于更换。

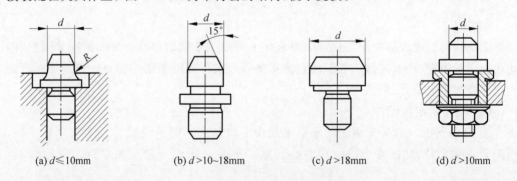

(a) $d \leqslant 10mm$ (b) $d > 10 \sim 18mm$ (c) $d > 18mm$ (d) $d > 10mm$

图 6-11　定位销

定位销也有特殊设计,如图 6-12 所示,其中图 6-12(a)为圆锥-圆柱组合心轴,锥度部分保证工件准确定心,圆柱部分减少工件倾斜;图 6-12(b)以工件底面作为主要定位基准面,圆锥销是活动的,即使工件的孔径变化较大,也能准确定位;图 6-12(c)为工件在双圆锥销上定位。

④ 定位心轴。在套类、盘类零件的车削、磨削和齿轮加工中,大多选用心轴定位,为了便于夹紧和减小工件因间隙而造成的倾斜,当工件定位内孔与基准端面垂直精度要求较高时,常以孔和端面联合定位。因此,这类心轴通常是带台阶定位面的心轴,如图 6-13

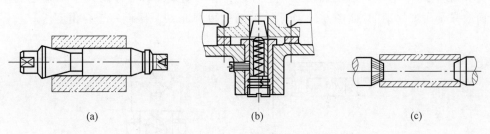

(a)   (b)   (c)

图 6-12 圆锥销组合定位

(a)所示；当工件以内花键为定位基准时，可选用外花键轴，如图 6-13(b)所示；当内孔带有花键槽时，可在圆柱心轴上设置键槽配装键块；当工件内孔精度很高，而加工时工件力矩很小时，可选用小锥度心轴定位，如图 6-13(c)所示。

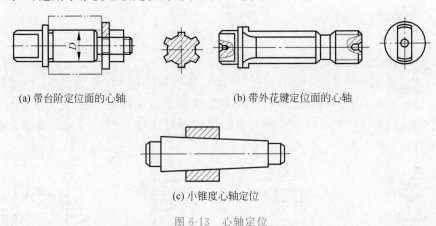

(a) 带台阶定位面的心轴   (b) 带外花键定位面的心轴

(c) 小锥度心轴定位

图 6-13 心轴定位

⑤ V 形块。V 形块常用于外圆柱面作定位基准面的定位元件。V 形块工作面的夹角有 60°、90°、120°三种，其中应用最多的是 90° V 形块。使用 V 形块定位的优点是对中性好，可用于非外圆柱表面定位。

a. 固定式 V 形块。固定式 V 形块有多种形式，图 6-14(a)所示为短 V 形块；图 6-14(b)所示的 V 形块适用于较长的加工过的圆柱面定位；图 6-14(c)所示的 V 形块适用于较长的粗糙的圆柱面定位；图 6-14(d)所示的 V 形块适用于尺寸较大的圆柱面定位，这种 V 形块底座采用铸铁，V 形面采用淬火钢件，V 形块是由两者镶拼而成。

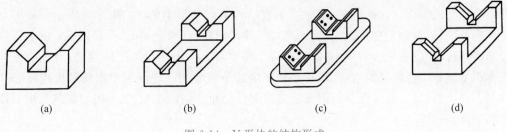

(a)   (b)   (c)   (d)

图 6-14 V 形块的结构形式

　　b. 活动式 V 形块。活动式 V 形块有浮动式和移动式两种。浮动式 V 形块是依靠其后面的弹簧实现浮动的,如图 6-15 所示。活动式短 V 形块只限制一个自由度。

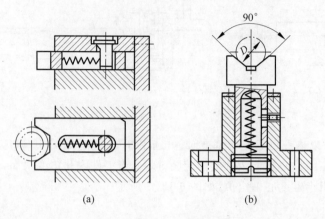

图 6-15　浮动式 V 形块的结构形式

（2）可调式定位元件

　　可调式定位元件主要用于毛坯定位,以调节补偿各批毛坯尺寸的误差。一般不是对每个工件进行调整,而是对一批毛坯调整一次。在同一批工件加工中,它的作用与固定支承相同,因此,可调式定位元件在调整后需用锁紧螺母锁紧。图 6-16 是常见的几种可调式定位元件结构。

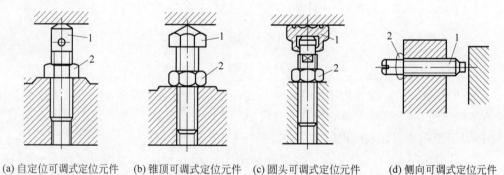

(a) 自定位可调式定位元件　(b) 锥顶可调式定位元件　(c) 圆头可调式定位元件　(d) 侧向可调式定位元件

图 6-16　可调式定位元件

（3）自定位支承

　　自定位支承是指支承本身在定位过程中所处的位置,是随工件定位基准面位置的变化而自动与之适应。由此可见,这种支承在结构上应是活动的,如图 6-17 所示。采用自定位支承,可以增加定位接触点,因而增加工件原始定位(未夹紧前)的稳定性;由于定位点增多,每点所受夹紧力将减小,故能改善工件变形。但因定位点之间浮动,有可能在外力作用下破坏工件的原始定位,增加工件定位的不可靠性。现场可增加锁紧机构将它锁住而不再产生浮动,这时既得到因支承点之间浮动而产生的优点,又克服自定位支承不稳定的缺点。

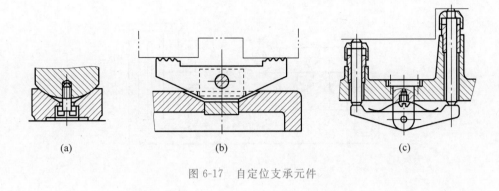

(a)　　　　　　　　(b)　　　　　　　　(c)

图 6-17　自定位支承元件

6.3　工件夹紧

6.3.1　工件夹紧的基本要求

工件在定位后将其位置固定,使其在加工过程中保持已定位的位置而不发生变化的操作称为夹紧。对工件进行夹紧的装置称为夹紧装置。在设计夹具时,工件的夹紧方法一般应和定位问题同时考虑。对夹紧机构的基本要求如下。

（1）夹紧过程要平稳。夹紧时不能破坏工件在定位时所取得的正确位置。

（2）夹紧力大小要适当。应保证工件在机械加工中位置稳定不变,不允许产生振动、变形和表面损伤。

（3）工艺性要好。一般要求在保证足够的强度和刚度的条件下,夹紧装置应具有较小的尺寸,结构尽可能简单、紧凑,操作方便,安全省力。

（4）可靠性要好。手动夹紧机构要有可靠的自锁性,一经夹紧后,在加工过程中不能因加工的振动而使夹紧松开。机动夹紧装置要统筹考虑夹紧的自锁性和原动力的稳定性。

6.3.2　夹紧装置的组成

在机械加工过程中,工件会受到切削力、离心力、惯性力等的作用。为了保证在这些外力作用下,工件仍能在夹具中保持已由定位元件所确定的加工位置,而不致发生振动、转动和位移,在夹具结构中必须设置一定的夹紧装置将工件可靠地夹牢。图 6-18 所示为一典型的夹紧装置,主要由以下三部分组成。

1. 动力装置

动力装置是产生夹紧力的装置。夹紧动力来自气动、液压和电力等动力源的称为机动夹紧;夹紧力来源于人力的称为手动夹紧。

2. 中间传动机构

将原动力以一定的大小和方向传递给夹紧元件的机构称为中间传力机构,图 6-18 中

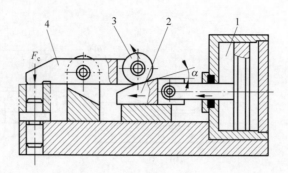

图 6-18　夹紧装置的组成

1—汽缸；2—斜楔；3—滚子；4—压板

由斜楔 2、滚子 3 等组成斜楔铰链传力机构。中间传力机构能够改变力的大小和方向，有时可自锁。

3. 夹紧元件

夹紧元件是直接与工件接触完成夹紧作用的最终执行元件，如图 16-8 所示的压板就是夹紧元件。

有些机床夹具中，夹紧元件往往是中间传力机构的一部分，难以区分，因此常将夹紧元件和中间传力机构统称为夹紧部分。

6.3.3　常用夹紧机构

机床夹具中使用最多的都是利用斜面将楔块的推力转变为夹紧力来夹紧工件的，其中最基本的形式就是直接利用有斜面的楔块、偏心轮、凸轮、螺钉等，可以看成楔块的另外一种形式。

1. 斜楔夹紧机构

斜楔夹紧机构是利用斜楔移动产生的力来夹紧工件的机构，适用于夹紧力大而行程小的场合。图 6-19 所示为气动滚子斜楔夹紧机构，夹紧工件时，由汽缸活塞杆 1 推动楔块 2 将装有滚子 3 的滑柱 4 向上推动，使滑柱上端的双头支承 5 将左右两个压板 6 顶起，从而通过压板 6 将工件夹紧。在现代夹具中，斜楔夹紧机构常与气压、液压传动装置联合使用。这种夹紧机构由于气压和液压可保持一定压力，楔块斜角 α 不受限制，可取更大些，一般在 $15°\sim30°$ 内选择。斜楔夹紧机构结构简单、操作方便，但传力系数小，夹紧行程短，自锁能力差。

2. 螺旋夹紧机构

螺旋夹紧机构是由螺钉、螺母、垫圈、压板等原件组成，采用螺旋直接夹紧或与其他元件组合实现夹紧工作的机构。螺旋夹紧机构结构简单、容易制造、自锁性能好，夹紧力和夹紧行程都较大，是夹具中用得最多的一种夹紧机构。

（1）简单螺旋夹紧机构

简单螺旋夹紧机构是直接用螺钉或螺母夹紧工件的机构。如图 6-20(a)所示，机构螺旋

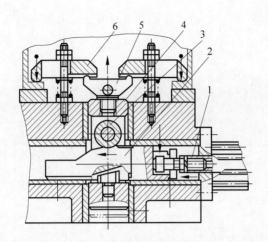

图6-19　气动滚子斜楔夹紧机构

1—汽缸活塞杆；2—楔块；3—滚子；4—滑柱；5—双头支承；6—压板

杆与工件接触，容易使工件受损或移动，一般只用于毛坯和粗加工零件的夹紧。图6-20(b)所示的是常用的螺旋夹紧机构，其螺钉头部常装有摆动压块，可防止螺杆夹紧时带动工件转动和损伤工件表面，螺杆上部装有手柄，夹紧时不需要扳手，操作方便、迅速。当工件夹紧部分不宜使用扳手，且夹紧力要求不大的部位，可选用这种机构。简单螺旋夹紧机构的缺点是夹紧动作慢，工件装卸费时。为了克服这一缺点，可采用各种快速螺旋夹紧机构。

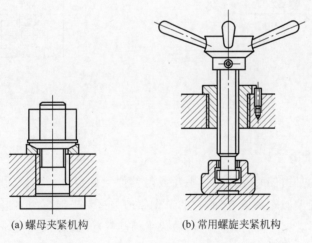

(a) 螺母夹紧机构　　　　　(b) 常用螺旋夹紧机构

图6-20　简单螺旋夹紧机构

（2）螺旋压板夹紧机构

在夹紧机构中，结构形式变化最多的是螺旋压板机构。图6-21所示为常用螺旋压板机构的五种典型结构。图6-21(a)、图6-21(b)两种机构的施力螺钉位置不同，图6-21(a)中夹紧力小于作用力，主要用于夹紧行程较大的场合；图6-21(b)中通过调整压板的杠杆比l/L，实现增大夹紧力和夹紧行程的目的；图6-21(c)是铰链压板机构，主要用于增大夹紧力场合；图6-21(d)为螺旋钩形压板机构，主要用于安装夹紧机构的位置受限场合；

图 6-21(e)为自调式压板,它能适应工件的高度变化,而无须进行调节,其结构简单、使用方便。

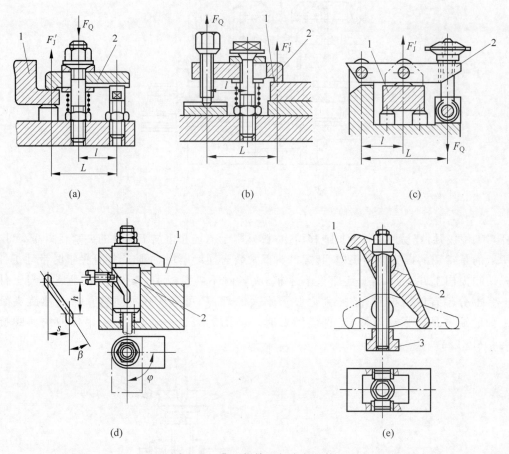

图 6-21　典型螺旋压板夹紧机构

1—工件；2—压板；3—T 形槽用螺母

3. 偏心夹紧机构

偏心夹紧机构是由偏心元件直接夹紧或与其他元件组合而实现对工件夹紧的机构。常用的偏心件是圆偏心轮和偏心轴,它的工作原理也是基于斜楔的共组原理,近似于把一个斜楔弯成圆盘形。偏心元件结构上可做成平面凸轮和端面凸轮的形式。圆偏心轮属于平面凸轮的一种,结构简单,制造方便,因而在实际生产中得到较多的应用。图 6-22 所示为圆偏心轮直接夹紧工件的例子。偏心轮的转动轴心 O 与其几何圆心 C 有偏心距,顺时针转动手柄,由于作用半径逐步变大,其外圆面逐渐接近并最终夹紧工件。

偏心夹紧机构结构简单、制造方便,与螺旋夹紧机构相比,还具有夹紧迅速、操作方便等优点;其缺点是夹紧力和夹紧行程不大,自锁能力差,结构不抗振,故一般适用于夹紧行程及切削负荷较小且平稳的场合。在实际使用中,偏心轮直接作用在工件上的偏心夹紧机构不多见。偏心夹紧机构一般多和其他夹紧元件联合使用。图 6-23 所示为偏心压

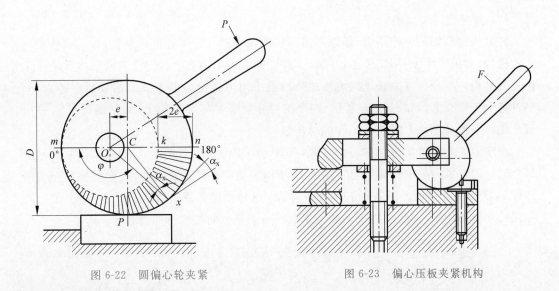

图 6-22　圆偏心轮夹紧　　　　　　　图 6-23　偏心压板夹紧机构

板夹紧机构。

4. 联动夹紧机构

根据工件结构特点和生产率的要求,有些夹具要求对一个工件进行多点夹紧,或者需要同时夹紧多个工件。如果一次分别对各点或各工件夹紧,不仅费时,也不易保证各夹紧力的一致性。为了提高生产率及保证加工质量,可采用各种联动夹紧机构实现联动夹紧。

联动夹紧是指操纵者操纵一个手柄或利用一个动力装置,就能对一个工件的同一方向或不同方向的多点进行均匀夹紧,或同时夹紧若干个工件。前者称为多点联动夹紧,后者称为多件联动夹紧。

(1) 多点联动夹紧机构

多点联动夹紧机构又称多点夹紧机构,是指由一个作用力,通过一定的机构将这个力分解到几个点上对工件进行夹紧,最典型的多点联动夹紧机构是浮动压头,如图 6-24 所示,当液压缸中的活塞杆 3 向下移动时,通过双臂铰链使浮动压板 2 相对转动,最后将工件夹紧。

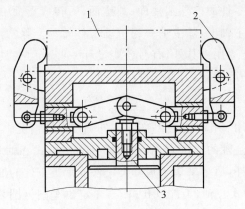

图 6-24　浮动压头
1—浮动工件;2—浮动压板;3—活塞杆

（2）多件联动夹紧机构

夹紧机构施加一个作用力，通过一定的机构实现对几个工件进行夹紧，称为多件联动夹紧机构，多用于中、小型工件的加工。多件联动夹紧机构有平行多件夹紧机构和顺序多件夹紧机构。平行多件夹紧机构可将单个原始作用力转化为多个彼此相等的平行力，分别对每个工件夹紧。如图 6-25 所示，四个工件分别安放在 V 形块上，旋紧螺母 1，通过压板 2 和两个浮动压块 3 将四个工件同时压紧。

顺序多件夹紧机构中存在一个力源，夹紧力一次由一个工件传至下一个工件，理论上每个工件的夹紧力等于总夹紧力。图 6-26 所示为顺序多件夹紧机构，夹紧时拧紧左端的螺母 1，推动钩形压板 2 将多个工件顺序夹紧。这种顺序多件夹紧，由于工件沿夹紧方向存在尺寸误差积累，因此适用于工件加工表面与夹紧方向相平行的场合。

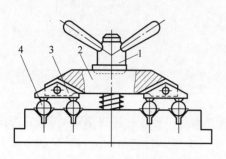

图 6-25　平行多件夹紧机构

1—螺母；2—压板；3—浮动压块；4—工件

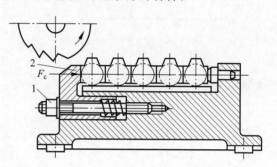

图 6-26　顺序多件夹紧机构

1—螺母；2—钩形压板

6.4　各类机床夹具

6.4.1　车床专用夹具典型结构

车床的加工对象是零件的内外圆柱面、圆锥面、回转成形面、螺纹及端面等。在加工过程中夹具安装在机床主轴上，随主轴一起带动工件转动。除常用的顶针、三爪卡盘、四爪卡盘、花盘等一类万能通用夹具外，有时还要设计一些专用夹具，这类夹具安装在机床主轴上，加工时随主轴一起旋转，刀具作进给运动。

1. 心轴类车床夹具

心轴类车床夹具多用于孔作定位基准加工外圆柱面的情况。这类夹具由于结构简单而常采用。按照与机床主轴的连接方式，心轴可分为顶尖式心轴和锥柄式心轴。前者用于加工较长的套筒类工件，后者多用于短套类工件或盘类工件的加工。

图 6-27 所示为顶尖式心轴，工件以孔口 60° 角定位车削外圆表面。当压紧螺母 6，活动顶尖套 4 左移，从而使工件定心夹紧。顶尖式心轴结构简单，夹紧可靠，操作方便。被加工的工件的内径 d_s 一般为 32～100mm，长度 L_s 为 120～780mm。

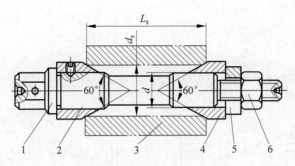

图 6-27 顶尖式心轴

1—心轴；2—固定顶尖套；3—工件；4—活动顶尖套；5—开口垫圈；6—压紧螺母

图 6-28 所示为锥柄式心轴，其锥柄必须与机床主轴锥孔的锥度一致。锥柄尾部的螺纹是用拉杆拉紧心轴的工艺孔，以便心轴可承受较大的负荷。

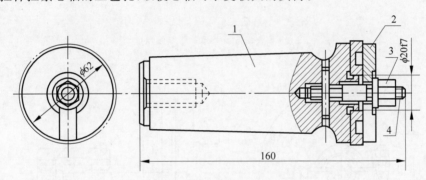

图 6-28 锥柄式心轴

1—锥柄夹具体；2—快卸垫片；3—螺母；4—螺杆

2. 角铁式车床夹具

角铁式车床夹具常用于加工壳体、支座、接头等零件上的圆柱面及端面。

图 6-29 所示夹具，工件以一平面和两孔为基准在夹具倾斜的定位面和两个销子上定位，用两只钩形压板夹紧，被加工表面是孔和端面。为了便于在加工过程中检验所切端面的尺寸，靠近加工面处设计有测量基准面。此外，夹具上还装有配重和防护罩。

图 6-30 所示夹具用来加工气门杆的端面，由于该工件是以细小的外圆面为基准，这就很难采用自动定心装置，由于夹具采用半圆孔定位，所以夹具体必然成角铁状。为了使夹具平衡，该夹具采用了在重的一侧钻平衡孔的办法。

角铁式车床夹具主要应用于两种情况：一是形状特殊，被加工表面的轴线要求与定位基准面平行或成一定角度；二是工件的形状虽不特殊，但不宜设计成对称式夹具时，也可采用角铁式车床夹具。

3. 花盘式车床夹具

花盘式车床夹具的夹具体为圆盘形。在花盘式夹具上加工的工件一般形状很复杂，

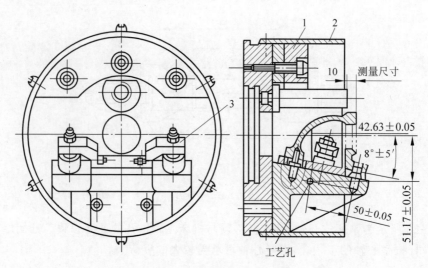

图 6-29　角铁式车床夹具结构示意图

1—平衡块；2—防护罩；3—钩形压板

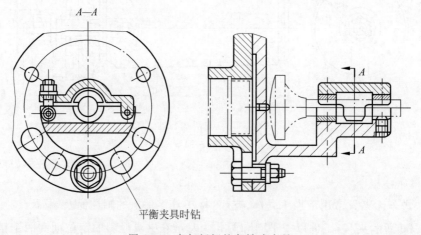

图 6-30　车气门杆的角铁式夹具

多数情况是工件的定位基准为圆柱面与其垂直的端面。夹具上的平面定位件与车床主轴的轴线相垂直。

图 6-31 所示为花盘式车床夹具结构示意图。工件采用一面两孔定位方式，过渡盘与机床主轴连接。为使整个夹具回转平衡，夹具上应设平衡块。

6.4.2　钻床专用夹具典型结构

钻床夹具是在钻床上进行的钻、扩、铰、锪孔、攻螺纹加工时所用的夹具。钻床夹具是用钻套引导刀具进行加工的。钻套可以做成模板形式或固定在模板上，所以钻床夹具也称钻模。钻模有利于保证被加工孔对其定位基准和各孔之间的尺寸精度和位置精度，并可显著提高劳动生产率。

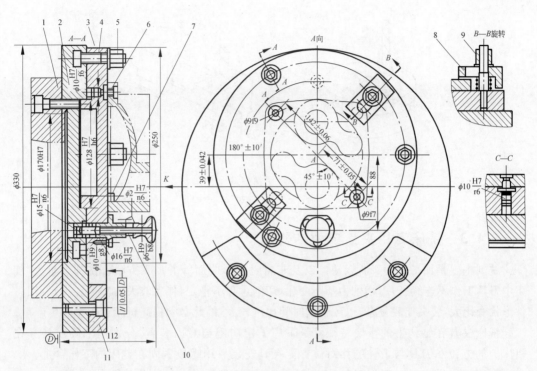

图 6-31　花盘式车床夹具示意图

1—过渡盘；2—夹具体；3—分度盘；4—T 形螺母；5,9—螺母；

6—菱形销；7—圆柱销；8—压板；10,11—平衡块

钻床夹具的种类繁多,根据被加工孔的分布情况和钻模板的特点,一般分为固定式、回转式、移动式、翻转式、盖板式和滑柱式等几种类型。

钻床夹具的主要特点是有一个安装钻套的钻模板。钻套和钻模板是钻床夹具的特殊元件。钻套装配在钻模板或夹具体上,其作用是确定被加工孔的位置和引导刀具加工。图 6-32 所示为工件用专用夹具(钻模)装夹的示意图。

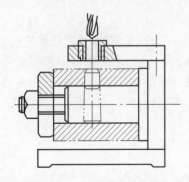

图 6-32　工件用专用夹具装夹

图 6-33 所示为用钻模钻孔的实例,图 6-33(a)所示为钻 4 个均匀分布于圆形工件上的孔的钻模,钻模板 2 固定在工件 3 上,钻模板上装有 4 个淬硬的钻套 1 为钻头导向;图 6-33(b)所示为在轴上钻孔用的钻模,工件 7 利用夹具体 8 上的 V 形槽和挡块 4 定位,并用弓形架 6 上的螺钉压紧,带钻套的钻模板 5 用来保证所钻孔的轴线与工件轴线垂直相交,孔的轴向位置由挡块 4 确定。

用钻模钻孔,孔的加工精度一般可比不使用钻模钻削时提高一级,孔的表面粗糙度值也有所减小,孔的位置精度由钻模保证,成批工件钻出孔的位置一致性较好。由于有钻套引导,可大量节省校正钻头与工件相对位置的辅助时间与工件画线时间,生产效率高。

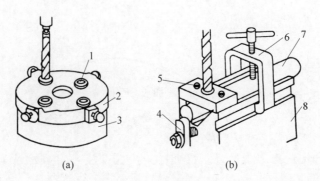

图 6-33　用钻模钻孔

1—钻套；2,5—钻模板；3,7—工件；4—挡块；6—弓形架；8—夹具体

6.4.3　铣床专用夹具典型结构

铣削主要是加工平面、沟槽、缺口以及非封闭成形曲面等的加工方法。铣削余量大,加工中刀具工作不连续,刀刃切削力不断变化,切削过程不稳定,伴有较大的冲击和振动,因工件形状变化大,装夹比较复杂,以致辅助时间比例较大,因此必须提高机床利用率和生产率。

铣床夹具在结构上的重要特征就是采用了定向键与对刀装置,分别用来确定夹具在机床上的方位和刀具与工件的相对位置。夹具安装后用螺栓紧固在铣床的工作台上。

铣床的专用夹具一般按工件的进给方式分成直线进给与圆周进给两种形式。

1. 直线进给的铣床夹具

在铣床夹具中,这类夹具应用最多,根据工件的质量和结构及生产批量,将夹具设计成装夹单件、多件串联或多件并联的结构。

图 6-34 所示为加工壳体侧面棱边所用的铣床夹具。工件以端面、大孔和小孔作定位基准,定位元件为支承板 2 和安装在其上的圆柱销 6 和菱形销 10。夹紧装置是采用螺旋压板的联动夹紧机构。操作时,只需拧紧螺母 4,就可以左右两个压板同时夹紧工件。夹具上还有对刀块 5,用来确定铣刀位置。两个定向键 11 用来确定夹具在机床工作台上的位置。

2. 圆周进给的铣床夹具

圆周进给铣削方式在不停车的情况下装卸工件,因此生产率高,适用于大批量生产。图 6-35 所示是在立式铣床上圆周进给铣拨叉的夹具。通过电动机、蜗轮副传动机构带动回转工作台 6 回转。夹具上可同时装夹 12 个工件。工件以一端的孔、端面及侧面在夹具的定位板、定位销 2 及挡销 4 上定位。由液压缸 5 驱动拉杆 1,通过开口垫圈 3 夹紧工件。图中 AB 是加工区段,CD 是装卸区段。

6.4.4　镗床专用夹具典型结构

镗床夹具又称镗模,主要用于加工箱体、支座等零件上的孔和孔系。在镗床夹具上,通常布置镗套以引导镗杆进行镗孔。采用镗模,可以加工出较高精度的孔或孔系。因此,镗模不仅广泛用于一般镗床和组合机床上,也可通过使用镗床夹具来扩大车床、摇臂钻床的工艺范围而进行镗孔。

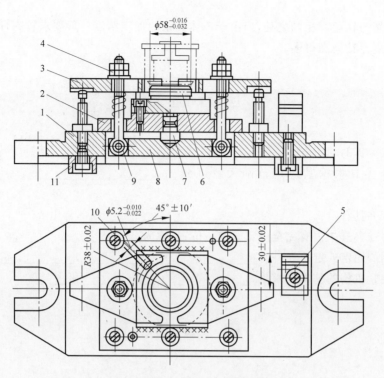

图 6-34 加工壳体的铣床夹具

1—夹具体；2—支承板；3—压板；4—螺母；5—对刀块；6—圆柱销；
7—锥头钉；8—连接板；9—螺杆；10—菱形销；11—定向键

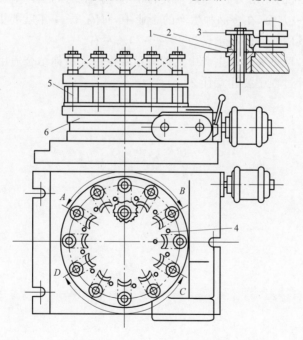

图 6-35 加工拨叉的铣床夹具

1—拉杆；2—定位销；3—开口垫圈；4—挡销；5—液压缸；6—工作台

镗模虽然与钻模有相同之处，但由于箱体孔系的加工精度一般要求较高，因此镗模本身的制造精度比钻模高得多。

目 标 检 测

1. 机床夹具的功用有_____、_____、_____、_____。
2. 机床夹具根据其应用范围大致可分_____、_____、_____、_____和_____。
3. 机床夹具有_____、_____、_____、_____四部分组成。
4. 工件在夹具中占有完全确定的唯一位置，称为_____。
5. 常用的固定式定位元件有_____、_____、_____、_____、_____。
6. 对夹紧机构的基本要求是_____、_____、_____和_____。

思 考 题

目前，中、小批多品种生产的工件品种已经占工件种类总数的85%左右。现代生产要求企业所制造的产品品种经常更新换代，以适应市场的需求与竞争。然而，一些企业仍习惯于大量采用传统的专用夹具，一般在具有中等生产能力的工厂里，约拥有数千甚至近万套专用夹具；另一方面，在多品种生产的企业中，每隔3～4年就要更新50%～80%左右专用夹具，而夹具的实际磨损量仅为10%～20%左右。

根据以上文字，可见夹具在生产中发挥着重要作用。请你结合通用性、经济性和先进性，思考在夹具设计过程中要注意什么？

单元 **7**

机械零件的加工质量分析与控制

目标描述

认识机械加工质量的两大指标(机械加工精度和机械加工表面质量),影响机械加工精度的因素和提高机械加工精度的措施,影响机械加工表面质量的因素和提高表面质量的措施,加工中振动产生的原因及消除振动的措施。

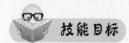

技能目标

具有定性分析机械加工误差的初步能力,具有通过改变刀具几何参数和正确选择切削用量以改善工件表面粗糙度的能力。

知识目标

了解机械加工质量的两大指标,加工误差产生的原因,掌握减小加工误差、改善表面粗糙度的措施,了解机械加工中振动产生的原因,掌握控制自激振动的措施。

7.1 机械加工精度

任何机械产品,如机床,都是由若干相互关联的零件和部件装配而成。零件制造质量影响产品的性能、寿命、可靠性等质量指标,因此保证机械产品质量,是每个机械制造企业的基本要求。机械加工零件的加工质量指标有加工精度和加工表面质量两个方面。

7.1.1 加工精度

加工精度是指零件加工后的实际几何参数(尺寸、形状和位置)与理想几何参数的符合程度。符合程度越高,加工精度越高。在实际加工过程中,由于工艺系统中各种因素影响,加工出的零件与理想的要求总存在一定的偏差,这种偏差称为加工误差。加工误差是加工过程中产生的,是一个变量。研究加工精度的目的,主要是把各种误差控制在允许的范围之内。因此,需要分析产生误差的各种原因,从而找出减小加工误差、提高加工精度的工艺措施。

加工精度主要包括零件的尺寸精度、形状精度和位置精度三个方面。零件的尺寸精度与加工过程中的调整、测量有关,也与刀具的制造和磨损等因素有关。零件的形状精度主要依靠刀具和工件作相对的成形运动来获得,与机床成形运动精度和切削刃的形状精度有关。零件的位置精度与机床精度以及工件装夹方法等因素有关。

7.1.2　影响机械加工精度的因素

加工精度主要取决于工件和刀具在切削过程中相互位置的准确程度。由于多种因素的影响,由机床、夹具、刀具和工件构成的工艺系统中的各种误差,在不同条件下,以不同的方式反映为加工误差。

工艺系统各环节中所存在的各种误差称为原始误差。正是由于工艺系统中各环节存在各种原始误差,才使得工件加工表面的尺寸、形状和相互位置关系发生变化,造成加工误差。为了保证和提高零件的加工精度,必须采取措施消除或减少原始误差对加工精度的影响,将加工误差控制在允许的变动范围内。

加工中可能产生的原始误差组成如图 7-1 所示。

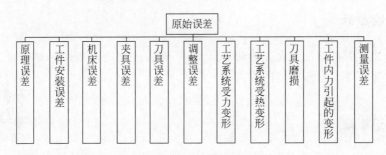

图 7-1　原始误差的组成

7.1.3　提高加工精度的措施

提高加工精度的措施大致可归纳为以下几个方面。

1. 直接减小原始误差法

查明影响加工精度的原始误差因素之后,设法进行消除或减小,这种方法称为直接减小原始误差法。该方法是生产中应用最广泛的一种。例如,在加工薄壁套筒零件的内孔时,采用过渡套夹紧工件,使其夹紧力沿圆周均匀分布,避免夹紧变形引起加工误差;车削细长轴时,采用跟刀架、中心架以消除或减小工件弯曲变形所引起的加工误差。

2. 误差补偿法

误差补偿法就是通过人为地制造出一种新的原始误差去抵消工艺系统中某些关键性

原始误差,或利用原有的一种原始误差去抵消另一种误差的做法。例如,大型龙门铣床的横梁在制造过程中就有意将其导轨做成向上凸起的几何形状,目的是在横梁安装后,在其自重和铣头重量的作用下,使横梁整体向下弯曲,将原来向上凸起的导轨也随之向下变形而成为直线。

3. 误差分组法

误差分组法常用于减小或消除加工超差问题,它们往往是由于上一工序毛坯制造精度而造成的。引起工序加工超差的原因,主要有以下两类。

(1)毛坯尺寸或上一工序的加工误差范围较大。如果该批工件在加工过程中工艺系统保持不变,根据误差复映规律,就会造成超差。所以将毛坯按照其实际尺寸进行分组,各组在加工时分别调整刀具与工件间的相对位置,这样使得各组工件的尺寸分散范围中心基本一致,则整批工件加工后的尺寸分散范围大为缩小,从而无须提高上一工序的制造精度,也不需在本工序中选用高精度机床。

(2)毛坯定位误差使本工序超差。将毛坯定位基准按其实际尺寸进行分组,各组在加工时分别选用不同的定位元件与之相配,使得各组工件的定位配合尺寸精度范围基本一致,减小或消除了由于定位间隙而造成的加工质量问题,从而保证整批工件加工后的尺寸分散范围不会超差,因此也不必将上一工序的定位基准加工精度制定得过高。

误差分组法的实质是:把毛坯按照误差的大小分为 n 组,这样每组毛坯误差的范围就缩小为原来的 $1/n$,则大大减小了由于误差反映规律或定位间隙而造成的加工后尺寸超差的问题。选用这种方法保证本工序加工后的精度,比采取直接提高本工序的加工精度或通过提高上一工序的加工精度更简便易行。但是此方法选用时应注意:本工序的工艺系统精度应该稳定,加工批量应比较大。

4. 误差转移法

工件很精密或机床精度达不到要求但又要保证加工精度时,通常采用误差转移法。这种方法不是靠提高机床设备精度来保证加工质量,而是在加工工艺和夹具使用上想办法,使得机床上的原始误差转移到不影响加工精度的方面去。例如,数控车床的刀架,其结构布局通常采用的是水平转动的自动刀架结构,这种结构在转位后定位误差对加工精度影响最小。若刀具转位后定位误差一定,而将刀具的转动轴垂直布置,这时刀具转位后定位误差对加工精度影响较大。

7.2　加工误差的统计分析

加工误差是由于采用了近似的成形运动或近似的刀刃轮廓代替理论的成形运动或刀具轮廓进行加工而产生的误差。

7.2.1　加工误差的性质

在实际的加工中出现的加工误差,往往是由多种因素共同作用的结果。各种加工误差从产生的规律上来看,大体可以分为系统误差和随机误差。

1. 系统误差

系统误差可分为常值系统误差和变值系统误差。

(1) 常值系统误差:在同一条件下,连续加工一批工件时,其大小和方向都保持不变的误差。例如,原理误差,机床、夹具、刀具的制造误差,一次调整误差以及工艺系统受力变形引起的误差均属常值系统误差。

(2) 变值系统误差:在同一条件下,连续加工一批工件时,其大小和方向按一定规律变化的误差。例如,刀具磨损引起的误差,机床、刀具、工件等在热平衡前的热变形引起的误差等,都是随加工时间而规律变化的,属变值系统误差。

2. 随机误差

在同一条件下,连续加工一批工件时,其大小和方向呈无规律变化的加工误差称为随机误差。材料硬度不均匀、加工余量不均匀、毛坯表面有缺陷等原因导致切削力变化所造成的误差,内应力引起的变形误差,以及操作者的失误而产生的误差等都是随机误差。

对于不同的误差问题可以采取不同的方法来解决。对于常值系统误差可以通过调整、修改工艺、工装等方法解决。对于变值系统误差,只能掌握其变化规律后,通过自动连续或周期性补偿来消除。对于随机性误差,由于现有监测手段和仪器设备的限制,目前还没有办法消除,但仍能通过一批工件的加工误差找出一定的规律性,查出误差的根源,采取相应的办法,使其对加工精度的影响降至最低。

7.2.2 加工误差产生原因

生产中,加工精度的高低常用加工误差的大小来表示。加工精度越高,则加工误差越小;反之越大。在机械加工中,由机床、夹具、工件和刀具组成一个工艺系统,此工艺系统在一定条件下由工人来操作或自动地循环运行来加工工件。因此,有多方面的因素对此系统产生影响,加工误差归纳起来有以下几方面原因。

1. 加工原理误差

加工原理误差是指采用了近似的刀刃轮廓或近似的传动关系进行加工而产生的误差。例如,加工渐开线齿轮用的齿轮滚刀,为使滚刀制造方便,采用了阿基米德基本蜗杆或法向直廓基本蜗杆代替渐开线基本蜗杆,使齿轮渐开线齿形产生了误差。又如车削模数蜗杆时,由于蜗杆的螺距等于蜗轮的周节(即 $m\pi$),其中 m 是模数,而 π 是一个无理数,但是车床的配换齿轮的齿数是有限的,选择配换齿轮时只能将 π 化为近似的分数值($\pi\approx$ 3.1415)计算,这就将引起刀具对于工件成形运动(螺旋运动)的不准确,造成螺距误差。

2. 工艺系统的几何误差

由于工艺系统中各组成环节的实际几何参数和位置,相对于理想几何参数和位置发生偏离而引起的误差,统称为工艺系统几何误差。工艺系统几何误差只与工艺系统各环节的几何要素有关。

3. 工艺系统受力变形引起的误差

工艺系统在切削力、夹紧力、重力和惯性力等作用下会产生变形,从而破坏了已调整好的工艺系统各组成部分的相互位置关系,导致加工误差的产生,并影响加工过程的稳定性。

4. 工艺系统受热变形引起的误差

在加工过程中,由于受切削热、摩擦热以及工作场地周围热源的影响,工艺系统的温度会发生复杂的变化。在各种热源的作用下,工艺系统会产生变形,从而改变了系统中各组成部分的正确相对位置,导致加工误差的产生。

5. 工件内应力引起的加工误差

工件冷热加工后会产生一定的内应力。通常情况下内应力处于平衡状态,但对具有内应力的工件进行加工时,工件原有的内应力平衡状态被破坏,从而使工件产生变形。

6. 测量误差

在工序调整及加工过程中测量工件时,由于测量方法、量具精度等因素对测量结果准确性的影响而产生的误差,统称为测量误差。

7.2.3　加工误差的统计方法

统计分析是以生产现场观察和对工件进行实际检测的数据资料为基础,用数理统计的方法分析处理这些数据资料,从而揭示各种因素对加工误差的综合影响,获得解决问题的途径的一种分析方法,下面介绍实际分布图——直方图分析法。

在加工过程中,对某工序的加工尺寸采用抽取有限样本数据,进行分析处理,用直方图的形式表示出来,以便于分析加工质量及其稳定程度的方法,称为直方图分析法。

在抽取的有限样本数据中,加工尺寸的变化称为尺寸分散;出现在同一尺寸间隔的零件数目称为频数;频数与该批样本总数之比称为频率;频率与组距(尺寸间隔)之比称为频率密度。

以工件的尺寸(很小的一段尺寸间隔)为横坐标,以频数或频率为纵坐标表示该工序加工尺寸的实际分布图称直方图,如图 7-2 所示。

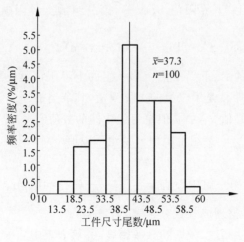

图 7-2　直方图

直方图上矩形的面积＝频率密度×组距(尺寸间隔)＝频率,由于所有各组频率之和等于100%,故直方图上全部矩形面积之和等于1。

下面通过实例来说明直方图的作法。

例如磨削一批轴径为 $\phi 60^{+0.06}_{+0.01}$ mm 的工件,实测后的尺寸见表 7-1。

表 7-1 轴径尺寸实测值   μm

44	20	46	32	20	40	52	33	40	25	43	38	40	41	30	36	49	51	38	34
22	46	38	30	42	38	27	49	45	45	38	32	45	48	28	36	52	32	42	38
40	42	38	52	38	36	37	43	28	45	36	50	46	38	30	40	44	34	42	47
22	28	34	30	36	32	35	22	40	35	36	32	46	42	50	36	20	16	53
32	46	20	28	46	28	54	18	32	33	26	46	47	36	38	30	49	18	38	38

注:表中数据为实测尺寸与基本尺寸之差。

作直方图的步骤如下。

(1) 收集数据。一般取 100 件左右,找出最大值 $L_a = 54\mu m$,最小值 $S_m = 16\mu m$(见表 7-1)。

(2) 把 100 个样本数据分成若干组,分组数可用表 7-2 确定。

本例取组数 $k=8$。经验证明,组数太少会掩盖组内数据的变动情况,组数太多会使各组的高度参差不齐,从而看不出变化规律。通常确定的组数要使每组平均至少摊到 4~5 个数据。

表 7-2 样本与组数的选择

数据的数量	分组数
50~100	6~10
100~250	7~12
250 以上	10~20

(3) 计算组距 h(即组与组间的间隔) $h = \dfrac{L_a - S_m}{k} = \dfrac{54-16}{8} = 4.75(\mu m) \approx 5\mu m$。

(4) 计算第一组的上、下界限值 $S_m \pm \dfrac{h}{2}$,第一组的上界限值为 $S_m + \dfrac{h}{2} = 16 + \dfrac{5}{2} = 18.5(\mu m)$;下界限值为 $S_m - \dfrac{h}{2} = 16 - \dfrac{5}{2} = 13.5(\mu m)$。

(5) 计算其余各组的上、下界限值。第一组的上界限值就是第二组的下界限值。第二组的下界限值加上组距就是第二组的上界限值,其余类推。

(6) 计算各组的中心值 x_i,中心值是每组中间的数值。

$$x_i = \frac{某组上限值 + 某组下限值}{2}$$

第一组中心值 $x_i = \dfrac{13.5 + 18.5}{2} = 16(\mu m)$

(7) 记录各组数据,整理成频数分布表,见表 7-3。

(8) 统计各组的尺寸频数、频率和频率密度,并填入表中。

(9) 按表列数据以频率密度为纵坐标;组距(尺寸间隔)为横坐标画出直方图,如图 7-2 所示。

表 7-3　频数分布表

组数 n	组距/μm	中心值 x_i	频　数　统　计	频数 m_i	频率/%	频率密度/ (%/μm)
1	13.5～18.5	16	|||	3	3	0.6
2	18.5～23.5	21	|||||||	7	7	1.4
3	23.5～28.5	26	||||||||	8	8	1.6
4	28.5～33.5	31	|||||||||||||	13	13	2.6
5	33.5～38.5	36	||||||||||||||||||||||||||	26	26	5.2
6	38.5～43.5	41	||||||||||||||||	16	16	3.2
7	43.5～48.5	46	||||||||||||||||	16	16	3.2
8	48.5～53.5	51	||||||||||	10	10	2
9	53.5～58.5	56			1	1	0.2

由图 7-2 可知,该批工件的尺寸分散范围大部分居中,偏大、偏小者较少。

尺寸分散范围＝最大直径－最小直径＝60.054－60.016＝0.038(mm)

尺寸分散范围中心:

$$\bar{x} = \frac{1}{n}\sum_{i=1}^{n} x_i = \frac{60.016 \times 3 + 60.021 \times 7 + \cdots + 60.056 \times 1}{100} = 60.037 \text{(mm)}$$

直径的公差带中心$=60+\dfrac{0.06-0.01}{2}=60.025 \text{(mm)}$

标准差 $\sigma = \sqrt{\dfrac{1}{n}\sum_{i=1}^{n}(x_i-\bar{x})^2}$

$$= \sqrt{\frac{(60.016-60.037)^2 \times 3 + \cdots + (60.056-60.037)^2 \times 1}{100}}$$

$$= 0.009\,2 \text{(mm)}$$

从图中可看出,这批工件的分散范围为 0.038,比公差带还小,但尺寸分散范围中心与公差带中心不重合,若设法将分散范围中心调整到与公差带重合,即只要把机床的径向进给量增大 0.012mm,就能消除常值系统误差。

7.3　机械加工表面质量

机器零件的加工质量,除加工精度外,表面质量也是极其重要的一方面。产品的工作性能,尤其是它的可靠性和寿命,在很大程度上取决于其主要零件的表面质量。

7.3.1　机械加工表面质量概述

机械加工表面质量是指机械加工后零件表面层的状况,包括零件表面微观几何形状和零件表层材料的物理、力学性能两个方面内容。

零件加工表面质量对零件的耐磨性、耐腐蚀性、疲劳强度、配合性质等使用性能有着很大的影响,特别是对高速、重载、变载、高温等条件下工作的零件影响尤为显著。

1. 表面微观几何形状特征

加工表面几何形状特征有以下五部分组成,如图 7-3 所示。

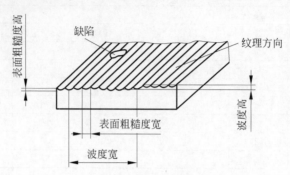

图 7-3 加工表面几何形状特征

(1) 表面粗糙度:是加工表面上具有较小间距和峰谷所组成的微观几何形状特性。一般由所采用的加工方法和其他因素形成。

(2) 波度:是介于宏观几何形状与表面粗糙度之间的周期性几何形状误差。

(3) 形状误差:是宏观几何误差,波距与波高的比值大于 1 000,属于加工精度范畴。

(4) 纹理方向:是指加工痕迹的方向,主要取决于所采用的加工方法。图 7-4 所示列出了几种纹理方向及其代表符号。运动副或密封件表面常常对纹理方向有要求。

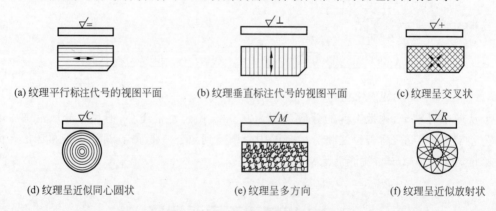

图 7-4 加工纹理方向及其符号表示

(5) 缺陷:是在表面个别位置上随机出现的,包括砂眼、夹渣、气孔、裂痕等。

2. 表层材料的物理、力学性能

切削加工时,工件表层材料在刀具的挤压、摩擦及切削区温度变化的影响下,发生材质变化,致使表面层材料的物理、力学性能与基体材料的物理、力学性能不一致,从而影响加工表面质量。这些材质的变化主要有以下几个方面。

(1) 表面层材料因塑性变形引起的冷作硬化。

(2) 表面层因切削热的影响,引起金相组织的变化。

(3) 表面层材料因切削时的塑性变形、热塑性变形、金相组织变化引起的残余应力。

7.3.2 表面质量对零件使用性能的影响

表面质量在很大程度上对产品的使用性能构成直接的影响,特别是对寿命和可靠性影响极大,表面上的任何缺陷,都会在以后的使用中引发应力集中、应力腐蚀而导致零件或产品的损坏。表面质量对产品使用性能的影响主要表现在以下四个方面。

1. 对耐磨性的影响

零件的使用寿命往往取决于零件的耐磨性,当相互摩擦的表面磨损到一定程度时,就会丧失应有的精度或性能而报废。产品都是由零件装配而成的,当两个零件相互接触时,并不是全部接触,实际上只是在一些凸峰顶部接触,如图 7-5 所示,因此实际接触面积比理论接触面积小得多。

由此可见,两个相互接触的表面越粗糙,实际接触面积就越小。当两个零件间有力传递时,相互接触的凸起顶部就会产生相应的压强,表面越粗糙压强越大,使得接触面间出现变形和位移。当两个零件间有相对运动时,由于凸起部分如同刀具切割一样,相互之间产生弹性变形、塑性变形及剪切现象,使得相互接触的表面之间出现磨损。表面越粗糙,磨损就越快。即使在有润滑油润滑的情况下,因接触点处压强超过润滑油膜存在的临界值,而形成干摩擦,同样会加剧接触面间的磨损。但并不是表面粗糙度值越小,耐磨性越好。粗糙度值过小,表面太光滑,存储润滑油的能力差,一旦润滑条件恶化,紧

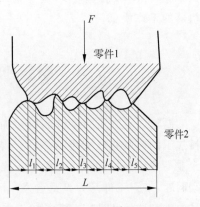

图 7-5 两个零件表面的接触情况

密接触的两表面便会发生分子黏合现象而咬合起来,导致磨损加剧。因此需根据工作时的摩擦条件来确定零件合理的粗糙度。

另外,由于表面轮廓形状及加工纹路方向能影响实际的接触面积和润滑油的存留情况,因此耐磨性也有显著的影响。零件表面冷作硬化对零件耐磨性也有影响,冷作硬化能阻碍表层疲劳裂纹的出现与扩张,提高零件强度,从而提高零件的耐磨性。

2. 对疲劳强度的影响

金属零件的疲劳破坏往往发生在零件的表面层和表面冷硬层下面,因此零件的表面质量对疲劳强度影响很大。当残余应力为拉应力时,在拉应力作用下,会使表面的裂纹扩大,而降低零件的疲劳强度,减少产品的使用寿命。相反,残余压应力能够部分地抵消工作载荷的拉应力,延缓疲劳裂纹的扩展,提高零件的疲劳强度。

同时,表面冷作硬化层的存在以及加工纹路方向与载荷方向的一致,都可以提高零件的疲劳强度。

3. 对耐蚀性的影响

零件在潮湿的空气中或在腐蚀性的介质中工作时,常会发生化学腐蚀或电化学腐蚀。零件的耐腐蚀性很大程度上取决于表面粗糙度值。表面粗糙度值越大,腐蚀物质越容易

积聚在表面的凹坑里,腐蚀表面。表面有残余应力时,对零件耐腐蚀性有较大影响。残余压应力使表面组织紧密,腐蚀介质不易入内,可增强零件的耐腐蚀性,而残余拉应力则降低耐腐蚀性。表面冷作硬化或金相组织变化时,都会引起表面残余应力,以致出现裂纹,因而降低零件的耐腐蚀性。

4. 对配合质量的影响

间隙配合零件的表面如果粗糙度值太大,初期磨损量就大,工作一段时间后配合间隙就会增大,以致改变了原来的配合性质,影响间隙配合的稳定性。对于过盈配合表面,轴在压入孔内时表面粗糙度的部分凸峰被挤平,而使实际过盈量变小,影响过盈配合的可靠性。所以对有配合要求的表面都要求较低的表面粗糙度。另外,零件表层的残余应力过大,而零件本身刚度又差,这样就会使零件在使用过程中继续变形,失去原有的精度,降低机器的工作质量。

7.4　机械加工过程中的振动及其控制

制造企业在进行零件的机械加工中往往会遇到不同程度的振动问题,振动问题对机械加工的影响程度大小不一,但是都会对加工生产的产品及生产效率产生不良影响,制造企业一般将机械加工中的振动定义为有害于加工质量的现象。假如机械加工中出现了振动问题,加工工件与刀具都会发生不同程度的位移,导致零件表面的划痕,大大降低了产品的生产质量和性能;机械加工中出现的振动也会使刀具受到振动带来的附加压力,导致刀具磨损程度加深,严重时则会出现崩刃现象;机械加工中出现的振动也会使生产加工的夹具、机床等工具发生结构松动,增加工具构件之间的空隙,一定程度上减轻生产精度和刚度,减少工具的使用寿命,严重情况下的振动问题会导致切削加工停止;机械加工中出现的振动还会对技术人员造成不同程度的身体伤害。为了避免机械加工中振动问题的出现,很多情况下选择减轻切削量,这样就会延长工期,降低生产效率。针对上述问题,机械加工中的振动问题分析及其控制措施探讨显得十分必要。

7.4.1　机械加工振动类型

常见的机械加工振动有三种,即自由振动、受迫振动、自激振动。自由振动比较容易理解,一般是由于外界干扰力将系统的平衡力破坏,就会出现不同程度的弹性造成的振动。由于机械加工系统自身具有一定阻尼,因此,自由振动会相对减弱,不会对机械加工产生过多的负面影响,属于机械加工振动中影响最小的一种振动。不同于自由振动,受迫振动和自激振动本身不能靠系统自身减弱振动。

7.4.2　受迫振动及减振措施

1. 受迫振动产生的原因

机械加工中受迫振动是因为加工系统在周期性的干扰力干扰下产生的一种持续性振

动现象。这里说的周期性干扰力可以来自于系统内部,也可以来自于外部。系统内部出现的周期性干扰力有以下几种:因为加工运动中的断续切削及反复惯性运动产生的冲击力引发的振动,齿轮、砂轮等高速回转零件的质量不过关引发不同程度的离心力带来的振动等。系统外部的周期性干扰力有以下几种:由于地基对正在进行加工的机械产生影响造成的振动,系统周围其他运行的机械带来的振动,机械加工中出现的不可抗拒因素带来的振动等。

2. 受迫振动的特性

(1)受迫振动属于稳态过程,同时也属于间歇过程,交变激振力发生时就会产生振动,当交变激振力消失,振动也会停止。

(2)受迫振动产生的振动频率与受到外界因素影响时产生的激振力频率是一致的,两种频率与系统本身的频率都没有任何联系。

(3)受迫振动的振幅程度与激振力的振幅程度有联系,此外,还与机械加工采用的工艺系统自身的动态性能有一定联系。

3. 减少受迫振动的有效措施

受迫振动多数是由于外界的周期干扰力影响产生的,若要减轻受迫振动就应该从根源着手寻找振源,并采取科学合理的措施进行振动控制。

(1)应减少激振力。对于卡盘、刀盘、砂轮及电动机转子这些高速运行零件,需要调整平衡来减少振动。还要提高齿轮传动、带传动、链传动和其余传动设备的平稳性,比如用完整的无接头胶合平皮带,并且将直齿轮换成人字齿轮或者斜齿轮,采用合理措施降低加工运行的速度,将加工的机床主体和动力分开放置。

(2)调整振源频率。机械加工过程中会进行转速选择,此时需要避免由电动机转速频率引起的受迫振动与系统频率产生共同振动。

(3)提高机械加工工艺系统刚度和阻尼。作为减少受迫振动的一项基本措施,提高加工工艺系统刚度和阻尼是制造企业必须做到的。比如提高连接部位的刚度,缩小滚动轴承之间的空间,并且尽量用阻尼大的材料制造零件,以拥有更好的性能。

(4)采用隔振措施。就是运用具有弹性的隔振设施将进行机械加工的机床同振源隔离开,缓解加工时产生的振动。比如采用常用的橡胶垫将进行机械加工的机床同振源隔离开,机床周边挖掘减振的隔振沟,在沟内部填充软木、木屑等,将液压站、电动机等放在离机床较远的地方。除此之外,还有减振装置的利用,即上述方式不能起到减振的良好效果时,就可以将减振装置安置在加工工艺系统中,用以实现减振的目的。

7.4.3 自激振动及减振措施

1. 自激振动产生的原因

机械加工过程中经常会进行切削加工等工序,在没有周期性干扰力时,加工时所用的工件及刀具本身就会产生较大振动,并且这些振动会在零件上面形成不同的痕迹,影响产品的整体美观。上述情况是由于机械加工中系统自身的交变力引发的持续振动,叫作自激振动,或者是颤振。国内外不少专家学者对自激振动产生的原因进行了大量研究,取得了不错的成绩。说服力较强的学说有再生振颤学说、负摩擦激振学说及坐标联系学说。但因为振动原理及振动缘由说法不一,自激振动产生的原因至今为止未能有一个统一说法。

2. 自激振动的特性

首先,自激振动不属于衰减类型的振动,这是自激振动不同于受迫振动的明显标志,当切削工作进行时自激振动产生,切削停止,自激振动也会停止。其次,自激振动所产生的频率与周围系统具有的频率一致。最后,自激振动所消耗的能量以及周期会影响到自激振动的产生和持续。

3. 减少自激振动的有效措施

(1) 合理选用切削量。进行机械加工时,切削速度在一定范围内会出现自振现象,高于范围与低于范围都会影响振动程度。在不影响加工效率的情况下应该合理选用切削量。

(2) 合理选用刀具几何参数。一般情况下,机械加工中需要选择合适的刀具几何参数以减少切削振动程度,将刀具后角减小,会达到不错的减振效果。

(3) 提高机械加工工艺的抗振性能。机械加工中的工艺所具有的抗振性能会影响自激振动,因此,要提高机械加工工艺的抗振性能提高就必须提高系统的接触刚度提高,比如进行系统接触面的刮研等。

(4) 根据机械加工工艺系统受到振动刚度等影响因素,来调整它们的关系,从而减轻自激振动,有效提高加工工艺系统抗振性能。

目 标 检 测

1. 机械加工精度包括_____、_____和_____。

2. 提高加工精度的措施主要有_____、_____、_____、_____。

3. 机械加工表面质量是指_____,主要包括_____、_____指标。

4. 机械加工表面质量对机器零件的使用性能的影响主要体现在四个方面:_____、_____、_____和_____。

5. 常见的机械加工振动类型有_____、_____和_____。

思 考 题

产品的质量就是产品的生命,也是企业的生命。保证产品质量,不仅能稳固现有市场,还能赢得更多客户的信任,提高经济效益。

作为中高职学生,你是如何理解"质量是企业的生命"这句话的?你将作出怎样的实际行动?

模块三　常用机械加工方法

 知识要点

　　了解车、刨、插、拉、钻、镗、铣、磨和特种加工等常用加工方法及工艺过程,理解常用加工方法的切削运动,熟记常用加工方法的工艺特点,会计算常用加工方法中的切削用量。

 重点知识

　　车、刨、插、拉、钻、镗、铣、磨和特种加工等工艺特点及常用加工方法的选择,常用加工方法的切削运动以及切削用量的选择。

单元 **8**

车 削

目标描述

了解典型结构的车削加工方法、车削加工的工艺分析以及加工步骤等知识,掌握典型结构的车刀选择、装夹以及车削方法。

技能目标

理论联系实际,解决相关的典型零件车削加工技术问题。

知识目标

了解车削加工的工艺特点和车削加工的过程,掌握几种典型结构的车削方法。

8.1 概　述

车工是机械加工中最常用的一个工种,所用设备是车床,所用的刀具是车刀。另外,还可以用钻头、铰刀、丝锥、滚花刀等。在金属切削机床中,各类车床的数量约占机床总数的一半左右。无论是在大批、成批生产中,还是在单件、小批生产中,车削加工都占有十分重要的地位。

车削加工时,工件的回转运动为主运动,车刀相对工件的移动为进给运动。图 8-1 所示为车削时的运动及切削余量。工件加工表面最大直径处的线速度称为切削速度,用 v(单位为 m/s)表示。工件每转

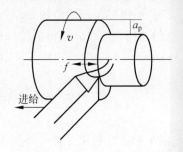

图 8-1　车削时的运动及切削用量

一周,车刀所移动的距离称为进给量,用 f(单位为 mm/r)表示。车刀每一次切去的金属层厚度,称为背吃刀量(切削深度),用 a_p(单位为 mm)表示。v、f、a_p 三者总称为切削用量。

8.1.1　车削的加工范围

车削主要用于各种回转表面的加工,如内外圆柱面、圆锥面及成形回转表面等,如图 8-2 所示。

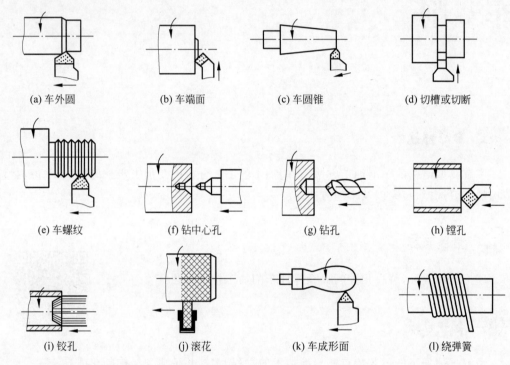

| (a) 车外圆 | (b) 车端面 | (c) 车圆锥 | (d) 切槽或切断 |

(e) 车螺纹　　(f) 钻中心孔　　(g) 钻孔　　(h) 镗孔

(i) 铰孔　　(j) 滚花　　(k) 车成形面　　(l) 绕弹簧

图 8-2　车削加工范围

8.1.2　车削的工艺特点

(1) 适用于加工各种内、外回转表面。精度为 IT6~IT13,$Ra1.6$~$12.5\mu m$。

(2) 车刀结构简单,制造容易,车刀刃磨及装拆也较方便。

(3) 车削对工件的结构、材料、生产批量等有较强的适应性,应用广泛。

(4) 切削力变化小,切削过程稳定,有利于高速切削和强力切削,生产效率高。

8.2　外圆柱面车削

用车削方法加工工件的外圆表面称为车外圆。外圆表面包括外圆柱面和外圆锥面。习惯上所说的车外圆是指车削外圆柱表面。车削外圆柱面时,工件回转是主运动,车刀作平行于工件轴线的移动是切削运动。

8.2.1 外圆车刀

几种常用的外圆车刀见表 8-1。

表 8-1 常用外圆车刀

名称	45°弯头车刀	60°～75°外圆车刀	90°偏刀
图示	45°	60°~75°	90°
主偏角	$\kappa_r = 45°$	$\kappa_r = 60°～75°$	$\kappa_r = 90°$
特点	切削时背向刀较大,车削细长工件时,工件易顶弯而引起振动	刀尖强度较高,散热好,背向力较小	主偏角很大,切削时背向力较小,不易引起工件的弯曲和振动,但刀尖强度低,易磨损
用途	多用途车刀。可车外圆、平面和倒角。常用于车削刚性好的工作	车削刚性较差的工件,主要适用于粗、精车上圆	车外圆、端面和台阶

8.2.2 车刀装夹

车削外圆时,车刀的装夹要求如下。

(1) 车刀刀杆伸出刀架部分的长度应尽可能短些,一般为刀杆高度的 1～1.5 倍,如图 8-3 所示。刀杆伸出过长,会使其刚性变差,车削时容易引起振动。

(2) 车刀垫片应平整,无毛刺,厚度均匀,车刀下面的垫片数量应尽量少(以 1～2 片为宜),垫片应与刀架边缘对齐,且至少用两个螺钉压紧。

(3) 车刀刀杆的中心线应与进给方向垂直。

(4) 车刀刀尖一般应对准工件的回转中心,即与工件轴线等高(见图 8-4)。但在粗车外圆时,刀尖应略高于工件轴线;精车细长轴外圆时,刀尖应略低于工件轴线。

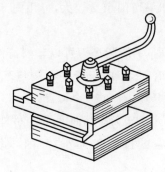

图 8-3 车刀的正确装夹

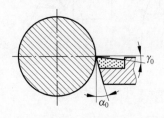

图 8-4 刀尖对准工件回转中心

8.2.3　切削用量的选择

切削加工一般分粗加工、半精加工和精加工三个阶段。粗加工主要目的是切除加工表面的大部分加工余量,所以主要考虑的是如何提高生产率。半精加工主要任务是使工件达到一定的准确度,为重要表面的精加工做好准备,并完成一些次要表面的加工。精加工主要任务是达到零件的全部尺寸和技术要求,主要考虑的是保证加工质量。

选择切削用量时,通常是先确定背吃刀量 a_p,然后确定进给量 f,最后确定切削速度 v_c。

粗车外圆时,在允许范围内应尽量选择大的背吃刀量 a_p 和进给量 f,以提高生产率,而切削速度 v_c 则相应选取低些,以防止车床过载和车刀的过早磨损。

半精车和精车外圆作为工件的半精加工(后续精加工为磨削)或精加工(主要是车削有色金属材料),以保证工件加工质量为主。因此,应尽可能减小切削力、切削热引起的由"机床、夹具、工件、刀具"组成的工艺系统的变形,减小加工误差,应选取较小的背吃刀量和进给量,而切削速度则可取大些。

8.3　平面与台阶车削

在车床上进行平面加工主要有端平面(简称端面)加工和台阶平面加工两种。

8.3.1　车端面

车端面常用90°偏刀、左偏75°外圆车刀或45°弯头车刀。装刀时,必须严格保证刀尖高度与工件轴线等高,否则端面中心会留下凸起的剩余材料。车削时,工件回转是主运动,车刀作垂直于工件轴线的横向进给运动。为防止床鞍因间隙或误操作发生纵向位移而影响端面的平面度,应将床鞍位置锁定。

(1) 用90°偏刀车端面时,车刀由工件外缘向中心进给,若背吃刀量较大,切削抗力 F' 会使车刀扎入工件而形成凹面(见图 8-5(a)),此时可改从中心向外缘进给,但背吃刀量 a_p 较小(见图 8-5(b))。如果切削余量较大,可用图 8-6 所示的端面车刀车削。

(2) 用左偏75°外圆车刀可以车削铸件、锻件的大端面。装刀时,车刀的刀杆中心线与车床主轴轴线平行(见图 8-7)。

(3) 用45°弯头车刀车端面,可由工件外缘向中心车削(见图 8-8),也可由中心向外缘车削(见图 8-9)。

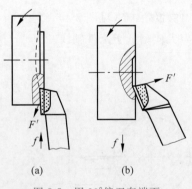

图 8-5　用90°偏刀车端面

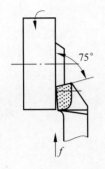

图 8-6　用端面车刀车端面

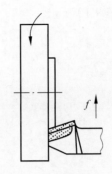

图 8-7　用左偏 75°外圆车刀车端面

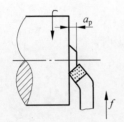

图 8-8　由外缘向中心车削

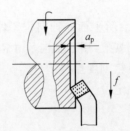

图 8-9　由中心向外缘车削

8.3.2　车台阶

车台阶时,不仅要车削组成台阶的外圆,还要车削环形的台阶平面,它是外圆车削和平面车削的组合。车削台阶时既要保证外圆的尺寸精度和台阶面的长度要求,还要保证台阶平面与工件轴线的垂直度要求。

车台阶时,通常选用 90°偏刀。粗车时,车刀装夹时的实际主偏角应小于 90°(一般 κ_r 为 85°~90°),如图 8-10 所示,以增大背吃刀量和减小刀尖的压力。精车时,为了保证台阶平面与工件轴线垂直,车刀装夹时的实际主偏角应大于 90°(一般 κ_r 为 93°),如图 8-11 所示。

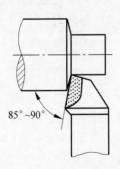

图 8-10　粗车台阶时的偏刀装夹位置

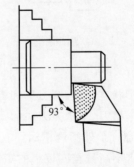

图 8-11　精车台阶时的偏刀装夹位置

精车台阶时,在机动进给精车外圆至接近台阶处时,应改为手动进给,当车至台阶面时,变纵向进给为横向进给,移动中滑板由里向外慢慢精车台阶平面,以确保其对轴线的垂直度要求,如图 8-12 所示。

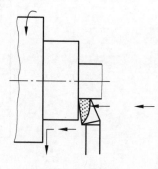

图 8-12　车台阶

车台阶时,台阶平面的轴向位置保证方法有:

(1) 预先刻划痕,用于轴向尺寸精度不高或粗加工时。

(2) 用溜板箱刻度盘控制。

(3) 用挡铁定位。

8.4　沟槽切削与切断

8.4.1　沟槽切削

用车削方法加工工件的槽称为车槽。工件外圆和平面上的沟槽称为外沟槽,工件内孔中的沟槽称为内沟槽。

常见的外沟槽有外圆沟槽、45°外斜沟槽和平面沟槽等,如图 8-13 所示。

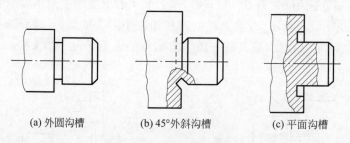

(a) 外圆沟槽　　　　(b) 45°外斜沟槽　　　　(c) 平面沟槽

图 8-13　常见的外沟槽

沟槽的形状有矩形、圆弧形和梯形等,如图 8-14 所示。

车槽用车槽刀,车槽刀刀头的宽度等于槽宽,刀头的长度稍大于槽深,刀头形状应和槽底形状吻合。车外圆沟槽时,工件回转,刀具横向进给,即直进法车削(见图 8-15),适用于精度要求不高且宽度较窄的矩形和圆弧形沟槽车削。

精度要求较高的矩形沟槽一般采用二次进给车成,第一次进给时槽壁留有精车余量,第二次进给时用等宽车槽刀修正,也可用原车槽刀根据槽深和槽宽要求精车,如图 8-16所示。

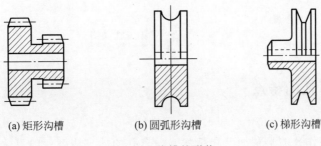

(a) 矩形沟槽　　(b) 圆弧形沟槽　　(c) 梯形沟槽

图 8-14　沟槽的形状

车削较宽的矩形沟槽,可用多次直进法切割,并在槽壁两侧留有精车余量,然后根据槽深和槽宽要求精车,如图 8-17 所示。

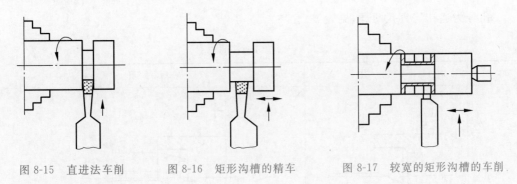

图 8-15　直进法车削　　图 8-16　矩形沟槽的精车　　图 8-17　较宽的矩形沟槽的车削

8.4.2　切断

切断用切断刀,切断刀刀头的长度应稍大于实心工件的半径或空心工件、管料的壁厚($L>h$),如图 8-18 所示。

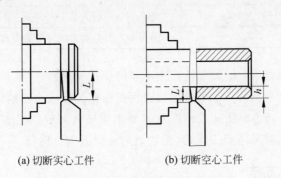

(a) 切断实心工件　　(b) 切断空心工件

图 8-18　工件的切断

切断刀刀头宽度应适当,宽度太窄刀头强度低,容易折断,宽度太宽则容易引起振动和增大材料消耗。

切断实心工件时,切断刀的主刀刃必须严格对准工件的回转中心,主刀刃中心线与工件轴线垂直。切断空心工件、管料时,切断刀主刀刃应稍低于工件的回转中心。

8.5　孔 的 车 削

8.5.1　车孔的特点

用车削方法扩大工件的孔或加工空心工件的内表面称为车孔。车孔是车削加工的主要内容之一,可用作孔的半精加工和精加工。车孔的加工精度一般可达 IT7~IT8,表面粗糙度 Ra 值为 $1.6~3.2\mu m$。

8.5.2　车孔刀

孔分为通孔与盲孔两类,见表 8-2。

表 8-2　车孔刀及孔的车削

类别	车 通 孔	车 盲 孔
图示	κ_r　κ_r'	κ_r　κ_r'　a　R
主偏角	小于 90°,一般为 60°~75°	大于 90°,一般为 92°~95°
其他条件	副偏角 15°~30°	盲孔车刀刀尖到刀柄外侧的距离 a 应小于孔的半径 R

车孔的两大关键技术:增加车孔刀刚度和解决排屑问题。

增强车孔刀刚度的措施:①尽量增加刀柄截面积。②减小刀柄伸出长度。

控制排屑的方法:①车通孔或精车孔时要求切屑流向待加工表面(前排屑),因此用正刃倾角。②车盲孔时采用负刃倾角,使切屑向孔口方向排出(后排屑)。

8.5.3　车孔方法

车孔刀的装夹应使车孔刀刀柄与工件轴线基本平行,否则在车削到一定深度时,刀柄的后半部分容易碰到工件孔口。

车通孔和台阶孔时,车孔刀的刀尖应与工件中心等高或稍高,如果刀尖低于工件中心,切削时在切削抗力作用下,容易将刀柄压低而产生扎刀现象,并可造成孔径扩大;车削平底盲孔时,车刀刀尖必须对准工件中心,且必须满足 $a<R$(见表 8-2)的条件,否则无法将底平面车完。车孔刀伸出刀架的长度一般比被加工孔长 5~10mm,不宜过长。车孔

刀装夹好后,在车孔前应先在孔内试走一遍,检查有无碰撞现象,以确保安全。

1. 车直孔

车直通孔的方法基本上与车外圆方法相同,只是进刀与退刀的方向相反。此外,车孔时的切削用量要比车外圆时适当减小,特别是车小孔或深孔时,其切削用量应更小。

2. 车阶台孔

(1)车直径较小的阶台孔时,由于观察困难而尺寸精度不易掌握,采用粗、精车小孔后再粗、精车大孔。

(2)车大的阶台孔时,视线不受影响的情况下,一般先粗车大孔和小孔,再精车小孔和大孔。

(3)车削孔径尺寸相差较大的阶台孔时,最好采用主偏角小于90°的车刀先粗车,然后用内偏刀精车。

(4)控制车孔深度的方法,通常采用粗车时在刀柄上刻线做记号或安装限位铜片以及用床鞍刻线来控制等,车削时需用小滑板刻度盘或深度尺来控制。

3. 车盲孔

车刀刀尖必须对准工件旋转中心,否则不能将孔底车平。车刀刀尖到刀杆外端的距离应小于内孔半径,否则端面不能车到中心。

8.6 圆锥面车削

圆锥面具有配合紧密、定位准确、装卸方便等优点,因此应用广泛。

8.6.1 圆锥各部分名称、代号及计算公式

圆锥体和圆锥孔的各部分名称、代号及计算公式均相同,圆锥体的主要尺寸如图 8-19 所示。

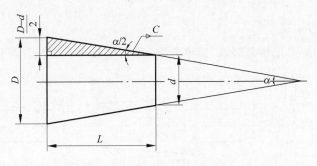

图 8-19 圆锥体的基本参数

圆锥大端直径 D;圆锥小端直径 d;圆锥长度 L;圆锥角 α 及圆锥半角 $\alpha/2$;锥度 $C = \dfrac{D-d}{L}$。

圆锥半角的计算公式:

$$\tan\frac{\alpha}{2} = \frac{D-d}{2L} = \frac{C}{2}$$

圆锥半角的近似计算公式:

$$\frac{\alpha}{2} = 28.7° \times \frac{D-d}{L} = 28.7° \times C$$

8.6.2　车圆锥的方法

圆锥分外圆锥和内圆锥,在车床上主要是车外圆锥。车削圆锥必须满足的条件是:刀尖与工件轴线必须等高;刀尖在进给运动中的轨迹是一直线,且该直线与工件轴线的夹角等于圆锥半角 $\alpha/2$。

车圆锥有四种方法:小刀架转位法、仿形法(也叫靠模法)、尾架偏移法和宽刃刀车削法。

1. 小刀架转位法

如图 8-20 所示,根据零件的锥度 α,将小刀架扳转 $\alpha/2$,即可加工。这种方法操作简单,能保证一定的加工精度,而且能车内锥面和锥角很大的锥面,因此被广泛应用。但由于受小刀架行程的限制,并且不能自动进刀,所以只适用于加工短的圆锥工件。

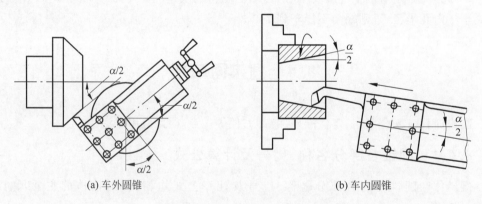

(a) 车外圆锥　　　　　　　　　　　　　　　(b) 车内圆锥

图 8-20　小刀架转位法加工锥度

2. 尾座偏移法

如图 8-21 所示,车削锥体较长,锥度较小,且精度要求不高的外圆锥体工件时,多用

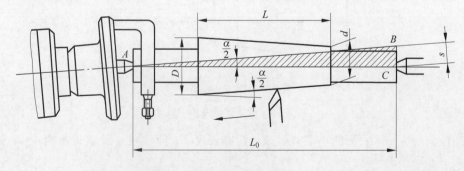

图 8-21　尾座偏移法

尾座偏移法。车削时将工件装在两顶尖之间,把尾座横向移动一小段距离 s,使工件回转轴线与主轴轴线相交一个角度,其大小等于圆锥半角 $\alpha/2$。s 的近似计算公式为

$$s = L_0 \tan \alpha/2 = \frac{D-d}{2L}L_0 = \frac{C}{2}L_0$$

式中：s——尾座偏移量,mm。

L_0——工件全长(或两顶尖间距离),mm。

α——圆锥角。

D——最大圆锥直径,mm。

d——最小圆锥直径,mm。

L——圆锥长度,mm。

C——圆锥锥度。

尾座偏移法车圆锥面的特点如下。

(1) 适宜于加工锥度小、锥体较长、精度不高的外圆锥面,受尾座偏移量的限制,不能加工锥度大的圆锥面。

(2) 能纵向机动进给车削,使加工表面刀纹均匀,表面粗糙度值小,表面质量好。

(3) 由于工件需用两顶尖装夹,因此不能车削完整圆锥面,也不能车削内圆锥面。

(4) 对于工件总长 L_0 尺寸不一致的成批工件,加工后的圆锥角一致性差。

(5) 由于顶尖在中心孔中是歪斜的,接触不良,所以顶尖和中心孔的磨损不均匀。

3. 仿形法(靠模法)

如图 8-22 所示,在车床床身后面安装一个固定靠模板,其斜角根据工件的圆锥半角 $\alpha/2$ 调整;取出中滑板丝杠,刀架通过中滑板与滑块刚性连接。这样当床鞍纵向进给时,滑块沿着固定靠模中的斜槽滑动,带动车刀作平行于靠模板斜面的运动,使车刀刀尖的运动轨迹平行于靠模板的斜面,即 $BC//AD$,这样即可车出外圆锥面。用此法车外圆锥面时,小滑板需旋转 $90°$,以代替中滑板横向进给。

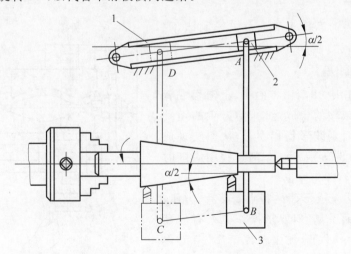

图 8-22　仿形法车圆锥的基本原理

1—靠模板；2—滑块；3—刀架

靠模法车圆锥面的特点。

（1）可以机动进给车削内、外圆锥面，锥体长或短不受太大的限制，均可车削。

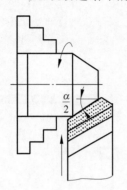

（2）靠模校准较为简单，成批加工的工件锥度一致性较好（其锥度误差可控制在较小的公差范围内）。

（3）不能车削较大圆锥角的工件，一般圆锥半角 $\alpha/2$ 应小于 12°。

4. 宽刃刀车削法

如图 8-23 所示，宽刃刀属于成形刀，车削时切削刃必须平直且与主轴轴线的夹角等于工件的圆锥半角 $\alpha/2$。此法特点：适用于车削较短且精度要求不高的内、外圆锥面，生产效率较高，但由于切削刃宽，切削时容易产生振动，影响加工表面质量，因此锥面长度一般为 10～15mm。

图 8-23　宽刃刀车削圆锥面

8.7　成形面车削

用成形车刀或用车刀按成形法、仿形法等车削工件的成形面称为车成形面。在车床上加工的成形面都是工件表面素线为曲线的回转面。常见的成形面有圆球面、橄榄形曲面等，如图 8-24 所示。

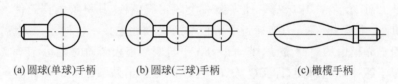

(a) 圆球(单球)手柄　　(b) 圆球(三球)手柄　　(c) 橄榄手柄

图 8-24　具有成形面的零件

成形面的车削方法主要有双手控制法、成形法和仿形法。

1. 双手控制法

使用普通车刀，用双手控制中、上滑板或者控制中滑板与床鞍的合成运动，使刀尖的运动轨迹与工件表面素线形状相吻合，从而实现成形的车削，如图 8-25 所示。车削过程中应随时用成形样板检验，并作修正。

双手控制法车成形面的特点：灵活、方便，不需要其他辅助工具，但要求操作工人有较高的技术水平，生产率低，加工精度不高，劳动强度大，只适用于单件或数量较少的、精度要求不高的成形面工件车削。

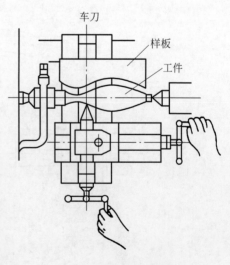

图 8-25　双手控制法车成形面

2. 成形法

成形法即样板刀车削法。样板车刀的切削刃形状与工件表面素线形状吻合,车削成形面时,工件作回转运动,样板车刀只作横向进给运动,如图 8-26 所示。

用样板车刀车削,其切削刃与工件表面的接触线较长,切削时容易引起振动,因此工件转速应低,进给量应小。用样板车刀车削成形面,加工质量稳定,但样板车刀制造成本高,宜用于成批生产。

3. 仿形法

仿形法是在普通卧式车床上使用仿形靠模装置,或在仿形车床上进行成形面车削,如图 8-27 所示。

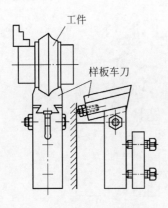

图 8-26 成形法车成形面

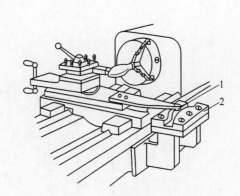

图 8-27 仿形法车成形面
1—滚柱;2—曲线槽靠模板

仿形法车成形面生产率高,加工精度高,但需要仿形装置或仿形车床,适用于大批量生产。

8.8 螺纹车削

8.8.1 概述

在各种机械产品中,带有螺纹的零件应用广泛。螺纹的加工方法很多,其中,用车削的方法加工螺纹是最常用的方法之一。车螺纹也是车工的基本技能之一。

螺纹种类较多,按其用途不同可分为连接螺纹和传动螺纹两大类;按其牙型特征可分为三角形螺纹、梯形螺纹、矩形螺纹、锯齿形螺纹等。应用较多的是普通(三角形)螺纹和梯形螺纹。普通螺纹主要用于连接和紧固,梯形螺纹主要用于传递运动和动力。

车削螺纹使用螺纹车刀,按加工性质螺纹车刀属成形刀具,其切削部分的几何形状应与螺纹牙型的轴向剖面形状相符合。车削时应保证螺纹车刀(以下简称车刀)的轴向位移与工件回转的角位移成正比,即工件每回转一周,车刀相应地沿轴向移动一个螺距(车单线螺纹时)或一个导程(车多线螺纹时)的距离。

下面以应用最普遍的普通螺纹(牙型角 $\alpha=60°$)为例介绍螺纹车削的要点。

8.8.2　螺纹车刀

螺纹车刀按其切削部分材质不同有高速钢螺纹车刀和硬质合金螺纹车刀两种。高速钢车刀刃磨方便,切削刃锋利,韧性好,车削时刀尖不易崩裂,车出螺纹的表面粗糙度值小。但其热硬性差,不宜高速车削,常用在低速切削,加工塑性材料的螺纹或作为螺纹精车刀。硬质合金车刀硬度高,耐磨性好,热硬性好,常用在高速切削,加工脆性材料螺纹,其缺点是抗冲击能力差。

图 8-28 和图 8-29 所示分别为高速钢外螺纹车刀和内螺纹车刀。螺纹车刀的刀尖角 ε_r 等于牙型角 α,$\varepsilon_r=60°$。螺纹车刀的径向前角 γ_p 一般为 $0°\sim15°$。

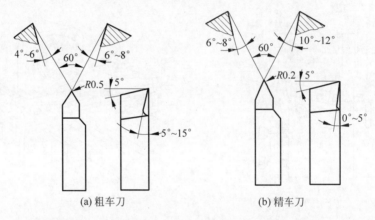

(a) 粗车刀　　　　　　　　　(b) 精车刀

图 8-28　高速钢外螺纹车刀

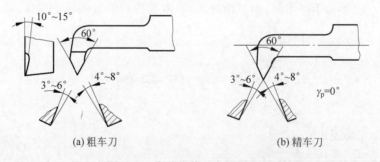

(a) 粗车刀　　　　　　　　　(b) 精车刀

图 8-29　高速钢普通内螺纹车刀

粗车时,为了切削顺利,径向前角可取得大一些,$\gamma_p=5°\sim15°$;精车时,为了减小对牙型角的影响,径向前角应取得小一些,$\gamma_p=0°\sim5°$。

径向前角 γ_p 对牙型角的影响较大,γ_p 越大,车刀前面上的刀尖角 ε_r' 就越小。当 $\gamma_p=10°\sim15°$时,ε_r' 约为 $59°$;当 $\gamma_p=0°$ 时,$\varepsilon_r'=\varepsilon_r=60°$。

8.8.3　螺纹车刀的装夹

螺纹车刀装夹时,车刀刀尖应与车床主轴轴线等高,螺纹车刀的两刀线应与工件轴线垂直,装刀时可用螺纹对刀样板校正。图 8-30 所示为外螺纹车刀的对刀方法,图 8-31 所示为内螺纹车刀的对刀方法。如果对刀不准,将车刀装歪,会使车出的螺纹两牙型半角不相等,产生图 8-32 所示的歪斜牙型(俗称倒牙)。

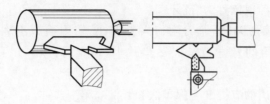

图 8-30　外螺纹车刀的对刀方法

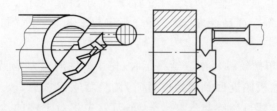

图 8-31　内螺纹车刀的对刀方法

外螺纹车刀伸出刀架的长度不宜过长,一般为刀柄厚度的 1.5 倍,即 25～30mm。内螺纹车刀伸出刀架的长度大于内螺纹长度 10～20mm,装夹好的内螺纹车刀应手动在螺纹底孔内试走一次,检查刀柄是否与底孔相碰,如图 8-33 所示。

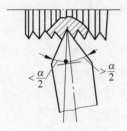

图 8-32　装刀歪斜造成倒牙

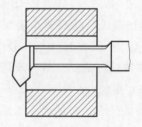

图 8-33　检查刀柄是否与底孔相撞

8.8.4　螺距或导程的调整

为了保证工件每回转一周,车刀沿轴向移动一个螺距 P 或导程 P_h,必须使车床丝杠的转速 $n_{丝}$ 与工件的转速 $n_{工}$ 之比值等于工件的螺距 P 或导程 $P_{h工}$ 与丝杠螺距 $P_{丝}$ 或导程 $P_{h丝}$ 的比值,即 $\dfrac{n_{丝}}{n_{工}} = \dfrac{P_{工}}{P_{丝}}\left(或 \dfrac{P_{h工}}{P_{h丝}}\right)$。

调整时,应根据螺距或导程的大小,查看车床进给箱上的铭牌,确定交换齿轮箱内交换齿轮的齿数,并按此要求挂好各齿轮,然后调整进给箱上各个手柄到规定位置。螺纹正式车削前应先试进给检查螺距或导程是否正确。

8.8.5　螺纹车削方法

螺纹的车削方法有高速和低速两种。低速车削时,使用高速钢螺纹车刀。高速车削时,使用硬质合金车刀。

螺纹车削需要经过多次进刀和重复进给才能完成。螺距越大,进刀次数越多。每次进给时,必须保证车刀刀尖对准已车出的螺旋槽,否则已车出的牙型就可能被切去而使螺纹损坏、工件报废,这种现象称为"乱牙"。

粗车螺纹第一、第二刀时,车刀刚切入工件,总切削面积不大,可以选择较大的背吃刀量,以后每次进给的背吃刀量应逐步减小,精车时更小,以获得较好的螺纹表面质量。

螺纹的车削常采用的有提开合螺母法和开倒顺车法两种。

(1) 提开合螺母法车螺纹　每次进给终了时,横向退刀,同时提起开合螺母,然后手动将溜板箱返回起始位置,调整好背吃刀量后,压下开合螺母再次进给车削螺纹,如此重复循环使总背吃刀量等于牙型深度,螺纹符合规定要求为止。车削过程中,每次提、压开合螺母应果断、有力。

(2) 开倒顺车法车螺纹　每次进给终了时,先快速横向退刀,随后开反车使工件和丝杠都反转,丝杠驱动溜板箱返回到起始位置时,调整背吃刀量后,改为正车重复进给。这种方法车削螺纹,开合螺母始终与丝杠啮合,车刀刀尖相对工件的运动轨迹不变,即使丝杠螺距不是工件螺距的整数倍,也不会产生乱牙现象。但车刀回程时间较长,生产率低,且丝杠容易磨损。

8.8.6　车削螺纹的进刀方法

(1) 直进法(见图 8-34(a)):①车削时只用中滑板横向进给。②低速车削螺距较小($P<2.5\mathrm{mm}$)的螺纹。③高速车削螺纹。

(2) 斜进法(见图 8-34(b)):①在每次往复行程后,除中滑板横向进给外,小滑板只向一个方向作微量进给。②低速车削螺距较大($P>2.5\mathrm{mm}$)的螺纹。

(3) 左右切削法(见图 8-34(c)):①除中滑板作横向进给外,同时用小滑板将车刀向左或向右作微量进给。②低速车削螺距较大($P>2.5\mathrm{mm}$)的螺纹。

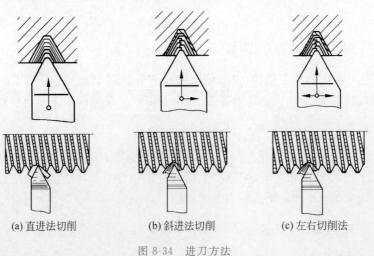

(a) 直进法切削　　　　(b) 斜进法切削　　　　(c) 左右切削法

图 8-34　进刀方法

目 标 检 测

一、填空题

1. 在车削过程中，_____切削力变化小，切削过程平稳，这样有利于_____和_____，提高生产率。

2. 车刀结构_____，制造_____，便于根据加工要求对刀具材料、几何角度进行合理选择，刀刃磨及装拆也_____。

3. 切削运动按其作用可以分为_____和_____两类。

4. 切削用量要素包括_____、_____和_____三个。

5. 车孔的关键技术是解决好内孔车刀_____和_____问题。

6. 工件上的各种形状的槽叫作沟槽，有_____和_____之分。

7. 车槽刀的主切削刃必须和工件轴心线平行，否则车成的沟槽底一侧直径_____而另一侧的直径小而_____成形。

8. 为制造及使用方便，常用工具、刀具上的圆锥的几何参数都已标准化，这种圆锥称为_____，常用的有_____和_____。

9. 螺纹的种类很多，常用的有三角形螺纹_____、_____螺纹、_____和_____。

10. 常用的螺纹车刀从材料上讲有_____和_____，还可分为外螺纹车刀和_____。

11. 车削外圆柱面的常用车刀有_____、_____、_____。

12. 车削圆锥面的三种方法分别是_____，_____，_____。其中_____不能加工内圆锥面。手动进给车削长度较小、锥角较大的完整内外圆锥面的方法是_____，可以车削长度较大圆锥面的方法是_____。

二、选择题

1. 车削适合于加工各种（　　）表面。
   A. 水平面　　　　　　B. 垂直面　　　　　C. 内外回转　　　　D. 非回转

2. 车削加工的精度范围一般在（　　）之间。
   A. IT1～IT5　　　　　　　　　　　B. IT10～IT15
   C. IT6～IT13　　　　　　　　　　　D. IT10～IT20

3. 外圆车刀安装必须保证刀尖与工件旋转中心对齐，下列说法中属于刀尖旋转中心对不齐而引起的是（　　）。
   A. 刀具实际前角变小　　　　　　　B. 副偏角变化
   C. 车削端面时留下凸台　　　　　　D. 主偏角变化

4. 车刀安装时，伸出部分长度应当满足的要求是（　　）。
   A. 小于刀柄厚度的三分之一　　　　B. 刀柄厚度的1～2倍
   C. 刀柄厚度的1～1.5倍　　　　　　D. 不超过刀柄长度的2/3

5. 粗加工的主要目的是去除金属余量,故车刀应当选取(　　)。

　　A. 较大的后角　　　　　　　　　　B. 较小的后角

　　C. 较小的主偏角　　　　　　　　　D. 较大的主偏角

6. 确定和测量车刀的角度需要 3 个假定的辅助平面(　　)。

　　A. 切削平面　　　　B. 后面　　　　C. 基面

　　D. 前面　　　　　　E. 正交平面

7. 绞刀是一种用来进行孔加工的刀具,它属于孔的(　　)刀具。

　　A. 粗加工　　　　B. 半精加工　　　　C. 精加工　　　　D. 超精细加工

8. 圆锥工件的检测量具不包括(　　)。

　　A. 万能角度尺　　　B. 圆锥套规　　　C. 外圆锥尺　　　D. 涂色法

9. 常用的成形车刀是(　　)。

　　A. 高速钢成形车刀　　　　　　　　B. 整体式成形车刀

　　C. 焊接式成形车刀　　　　　　　　D. 圆形成形车刀

三、判断题

1. 精加工的后角一般比粗加工的后角稍微大一些。　　　　　　　　　(　　)

2. 车刀装夹高于工件轴线时,会使刀具前角增大,后角减小。　　　　(　　)

3. 加工表面上残留面积越大,高度越高,则工件表面粗糙度值越小。　(　　)

4. 加工圆锥时,若圆锥半角小于等于 $60°$ 时可以用经验公式 $C \approx 28.7°$ 计算。(　　)

5. 用圆锥套规检测圆锥时,既可用涂色法检测,也可以直接检测。　　(　　)

6. 车刀装夹高于工件轴线时,会使刀具前角增大,后角减小。　　　　(　　)

7. 两顶尖装夹适用于装夹重型轴类工件。　　　　　　　　　　　　　(　　)

8. 麻花钻可以在实心材料上加工内孔,不能用来扩孔。　　　　　　　(　　)

思　考　题

　　老一辈人调侃说"站死个车工,累死个钳工,歇死个电工"。结合当今机械行业的发展,你是如何理解"劳动光荣,技能宝贵,创造伟大"的劳动观及思想内涵的?

单元 9

刨　削

了解刨削的概念、特点和加工范围等知识，了解在刨床上加工工件的方法，掌握刨削的两个运动和常见的刨削方法。

了解刨削加工的实际工作过程。

了解刨削的概念、使用的刀具和加工方法。掌握刨削的主运动和进给运动。理解刨削的工艺特点。

9.1　概　　述

9.1.1　刨削的定义

在刨床上用刨刀切削工件的加工方法称为刨削。常用的刨削设备有牛头刨床、龙门刨床和插床等。牛头刨床因其滑枕和刀架形似"牛头"而得名。

刨削的主运动是刨刀或工件的直线往复运动，进给运动是工件或刀具沿垂直于主运动方向所做的间歇运动。刨刀切下切屑的行程，称为工作行程或切削行程；反向退回的行程，称为回程或返回行程。

刨刀所处的两个极限位置之间的距离称为行程长度。为了能加工出工件上的整个表面,刨刀的行程长度应大于工件加工表面的刨削长度,超过工件刨削长度的距离称为越程。

图 9-1 所示为在牛头刨床和龙门刨床上刨削平面时的切削运动。

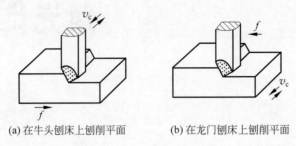

(a) 在牛头刨床上刨削平面   (b) 在龙门刨床上刨削平面

图 9-1　刨削运动

9.1.2　刨削的工作范围

刨削是平面加工的主要方法之一。刨削主要用于加工平面(水平面、垂直面、台阶面、斜面)、沟槽(直槽、T 形槽、V 形槽、燕尾槽)及一些成形面,如图 9-2 所示。

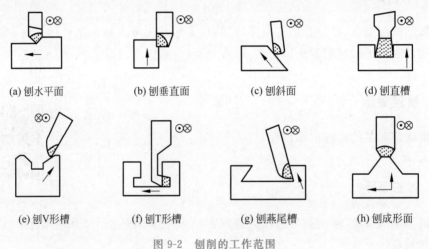

(a) 刨水平面   (b) 刨垂直面   (c) 刨斜面   (d) 刨直槽

(e) 刨V形槽   (f) 刨T形槽   (g) 刨燕尾槽   (h) 刨成形面

图 9-2　刨削的工作范围

9.1.3　刨刀

1. 刨刀的种类及用途

刨刀的种类很多,按其用途不同可分为平面刨刀、偏刀、角度刀、切刀、样板刀、弯切刀等,如图 9-3 所示。图 9-3(a)所示平面刨刀用于加工水平面;图 9-3(b)所示偏刀用于加工垂直面或斜面;图 9-3(c)所示角度刀用于加工一定角度的表面,如燕尾槽;图 9-3(d)所示切刀加工沟槽或切断;图 9-3(e)所示样板刀加工成形面;图 9-3(f)所示弯切刀用于刨削 T 形槽等。

刨刀特点如下。

(1) 刨刀属单刃刀具,其几何形状与车刀大致相同。

(2) 由于刨削为断续切削,在每次切入工件时,刨刀受较大的冲击力,所以刨刀的截

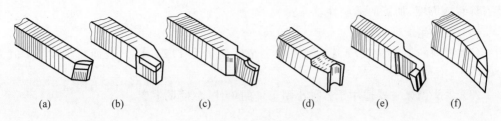

图 9-3　常用刨刀

面积一般比较大。

2. 刨刀的装夹

刨刀的装夹要点：①位置要正；②刀头伸出长度应尽可能短；③夹紧必须牢固。

9.1.4　工件的装夹

1. 平口钳装夹

较小的工件可用固定在工作台上的平口钳装夹,如图 9-4 所示。平口钳在工作台上的位置应正确,必要时应用百分表校正。装夹工件时应注意工件高出钳口或伸出钳口两端不宜过多,以保证夹紧可靠。

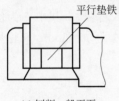
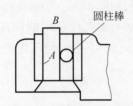
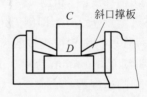

(a) 刨削一般平面　　(b) 工件A、B面间有垂直度要求时　　(c) 工件C、D面间有平行度要求时

图 9-4　工件用平口钳装夹

2. 压板装夹

较大的工件可直接置放于工作台上,用压板、螺栓、挡块等直接装夹,如图 9-5 所示。

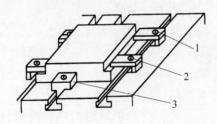

图 9-5　工件用压板装夹

1—压板；2—螺栓；3—挡块

9.1.5　刨削的工艺特点

(1) 刨削在空行程时作间歇进给运动,刨削过程中无进给运动,刀具切削角不变。

(2) 刨削生产成本较低。刨床简单,调整和操作方便;单刃刨刀制造刃磨简单;工件及刀具装夹方便,加工的适应性较强。

(3) 刨削生产率较低。

(4) 刨削的加工精度较低。刨削加工精度通常为 IT7～IT9,表面粗糙度 Ra 值为 1.6～12.5μm。

(5) 牛头刨床主要适用于各种小型工件的单件、小批量生产。

9.2 常见刨削方法

9.2.1 刨削水平面

刨削水平面的进给运动由工作台(工件)横向移动完成,背吃刀量由刀架控制。

刨削水平面的步骤与要点如下。

(1) 选择与安装刨刀。刨刀一般采用两侧刀刃对称的尖头刀,以便双向进给,减少刀具的磨损和节省辅助时间。

(2) 选择夹具安装工件。

(3) 选择切削用量。

① 切削深度 a_p,粗刨 2～3mm,精刨 0.15～0.3mm。

② 进给量 $f=k/3$,即刨刀每往复一次工件移动的距离(mm/行程)。其中 k 为刨刀每往复行程一次棘轮被拨过的齿数,如 B665 牛头刨床进给丝杠螺距 $p=6$mm,棘轮齿数 $z=18$,粗刨 0.3～3mm,精刨 0.1～0.3mm。

③ 刨削速度为

$$v = \frac{2LN}{1\,000}$$

式中,L——刨刀往复行程长度,mm。

N——滑枕每分钟往复行程数,粗刨 0.2～0.6mm,精刨 0.3～0.2mm。

(4) 选择切削用量的原则。

① 粗加工时常选较大的 a_p 和 f,选较小的 v。

② 精加工时,选择较小的 v 和较小的 a_p 和 f。

③ 硬质合金刀时,v 可高些。

④ 加工钢件时,v 可高些。

⑤ 选定 v 后,可根据速度铭牌,调节 L 与 N。

(5) 调整机床。操作要点是将工作台调到适当高度后,再销紧螺栓;调整滑枕行程 L=工件长＋(20～40)mm;调好滑枕起始位置后,用锁紧手柄销紧;调整工作台机动进给量,调整棘轮罩开口位置,以改变棘爪每次拨动棘轮的齿数(1～10 齿),即 $f=0.33～3.3$mm;调整切削深度(a_p),轻微松动锁紧螺杆,摇动刀架手柄,调好后锁紧;调整滑枕往复次数(次/min),调整变速手柄至准确位置。

(6) 刨削操作要点。

① 手动进给试切 0.5～1mm 宽,停车测量高度。

② 工件水平退回到初始位置,摇动刀架手柄,垂直进刀调 a_p。

③ 机动横向进给,最后停车检测尺寸,合格后方可卸下工件。

9.2.2 刨削垂直面

刨削垂直面示意图如图 9-6 所示,摇动刀架手柄使刀架滑板做手动垂直进给,背吃刀量通过工作台的横向移动控制。其操作要点如下。

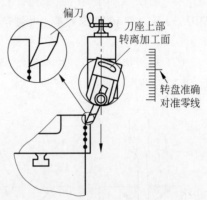

图 9-6 刨削垂直面

(1)用刀夹装夹划针找正,保证待加工面与工作台面垂直,并与切削方向平行。

(2)使刀架转盘对准零线,以保证刀沿垂直方向进给。

(3)使刀座上端偏离工件以便回程抬刀时,能使刀离开已加工面。

(4)安装左偏刀,刀杆伸出的长度应便于加工整个垂直面。

(5)摇动横向进给调整切削深度 a_p。

(6)提起棘爪,固紧工作台。

(7)垂直进给只能用手转动刀架手柄。

为保证加工平面的垂直度,加工前应将刀架转盘刻度对准零线,位置精度要求较高时,在刨削时应按需要进行微调纠正偏差。为防止刨削时刀架碰撞工件,应将刀座偏转适当的角度,如图 9-7 所示。

9.2.3 刨削斜面

刨削倾斜平面有两种方法:一是倾斜装夹工件,使工件被加工斜面处于水平位置,用刨水平面的方法加工;二是将刀架转盘旋转所需角度,摇动刀架手柄使刀架滑板(刀具)作手动倾斜进给,如图 9-8 所示。刨削内斜面与刨削外斜面基本相同。

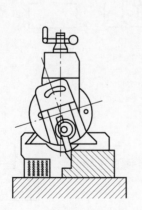

图 9-7 刨垂直平面时偏转刀座

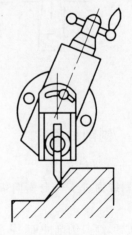

图 9-8 刨削斜面

9.2.4　刨削沟槽

（1）刨削直槽时，如果沟槽宽度不大，可以采用宽度与槽宽相当的直槽刨刀直接刨到所需宽度，旋转刀架手柄实现垂直进给；如果沟槽宽度较大，则可横向移动工作台，分几次刨削达到所需槽宽。

（2）刨削 V 形槽时，应根据工件的划线校正，先用直槽刀刨出底部直槽，然后换装偏刀，倾斜刀架和偏转刀座，用刨削斜面的方法分别刨出 V 形槽的两侧面，如图 9-9 所示。

（3）刨削燕尾槽的方法与刨削 V 形槽相似，采用左、右偏刀按划线分别刨削燕尾槽斜面，其加工顺序如图 9-10 所示。

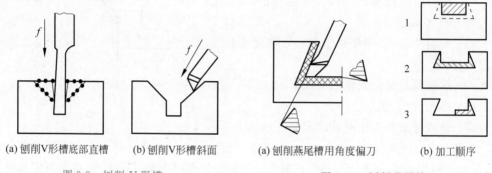

(a) 刨削V形槽底部直槽　　(b) 刨削V形槽斜面　　　(a) 刨削燕尾槽用角度偏刀　　(b) 加工顺序

图 9-9　刨削 V 形槽　　　　　　　　　图 9-10　刨削燕尾槽

（4）刨削 T 形槽需用直槽刀、左右弯切刀和倒角刀，按划线依次刨削直槽、两侧横槽和倒角，如图 9-11 所示。

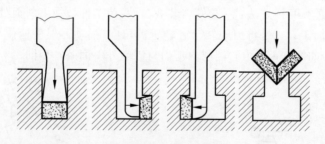

图 9-11　刨削 T 形槽

9.2.5　刨削曲面

刨削曲面有两种方法。

（1）按划线通过工作台横向进给和手动刀架垂直进给刨出曲面。

（2）用成形刨刀刨削曲面，如图 9-12 所示。

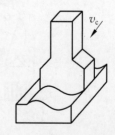

图 9-12　用成形刨刀刨削曲面

目 标 检 测

一、选择题

1. 牛头刨床与龙门刨床运动的共同点是主运动与进给运动方向必须（　　　）。

　　A. 垂直　　　　　　　B. 平行　　　　　　　C. 斜交

2. 牛头刨床工件进给量大小的调整，是通过改变（　　　）实现的。

　　A. 滑枕行程长短　　　B. 曲柄转角大小　　　C. 棘轮齿数多少

3. 牛头刨床刀架上抬刀板的作用是（　　　）。

　　A. 安装刨刀方便

　　B. 便于刀架旋转

　　C. 减少刨刀回程时与工件的摩擦

4. 粗刨时，为降低工件表面粗糙度值 Ra，应（　　　）。

　　A. 降低切削速度

　　B. 减小 a_p

　　C. 选用带有过渡刃的刀具（刀尖呈圆弧）

5. 刨垂直面时，刀盒应偏转（　　　）。

　　A. $10° \sim 15°$　　　　B. $15° \sim 30°$　　　　C. 使刨刀刀刃与垂直面平行

6. 牛头刨床滑枕往复运动速度为（　　　）。

　　A. 快进慢回　　　　　B. 慢进快回　　　　　C. 前进和退回两者相等

7. 刨削加工结束后，刨刀位置应为（　　　）。

　　A. 停在工作台右侧靠近床身

　　B. 工作台中部

　　C. 工作台左侧

二、判断题

1. 牛头刨床上所使用的刨刀，做成直头的比做成弯头的好。　　　　　　　　（　　　）

2. 由于刨削加工是单刃断续切削，冲击比较厉害，通常刨刀刀杆断面尺寸比车刀刀杆断面尺寸大一些。　　　　　　　　　　　　　　　　　　　　　　　　（　　　）

3. 牛头刨床只能加工平面，而不能加工曲面。　　　　　　　　　　　　　　（　　　）

4. 牛头刨床和龙门刨床在加工时运动方式是相同的。　　　　　　　　　　　（　　　）

5. 刨削加工中，刀具上控制排屑方向的角度是刨刀的前角。　　　　　　　　（　　　）

6. 为了保证工件加工表面粗糙度，刨刀的切削刃在刃磨后应用油石仔细研磨。

　　　　　　　　　　　　　　　　　　　　　　　　　　　　　　　　　　（　　　）

7. 牛头刨床的主运动是断续的，进给运动是连续的。　　　　　　　　　　　（　　　）

8. 刨削加工长方形零件时，沿长边方向切削和沿短边方向切削所需时间相同。

　　　　　　　　　　　　　　　　　　　　　　　　　　　　　　　　　　（　　　）

9. 牛头刨床滑枕冲程的长度是通过改变摇杆上滑块的偏心位置来实现的。　（　　　）

思 考 题

　　牛头刨床用于刨削各种平面和成型面,适于单件和小批量生产,其生产效率较低。试运用机械原理的相关知识,思考如何缩短空回行程时间,思考能否进行结构化的改造以提高生产效率?

单元 10

插 削

目标描述

认识插床、插刀、插削工艺特点和常见的插削方法。

技能目标

能根据插削内容选择合适的插削方法。

知识目标

了解常见的插削内容。

10.1　概　述

10.1.1　插床

在插床上,用插刀对工件作垂直相对直线往复运动的切削加工方法称为插削。

1. 插床的主要部件

插床的外形如图 10-1 所示。

插床的结构与牛头刨床相似,可视为立式刨床。插床的主要部件有床身、下滑座、上滑座、圆工作台、滑枕、立柱、变速箱和分度机构等。

2. 插床的运动

插床的主运动是滑枕(插刀)的垂直直线往复运动。进给运动是上滑座和下滑座的水平纵向和横向移动,以及圆工作台的水平回转运动。

插床运动示意图如图 10-2 所示。

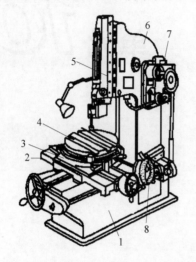

图 10-1 插床

1—床身；2—下滑座；3—上滑座；4—圆工作台；

5—滑枕；6—立柱；7—变速箱；8—分度机构

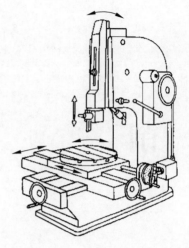

图 10-2 插床运动示意图

10.1.2 插刀

插刀属于单刃刀具，与刨刀相比，插刀的前面与后面位置对调，为了避免刀杆与工件已加工表面碰撞，其主切削刃偏离刀杆正面。插刀的几何角度一般是：前角 $\gamma_0 = 0° \sim 12°$，后角 $\alpha_0 = 4° \sim 8°$。常用的尖刃插刀主要用于粗插或插多边形孔，平刃插刀主要用于精插或插直角沟槽。插刀如图 10-3 所示。

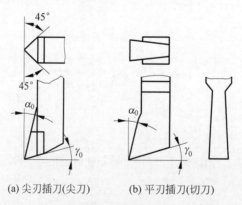

(a) 尖刃插刀(尖刀)   (b) 平刃插刀(切刀)

图 10-3 插刀

10.1.3 插削的工艺特点

（1）插床与插刀的结构简单，生产准备时间短，与刨削一样，插削时也存在冲击和空行程损失，因此，主要用于单件、小批量生产。

（2）除键槽、方形孔以外，插削还可以加工圆柱齿轮、凸轮等。对于不通孔或有碍台肩的内孔键槽，插削几乎是唯一的加工方法。

（3）插削工作行程受刀杆刚性限制，槽长尺寸不宜过大。

（4）刀架没有抬刀机构，工作台没有让刀机构，因此插刀在回程时与工件相摩擦，工作条件较差。

（5）插削的效率不高，故在批量生产中常用铣削或拉削代替插削。

（6）插削的经济加工精度为 IT7～IT9，表面粗糙度 Ra 值为 $1.6\sim6.3\mu m$。

10.2 常见插削方法

10.2.1 插削的主要内容

插削在铅垂方向进行切削，以加工工件内表面上的平面、沟槽为主。

在插床上可以插削孔内键槽、方孔、多边形孔和花键孔等，如图 10-4 所示。

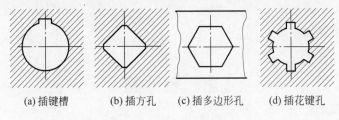

(a) 插键槽　　(b) 插方孔　　(c) 插多边形孔　　(d) 插花键孔

图 10-4　插削的主要内容

10.2.2 常见插削内容

1. 插键槽

如图 10-5 所示，装夹工件并按划线校正工件位置，然后根据工件孔的长度（键槽长度）和孔口位置，手动调整滑枕和插刀的行程长度和起点至终点位置，防止插刀在工作中冲撞工作台而造成事故。键槽插削一般应分粗插及精插，以保证键槽的尺寸精度和键槽对工件轴线的对称度要求。

2. 插方孔

插小方孔时，可用整体方头插刀来进行插削，如图 10-6 所示。当插较大的方孔时，用单边插削的方法，按划线找正法先粗插（每边留余量为 0.2～0.5mm），然后用 90°角度刀头插去四个内角处未插去的部分。粗插时应注意测量方孔边缘到基准的尺寸，以保证尺寸精度和对称度要求。插削按第一边、第三边（对边）、第二边、第四边的顺序进行。

3. 插花键孔

插花键的方法与插键槽大致相同。不同的是花键各键槽除了应保证两侧面对轴平面的对称度外，还需要保证在孔的圆周上均匀分布，因此，插削时常用分度盘进行分度。

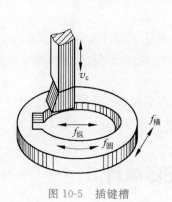

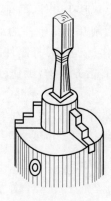

图 10-5 插键槽   图 10-6 插方孔

目 标 检 测

1. 插床的主运动是_____,进给运动是_____。
2. 插削的主要内容是_____、_____、_____等。

思 考 题

插削在插床上进行,其与刨床的切削方式基本相同。请对比分析插削和刨削的异同点。

单元 11

拉 削

目标描述

认识拉床、拉刀和常见的拉削方法。

技能目标

能根据不同的拉削内容选择合适的拉削方法。

知识目标

了解常见的拉削内容。

11.1 概 述

11.1.1 拉床

在拉床上用拉刀加工工件的工艺过程称为拉削加工。拉削加工是一种只有主运动而没有专门的进给运动的加工方式。拉削时,拉刀与工件之间的相对运动是主运动,一般为直线运动。

常用的拉床按加工表面可分为内表面拉床和外表面拉床,按结构和布局形式可分为卧式拉床、立式拉床和连续式拉床等。

1. 卧式内拉床

图 11-1 所示为卧式内拉床的外形。在床身的内部有水平安装的液压缸,通过活塞杆带动拉刀作水平移动,实现拉削的主运动。拉削时,工件可直接以某端面紧靠在支承座的

端面上定位(或用夹具装夹),护送夹头及滚柱用以支承拉刀。开始拉削前,护送夹头和滚柱向左移动,使拉刀通过工件预制孔,并将拉刀左侧柄部插入活塞杆前端的拉刀头内。拉削时滚柱下降不起作用。

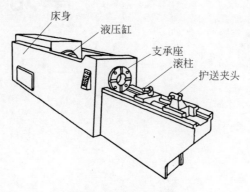

图 11-1　卧式内拉床

2. 立式拉床

立式拉床根据用途分为立式内拉床和立式外拉床两类。图 11-2 所示为立式内拉床外形。这种拉床可以用拉刀或推刀加工工件的内表面。用拉刀加工时,工件以端面紧靠在工作台的上表面上,拉刀由滑座上的上支架支承,自上向下插入工件的预制孔及工作台的孔中,将其下端刀柄夹持在滑座的下支架上,滑座由液压缸驱动向下移动进行拉削加工。用推刀加工时,工件也是装在工作台的上表面上,推刀支承在上支架上,自上向下进行加工。

图 11-3 所示为立式外拉床的外形。滑块可沿床身的垂直导轨移动,滑块上固定有拉刀,工件装夹在工作台上的夹具中。滑块垂直向下移动完成工件外表面的拉削加工。工作台可作横向移动,以调整背吃刀量,并用于刀具空行程时退出工件。

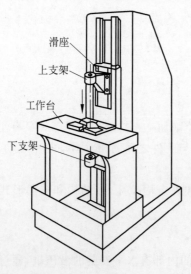

图 11-2　立式内拉床

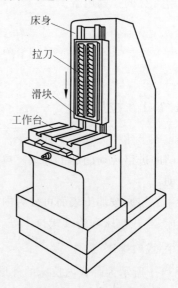

图 11-3　立式外拉床

3. 连续式拉床（链条式拉床）

连续式拉床是一种连续工作的外拉床，其工作原理如图 11-4 所示。链条被链轮带动按拉削速度移动，链条上装有多个夹具。工件在位置 A 被装夹在夹具中，经过固定在上方的拉刀时进行拉削加工，此时夹具沿床身上的导轨滑动，夹具移至 B 处即自动松开，工件落入成品收集箱内。这种拉床由于连续进行加工，因而生产率较高，常用于大批量生产中加工小型工件的外表面，如汽车、拖拉机连杆的连接平面及半圆凹面等的加工。

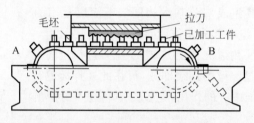

图 11-4　连续式拉床工作原理

11.1.2　拉刀

拉刀是一种高精度的多齿刀具，拉刀从头部向尾部方向刀齿高度逐齿递增，拉削过程中，通过拉刀与工件之间的相对运动，分别逐层从工件孔壁上切除金属，如图 11-5 所示。拉刀加工的工件质量好，生产效率高。拉床结构简单，拉刀使用寿命长，但拉刀机构复杂，制造比较麻烦，价格较高，一般是专用刀具，因而多用于大量和批量生产的精加工。

1. 拉刀的类型

（1）按照加工表面的不同，拉刀可分为内拉刀和外拉刀。内拉刀主要用来加工圆形、方形、多边形、花键槽、键槽等通孔，外拉刀主要用来加工平面、燕尾槽、燕尾头等外表面。各种类型拉刀的形状如图 11-6 所示。

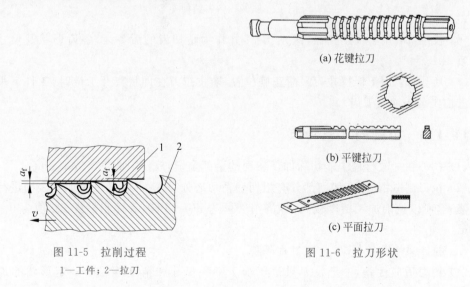

(a) 花键拉刀

(b) 平键拉刀

(c) 平面拉刀

图 11-5　拉削过程

1—工件；2—拉刀

图 11-6　拉刀形状

（2）按照结构的不同，可分为整体式拉刀和装配式拉刀，后者多为大型拉刀。

拉刀是在拉伸状态下工作的，切削时刀具承受拉力。实际生产中还常采用一种推刀式刀具，它是在压缩状态下工作的，推刀形状如图 11-7 所示。它的工作部分与拉刀相似，但齿数少，长度短，制造比较容易。主要用于精绞孔或校准热处理后（硬度小于 45HRC）变形的孔。

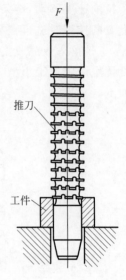

图 11-7　推刀及其工作原理图

2. 拉刀的结构

拉刀种类较多，但其组成部分基本相同。下面以常用的圆孔拉刀为例说明其各组成部分及作用，如图 11-8 所示。

（1）柄部：拉床夹头用以夹持拉刀，带动拉刀进行拉削。

（2）颈部：前柄与过渡锥的连接部分，可在此处打标记。

（3）过渡锥：起对准中心的作用，使拉刀顺利进入工件预制孔中。

（4）前导部：起导向和定心作用，防止拉刀歪斜，并可检查拉削前的孔径尺寸是否过小，以免拉刀第一个切削齿载荷太重而损坏。

（5）切削部：承担全部余量的切除工作，由粗切齿、过渡齿和精切齿组成。

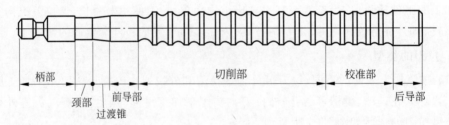

图 11-8　圆孔拉刀结构

（6）校准部：用于校正孔径，修光孔壁，并作为精切齿的后备齿，各齿形状及尺寸完全一致。

（7）后导部：用于保持拉刀最后正确位置，防止拉刀在即将离开工件时，工件下垂而损坏已加工的表面或刀齿。

11.1.3　拉削的工艺特点

（1）拉刀在一次行程中能切除加工表面的全部余量，故拉削的生产效率较高。

（2）拉刀制造精度高，切削部分有粗切和精切之分，校准部分又可对加工表面进行校正和修光，所以拉削加工精度较高，经济精度可达 IT7～IT9，表面粗糙度 Ra 值为 $0.4～1.6\mu m$。

（3）拉床采用液压传动，拉削过程平稳。

（4）拉刀适应性差，一把拉刀只适于加工某种尺寸和精度等级的一定形状的加工表面,且不能加工台阶孔、盲孔和特大直径的孔。由于拉削力很大,拉削薄壁孔时容易变形。

(5) 拉刀结构复杂,制造费用高,适用于大批量生产中。

11.2 常见拉削方法

11.2.1 拉削的主要内容

拉削可以加工各种形状的直通孔、平面及成形表面等,特别适用于成形表面的加工。图 11-9 所示为适于拉削的典型表面形状。

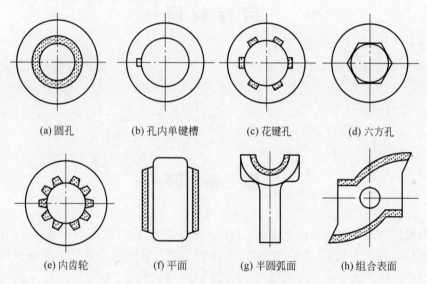

| (a) 圆孔 | (b) 孔内单键槽 | (c) 花键孔 | (d) 六方孔 |
| (e) 内齿轮 | (f) 平面 | (g) 半圆弧面 | (h) 组合表面 |

图 11-9 拉削的典型表面形状

11.2.2 常见拉削内容

1. 拉各种孔

拉削孔时,工件一般不需夹紧,以工件的端面支承。因此,预加工孔的轴线与端面之间应有一定的垂直度要求。如果垂直度误差较大,则可将工件端面贴紧在一个球面垫圈上,利用球面自动定位。拉削加工的孔径通常为 10~100mm,孔的长度与孔径之比不宜超过 3mm。预留孔不需要正确加工,钻削或粗镗后即可进行拉削,如图 11-10 所示。

2. 外表面拉削

外表面的拉削一般为非对称拉削,拉削力偏离拉力和工件轴线,因此,除对拉力采用导向板等限位措施外,还须将工件夹紧,以免拉削时工件位置发生偏离,如图 11-11 所示。

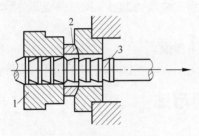

图 11-10　圆孔的拉削
1—工件；2—球面垫圈；3—拉刀

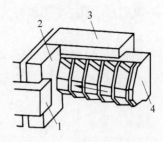

图 11-11　拉削 V 形槽
1—压紧元件；2—工件；3—导向板；4—拉刀

目 标 检 测

1. 常用的拉床按照加工表面可分为_____和_____，按照结构和布局形式可分为_____、_____和_____等。

2. 常用的圆孔拉刀有_____、_____、_____、_____、_____、_____和_____几个组成部分。

思 考 题

拉削可以加工各种形状的直通孔、平面及成形表面等，特别适用于成形表面的加工。对于用于切削加工的拉刀，其结构复杂，制造费用高。请结合合理使用设备和提高性价比，综合分析，拉削加工适用哪些场合？

单元 **12**

钻　削

 **目标描述**

掌握钻孔、扩孔、铰孔的基本知识。

 **技能目标**

根据实际使用条件,选择合适的装夹方法装夹工件。能正确安全地操作台式钻床。

 **知识目标**

了解钻床的结构、分类及用途。

12.1　概　述

12.1.1　钻削的定义

　　钻孔是用钻头在实体材料上加工出孔的工艺过程,是孔加工的一种基本方法。钻孔有两种方式,常见的是钻头旋转,如在钻床上钻孔;另一种是工件旋转,如在车床上钻孔。钻床是孔加工的主要机床,在钻床上主要用钻头进行钻孔。

　　在钻床上加工时,工件不动,刀具作旋转主运动,同时沿轴向移动作进给运动。钻床适用于加工外形较复杂、没有对称回转轴线的工件上的孔,尤其是多孔加工,除钻孔外,在钻床上还可完成扩孔、铰孔、锪平面以及攻螺纹等工作。

12.1.2　钻床

　　主要用钻头在工件上加工孔的机床称为钻床。通常以钻头的回转运动为主运动,钻头的轴向移动为进给运动。

钻床的主要类型有台式钻床、立式钻床、摇臂钻床等。

1. 台式钻床

台式钻床通常简称为台钻,最大钻孔直径一般在 16mm 以下,最小可以加工 0.1mm 左右的微孔。主要用于电器、仪表工业及一般机器制造业的钳工、装配和修配作业中,用于单件、小批量生产。

图 12-1 所示为生产中常用的一种台钻,它由主轴箱、立柱、工作台和底座等部件组成,其结构比较简单。立柱一般是圆柱形的,主轴箱固定在立柱的顶端,工作台可沿立柱上下移动和绕立柱转动,工件可以安装在工作台或底座上。有些台钻特别是小型台钻没有工作台,工件直接安装在底座上。台式钻床由于加工的孔直径较小,主轴转速较高,通常由交流异步电动机经塔轮用带传动,以保证主轴运转平稳。主轴的进给运动在大多数台钻上是手动的,只有某些规格较大的台钻才采用机动进给。

2. 立式钻床

立式钻床的主轴以垂直位置安放,主轴的位置是固定的,加工时需移动工件使钻头轴线与被加工孔中心线重合,因此,只适用于加工中小型工件,用于单件、小批量生产。

图 12-2 所示为立式钻床的外形,由主轴变速箱、进给箱、立柱、工作台和底座等组成。进给箱 2 中装有主变速箱和进给变速机构、主轴部件以及操纵机构等,可使主轴 3 获得所需的转速和进给量。加工时,变速箱固定不动,而安装在进给箱内的主轴部件随同主轴套筒与进给箱一起,沿立柱作直线移动来实现进给运动。工作台和主轴箱都装在方形立柱 6 的垂直导轨上,可上下调整位置,以适应加工不同高度的工件。

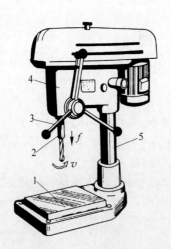

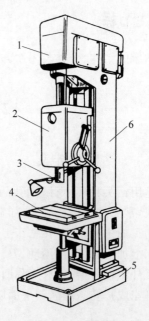

图 12-1　台式钻床

1—工作台；2—主轴；3—进给操纵手柄；

4—主轴箱；5—立柱

图 12-2　立式钻床

1—主轴变速箱；2—进给箱；3—主轴；

4—工作台；5—底座；6—立柱

　　主轴3在加工时,进给操纵机构可实现主轴的手动快速进给、手动进给或接通、断开机动进给。

　　立式钻床除了上述品种外,还有很多变形品种,如排式多轴立式钻床、可调式立式钻床、转塔式立式钻床、坐标(十字工作台)立式钻床等。

3. 摇臂钻床

　　摇臂钻床是一种摇臂可绕立柱回转和升降,主轴箱又可在摇臂上作水平移动的钻床。图12-3所示为摇臂钻床外形图。工件固定在底座1的工作台上,主轴8的旋转和轴向进给运动是由电动机通过主轴箱7来实现的。主轴箱可在摇臂3的导轨上移动,摇臂借助电动机5及丝杠4的传动,可沿立柱2作上、下移动。立柱2由内立柱和外立柱组成,外立柱可绕内立柱在±180°范围内回转。因此,主轴很容易被调整到所需的加工位置上,这就为在单件、小批生产中,加工大而重的工件上的孔带来了很大的方便。

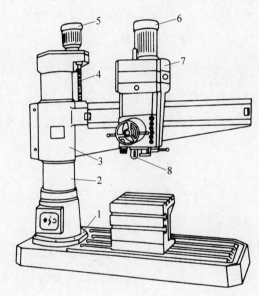

图 12-3　摇臂钻床

1—底座；2—立柱；3—摇臂；4—丝杠；5,6—电动机；7—主轴箱；8—主轴

12.1.3　钻削的工艺特点及应用

1. 钻削的工艺特点

　　(1)钻削加工时,钻头是在半封闭的状态下进行切削的,钻头转速高,切削量大,排屑困难。

　　(2)摩擦严重,产生热量多,但散热困难。

　　(3)转速高,切削温度高,致使钻头磨损严重。

　　(4)挤压严重,所需切削力大,容易产生孔壁的冷作硬化。

　　(5)钻削刀具细而长,加工时容易产生弯曲和振动。

　　(6)一般钻削精度低,尺寸精度为IT12~IT13,表面粗糙度 Ra 值为 $6.3 \sim 12.5 \mu m$。

2. 钻削加工的工艺范围

钻削加工的工艺范围较广,采用不同的刀具,可以钻中心孔、钻孔、扩孔、铰孔、攻螺纹、钻埋头孔、锪孔和锪平面等,如图 12-4 所示。在钻床上钻孔精度低,但也可通过钻孔—扩孔—铰孔加工出精度要求很高的孔,获得 IT6~IT8,表面粗糙度 Ra 值为 0.4~1.6 μm 的孔,还可以利用夹具加工有位置要求的孔系。

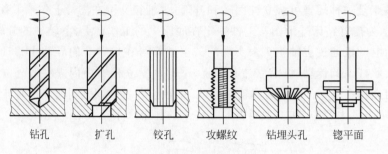

| 钻孔 | 扩孔 | 铰孔 | 攻螺纹 | 钻埋头孔 | 锪平面 |

图 12-4 钻削工艺范围

3. 钻削的应用

在各类机器零件上经常需要进行钻孔,因此,钻削的应用很广泛。钻孔主要用于粗加工,例如,加工精度和粗糙度要求不高的螺钉孔、油孔和螺纹底孔等,或作为较高精度孔的预加工工序。

12.2 钻 孔

12.2.1 钻孔的刀具

常用的钻孔刀具有麻花钻、中心钻、深孔钻等,其中,麻花钻是钻孔最常用的刀具,用麻花钻钻孔的尺寸精度为 IT11~IT13,表面粗糙度 Ra 值为 12.5~50 μm,属于粗加工。钻孔主要用于质量要求不高的孔的终加工,如螺栓孔、油孔等,也可作为质量要求较高孔的预加工。麻花钻的结构,各组成部分名称及功能如下。

1. 麻花钻的组成

如图 12-5 所示,麻花钻由工作部分、刀柄和颈部组成。

(1) 工作部分又分为切削部分和导向部分,分别担负切削和引导的工作。

(2) 刀柄是钻头的夹持部分,钻孔时用于传递扭矩。麻花钻的柄部有直柄和锥柄两种。直柄主要用于直径小于 12mm 的小麻花钻,利用钻夹头装在主轴上。锥柄用于直径较大的麻花钻,能直接插入主轴锥孔或通过锥套插入主轴锥孔中,锥柄钻头的扁尾用于传递扭矩,并可通过它方便地拆卸钻头。

(3) 麻花钻的颈部凹槽是磨削钻头柄部时的砂轮越程槽,槽底通常刻有钻头的规格及厂标。

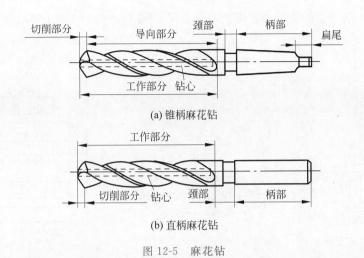

(a) 锥柄麻花钻

(b) 直柄麻花钻

图 12-5　麻花钻

2. 麻花钻切削部分的组成

麻花钻切削部分可看成是由两把镗刀组成。它有两个前面、两个后面、两个副后面、两个主切削刃、两个副切削刃和一个横刃,如图 12-6 所示。

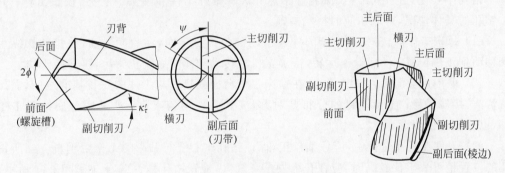

图 12-6　麻花钻切削部分的组成

12.2.2　钻头的装夹

直柄钻头需要用带锥柄的钻夹头夹紧,再将钻夹头的锥柄插入钻床主轴的锥孔中。如果钻夹头的锥柄不够大,可套上过渡用钻套后再插入主轴锥孔中。

若锥柄钻头的锥柄规格与钻床主轴锥孔规格相符,可将钻头锥柄直接插入锥孔中,如不相符时可加用钻套。钻套的外形如图 12-7 所示。

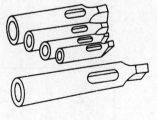

图 12-7　钻套

12.2.3　工件的装夹

孔径较小的小型工件一般采用平口钳装夹钻孔;当孔径较大,钻削时转矩较大,为保证装夹的可靠和操作安全,工件应使用压板、V 形架、螺栓等装夹。

图 12-8 所示为工件使用压板夹紧的示意图。图 12-9 所示为圆柱形工件用 V 形架定位,并用压板压紧的示意图。图 12-10 所示为工件用专用夹具(钻模)装夹的示意图。

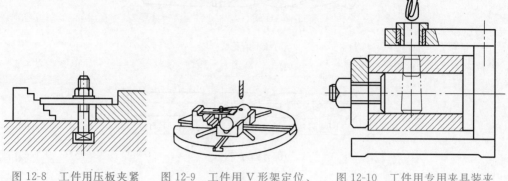

图 12-8 工件用压板夹紧　　图 12-9 工件用 V 形架定位、　　图 12-10 工件用专用夹具装夹
　　　　　　　　　　　　　　　　　　压板夹紧

12.2.4 钻孔操作的一般要求

钻孔中要注意使用、维护、保养好钻床;认真做好工件和钻头的装夹、校正工作;并按钻孔的具体情况,采取相应的技术措施。

(1)每班工作前,首先把钻床的外表滑动部位擦拭干净,注入润滑油,并将各操纵手柄移动到正确位置;然后低速运转,待确定机械传动和润滑系统正常后,再开始工作。

(2)采用正确的工件安装方案,在钻床工作台面或垫铁与工件的安装基准之间,需保持清洁,接触平稳;压紧螺钉的分布要对称,夹紧力要均匀牢靠;严禁用金属体敲击工件,以防止工件变形。

(3)工件在装夹过程中,应仔细校正,保证钻孔中心线与钻床的工作台垂直。当所钻孔的位置精度要求比较高时,应在孔缘划参考线,以检查钻孔是否偏斜,如图 12-11 所示。对刀时要从不同的方向观察,钻头横刃是否对正冲眼。钻孔前,首先锪出一个浅窝,观察浅窝的边缘离参考线是否等距,即浅窝与参考线同心,确定无误之后,再正式钻孔。如果浅窝与参考线不同心,就应按图 12-12 所示用油槽錾錾槽并用样冲重新确定中心,以借正钻偏的孔。

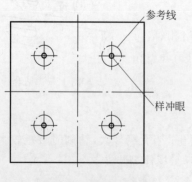

图 12-11 孔缘参考线

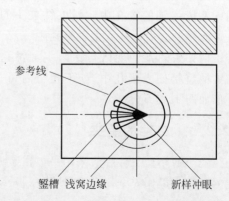

图 12-12 用錾槽和新样冲眼借正钻偏的孔

（4）通常，钻孔直径 $D \leqslant 18\text{mm}$，精度要求不高时，可一次钻出，如孔径大于此值，可分两次钻削，第一次钻头直径为 $(0.5 \sim 0.7)D$。

（5）钻头在装夹前，应将其柄部和钻床主轴锥孔擦拭干净。钻头装好以后，可缓慢转动钻床主轴，检查钻头是否正直，如有摆动时，可调换不同方向装夹，将振摆调整到最小值。直柄钻头的装夹长度一般不小于 15mm。

（6）开始钻孔时，钻头要慢慢地接触工件，不能用钻头撞击工件，以免碰伤钻尖。在工件的未加工表面上钻孔时，开始要用手动进刀，当碰到过硬的质点时，钻头要退让，避免打伤刃口。

（7）钻削过程中，工件随钻头有很大的抵抗力，使钻床的主轴箱或摇臂产生上抬的现象。这样在钻通孔时，待钻头横刃穿透工件以后，工件的抵抗力迅速下降，主轴箱或摇臂通过自重压下来，使进刀量突然增加，导致扎刀，这时钻头很容易被扭断，特别是在钻大孔时，这种现象更严重。因此，当钻孔即将穿透时，最好改用手动进刀。

（8）在摇臂钻床上钻大孔时，立柱和主轴箱一定要锁紧，以减少晃动和摇臂的上抬量，否则钻头容易折断。

（9）需要变换转速时，一定要先停车，以免打伤齿轮或其他部件。转换变速手柄时，应切实放到规定的位置上，如发现手柄失灵或不能移到所需要的位置时，应通过检查调整，不得强行扳动。

（10）在钻床工作台、导轨等滑动表面上，不要乱放物件或撞击，以免影响钻床精度。工作完毕或更换工件时，应及时清理切屑及冷却润滑液。摇臂钻床在使用完以后，要将摇臂降到近下端，将主轴箱移近立柱一端。下班前应在钻床没有涂油漆的部位擦一些机油，以防止锈蚀。

（11）操作者在离开钻床或更换工具、工件，以及突然停电时，都要关闭钻床电源。

12.2.5 钻孔的常见缺陷、产生原因及解决办法

（1）若工件表面粗糙度大，是因钻削条件恶劣，排屑不畅，挤压已加工表面所致。解决方法：可适当减小进给量或采取先钻后扩的工艺步骤。

（2）若钻头折断或抱死，是因工件装夹不稳或排屑不及时。解决办法与前述相同。

（3）若钻孔引偏，是因样冲眼偏位或钻头切削刃不对称，受力不均，产生中心引偏。解决办法是用如图 12-12 所示的方法借正或修磨钻头使切削刃对称。

（4）若孔径增大，主要是钻头两条切削刃磨得不对称或不等长。解决办法是修磨钻头。

12.3 扩 孔

12.3.1 扩孔

扩孔是用麻花钻或扩孔钻在工件上已经钻出、铸出或锻出孔的基础上所做的进一步加工，以扩大孔径，提高孔的加工精度。扩孔可在一定程度上校正原孔轴线的偏斜。

扩孔加工的特点如下。

(1) 切削深度 a_p 较钻孔时大大减小,切削阻力小,切削条件大大改善,可以提高孔的加工精度和降低表面粗糙度。

(2) 由于扩孔钻没有横刃,因此,扩孔时可避免横刃切削所引起的钻偏、孔径增大、孔的圆度超差等不良影响。

(3) 产生切削体积小,排屑容易,不划伤已加工表面。

(4) 扩孔时的进给量为钻孔的 1.5~2 倍,切削速度为钻孔的 1/2。

12.3.2 扩孔的刀具

常用的扩孔刀具有麻花钻、扩孔钻,对工件上已有孔进行扩大加工,如图 12-13 所示。一般工件的扩孔使用麻花钻,对于生产批量较大的孔的半精加工,使用扩孔钻。扩孔钻的结构如图 12-14 所示。

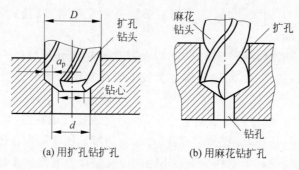

(a) 用扩孔钻扩孔　　　　　(b) 用麻花钻扩孔

图 12-13　扩孔

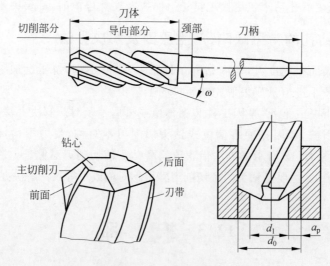

图 12-14　扩孔钻结构

扩孔钻与麻花钻相比有较大不同,其结构特点如下。

(1) 没有横刃,切削刃只做成靠边缘的一段。

（2）因扩孔产生切屑体积小，不需要大容屑槽，从而扩孔钻可以加粗钻心，提高刚度，使切削平稳。

（3）由于容屑槽较小，扩孔钻可以做出较多刀齿，增强导向作用。一般整体式扩孔钻有 3～4 个齿。

（4）因切削深度较小，切削角度可取较大值，使切削省力。

12.3.3　扩孔的工艺特点

扩孔常用作铰孔前的预加工，对于质量要求不高的孔，扩孔也可作孔加工的最终工序。扩孔具有以下工艺特点。

（1）扩孔是孔的半精加工方法。

（2）一般加工精度为 IT9～IT10。

（3）孔的表面粗糙度 Ra 值可控制在 $3.2～6.3\mu m$。

12.4　铰　　孔

12.4.1　铰孔

用铰刀从被加工孔的孔壁上切除微量金属，使孔的精度和表面质量得到提高的加工方法称为铰孔。铰孔是应用较普遍的对中、小直径孔进行精加工的方法之一，它是在扩孔或半精镗孔的基础上进行的。根据铰刀的结构不同，铰孔可以加工圆柱孔、圆锥孔；可以用于手工操作，也可以在机床上进行。铰孔后的精度可达到 IT6～IT9，表面粗糙度达 Ra 值为 $0.4～1.6\mu m$。

铰孔的切削力很小，铰孔时的切削速度一般较低，产生的切削热较少，因此，工件的受力变形和受热变形小，加之低速切削，可避免积屑瘤的不利影响，使铰孔的质量较高。

12.4.2　铰孔的刀具

铰刀种类很多，根据使用方式可分为手用铰刀和机用铰刀；根据用途则有圆柱孔铰刀和圆锥孔铰刀。此外，还可按材料、结构等进行分类，如硬质合金铰刀、镶片铰刀等。

1. 铰刀的种类

（1）手用铰刀

最常用的手用铰刀是整体式，如图 12-15(a)所示，直柄方头，结构简单，用手操作，使用方便。但磨损后尺寸不能调节，故使用寿命短。在修配及单件生产时，铰通孔常采用可调式式手用铰刀，如图 12-15(b)所示。当调节两端螺母使楔形刀片在刀体斜槽内移动时，就可改变铰刀的尺寸。随铰刀直径的不同，其调节范围也不同。手用铰刀常用合金工具钢 9SiCr 制造。

（2）机用铰刀

机用铰刀用于机床上铰孔。随铰刀尺寸的不同，柄部有直柄和锥柄两种，如图 12-16(a)、

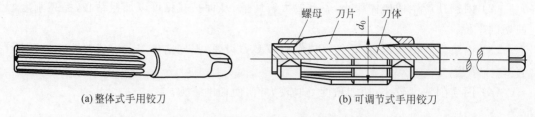

(a) 整体式手用铰刀   (b) 可调节式手用铰刀

图 12-15　手用铰刀

(b)所示。当加工较大尺寸的孔时,为节约刀具材料,铰刀可做成套式的,如图 12-16(c)所示。铰刀上 1:30 的锥孔作定位用,端面键用以传递扭矩。套式铰刀经多次修磨后外径要减小。为延长使用寿命,可做成镶齿式的,如图 12-16(d)所示。机用铰刀一般用高速钢 W18Cr4V 制造,目前硬质合金机用铰刀应用较广泛。

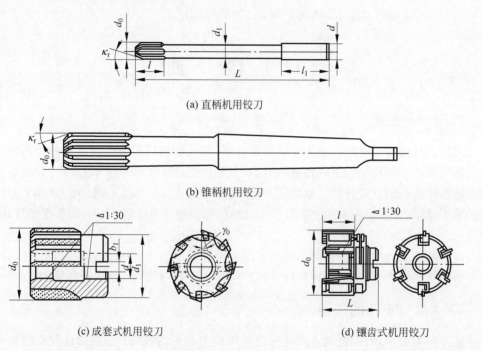

(a) 直柄机用铰刀

(b) 锥柄机用铰刀

(c) 成套式机用铰刀   (d) 镶齿式机用铰刀

图 12-16　机用铰刀

(3) 圆锥孔铰刀

圆锥孔铰刀是铰制圆锥孔用的铰刀。常用的有磨石锥度铰刀和 1:50 锥度的销子孔铰刀。铰圆锥孔时,切削量大,刀齿工作比较沉重,因此常用两把铰刀组成一套,分别承担粗、精加工,如图 12-17 所示。在用手工铰孔时,柄部为直柄方头;当在机床上成批铰孔时,柄部为锥柄。粗加工用的铰刀刀齿上开着按右螺旋分布的梯形分屑槽;精铰刀成直线形刀齿,用于修整孔形。

2. 铰刀的组成部分

铰刀由工作部分、颈部和柄部组成,如图 12-18 所示。

(1) 工作部分:由引导锥、切削部分和校准部分组成。引导锥是在铰刀工作部分最

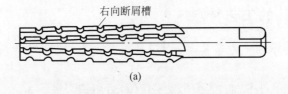

右向断屑槽

(a)

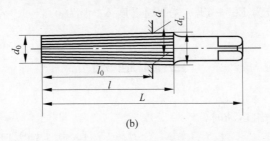

(b)

图 12-17 莫氏锥度铰刀

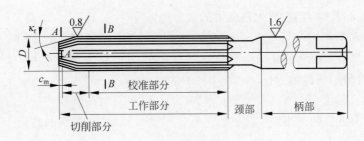

(a) 手用铰刀

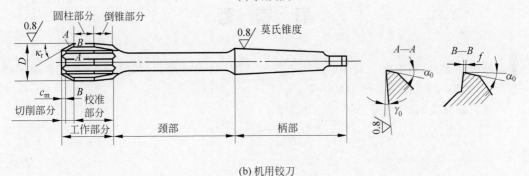

(b) 机用铰刀

图 12-18 圆柱铰刀

前端的 45°倒角部分,便于铰削开始时将铰刀引导入孔中,并起保护切削刃的作用。切削部分是承担主要切削工作的一段锥体。校准部分分为圆柱和倒锥两部分,圆柱部分起导向、校准和修光作用,也是铰刀的备磨部分;倒锥部分起减少摩擦和防止铰刀将孔径扩大的作用。

(2) 颈部:在铰刀制造和刃磨时起空刀作用。

(3) 柄部:铰刀的夹持部分,铰削时用来传递转矩,有直柄和锥柄(莫氏标准锥度)两种。

12.4.3 铰孔的工艺特点

(1) 铰孔是孔的精加工方法之一，用作直径不太大、硬度不太高的工件上孔的最后加工。

(2) 铰孔一般在孔半精加工（扩孔或半精镗）后用铰刀进行。

(3) 经济精度等级为 IT7～IT9，表面粗糙度 Ra 值为 $0.4～1.6\mu m$。

目 标 检 测

1. 钻床上钻孔，进给运动时（　　）。
   A. 钻头旋转　　　　　　　　　B. 钻头轴向运动
   C. 工件的移动　　　　　　　　D. 工件旋转
2. 用钻头钻孔时，产生很大轴向力的主要原因是（　　）。
   A. 横刃的作用　　　　　　　　B. 主切削刃的作用
   C. 切屑的摩擦和挤压　　　　　D. 钻头顶角太大
3. 钻孔时的切削深度为（　　）。
   A. 钻孔深度　　　　　　　　　B. 钻头直径
   C. 钻头直径的一半　　　　　　D. 主切削刃长度

思 考 题

钻削加工时，钻头在半封闭的状态下进行切削，钻头转速高，切削量大，排屑困难，摩擦严重，磨损厉害，常常需要刃磨钻头。

在刃磨钻头时，要注意哪些安全事项？

单元 **13**

镗 削

目标描述

认识镗床、镗刀和常见的镗削方法。

技能目标

理解镗削加工的切削运动,根据不同的镗削要求选择合适的方法进行镗孔。

知识目标

了解镗削的常见方法。

13.1 概 述

用镗刀对已有孔进一步加工的精加工方法称为镗削,常用来加工机座、箱体、支架等外形复杂的大型零件上的直径较大的孔,特别是有位置精度要求较高的孔和孔系。镗削加工灵活性大,适应性强,可以用于不同生产类型、不同精度要求的孔加工。但镗削加工操作技术要求高,同时机床、刀具调整时间也较多,生产率低。要保证工件的尺寸和表面粗糙度,除取决于所用的设备外,更是与工人的技术水平有关。使用镗模可以提高生产效率,但成本增加,一般用于大批量生产。

13.1.1 镗床

镗床适合镗削大、中型工件上已有的孔,特别适合于加工分布在同一或不同表面上、下孔距和位置精度要求较严格的孔系。加工时刀具旋转为主运动,进给运动则根据机床类型和加工条件不同,可由刀具或工件完成。

镗床的种类可分为卧式镗床、坐标镗床和精镗床等。

1. 卧式镗床

卧式镗床由床身、主轴箱、工作台、平旋盘和前、后立柱等组成,如图 13-1 所示。主轴箱安装在前立柱垂直导轨上,可沿导轨上下移动。主轴箱装有主轴部件、平旋盘、主运动和进给运动的变速机构及操纵机构等。卧式镗床的工艺范围广泛,除镗孔外,还可钻孔、扩孔和铰孔,车削内外螺纹、攻螺纹,车外圆柱面和端面以及用端铣刀或圆柱铣刀铣平面等。如再利用特殊附件和夹具,其工艺范围还可扩大。工件在一次安装的情况下,即可完成多个表面的加工,这样对于加工大而重的工件是特别有利的。但由于卧式镗床结构复杂,生产率一般又较低,故在大批量生产中,加工箱体零件时多采用组合机床和专用机床。

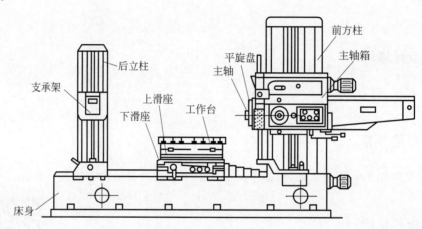

图 13-1　卧式镗床外形

2. 坐标镗床

坐标镗床是一种高精度机床,刚性和抗振性很好,具有工作台、主轴箱等部件的精密坐标测量装置,能实现工件和刀具的精密定位。所以,坐标镗床加工的尺寸精度和形位精度都很高。主要用于单件小批量生产条件下,对夹具的精密孔、孔系和模具零件的加工,也可用于成批生产,对各类箱体、缸体和机体的精密孔系进行加工。

坐标镗床按其结构形式分为单柱(见图 13-2)、双柱(见图 13-3)和卧式(见图 13-4)三种形式。

13.1.2　镗刀

镗刀有多种类型,按镗刀的切削刃数量,分为单刃、双刃和多刃镗刀;按工件的加工表面,分为用于加工内孔、通孔、阶梯孔、盲孔和加工端面的镗刀;按刀具的结构分为整体式、装配式和可调式镗刀。

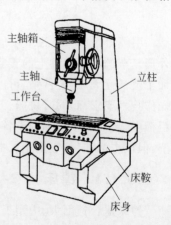

图 13-2　单柱坐标镗床

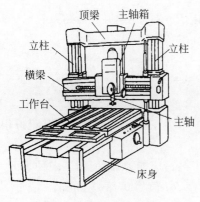

图 13-3 双柱坐标镗床

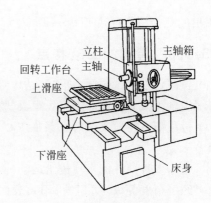

图 13-4 卧式坐标镗床

图 13-5 所示为单刃盲孔镗刀和单刃通孔镗刀。车床上用的单刃镗刀常把镗刀头和刀杆制成一体。镗杆的截面(圆形或方形)尺寸和长度取决于孔的直径和长度,可从有关手册或技术标准中选取。

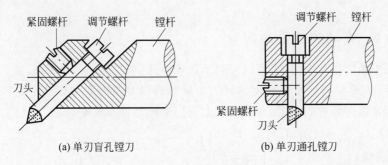

(a) 单刃盲孔镗刀　　(b) 单刃通孔镗刀

图 13-5　单刃镗刀

图 13-6 所示为装配式双刃浮动镗刀,是最常用的一种镗刀,其镗刀块以间隙配合装入镗杆的方孔中,无须夹紧,而是靠切削时作用于两侧切削刃上的切削力来自动平衡定位,因而能自动补偿由于镗刀块安装误差和镗杆径向圆跳动所产生的加工误差。用该镗

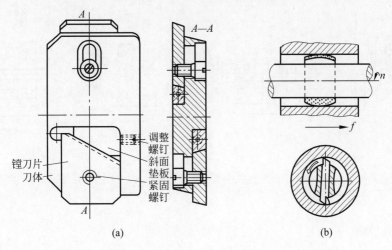

(a)　　　　(b)

图 13-6　装配式双刃浮动镗刀及其使用

刀加工出的孔径精度可达 IT6~IT7,表面粗糙度 Ra 值为 0.4~$1.6\mu m$。

13.1.3 镗削的工艺特点

(1) 镗削特别用于箱体、机架等结构复杂的大型零件上的孔加工。

(2) 镗削可以方便地加工直径很大的孔。

(3) 镗削能方便地实现对孔系加工。用坐标镗床、数控镗床加工可以获得很高的孔距精度。

(4) 镗床多种部件能实现进给运动,因此,工艺适应能力强,能加工多种表面。

(5) 经济精度等级为 IT7~IT11,表面粗糙度 Ra 值为 0.8~$3.2\mu m$。

(6) 生产效率较低。机床和刀具调整复杂,操作技术要求较高,在单件、小批量生产中,不使用镗模,生产效率较低。在大批量生产中则需要使用镗模,以提高生产率。

13.2 常见镗削方法

13.2.1 镗削的主要内容

镗削加工的适用性较强,它可以镗削单孔或多孔组成的孔系,锪平面、铣平面、镗盲孔及镗端面等,如图 13-7 所示。机座、箱体、支架等外形复杂的大型工件上直径较大的孔,特别是有位置精度要求的孔系,常在镗床上利用坐标装置和镗模加工。

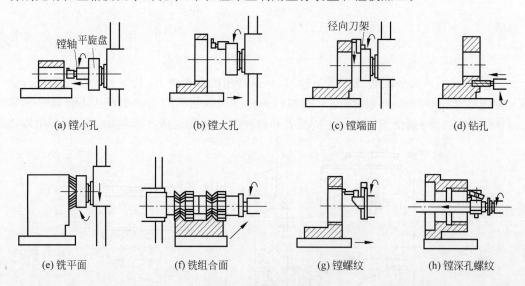

图 13-7 镗削的工艺范围

13.2.2 孔的镗削

1. 单孔镗削

镗削直径不大的单一孔,刀头用镗刀杆夹持,镗刀杆的锥柄插入主轴锥孔并随之回转。镗削时,工作台(工件)固定不动,由镗床主轴实现轴向进给,如图13-7(a)所示。吃刀量大小通过调节刀头从镗杆伸出的长度来控制;粗镗时常采取松开紧定螺钉,轻轻敲击刀头来实现调节;精镗时常采用各种微调装置调节,以保证加工精度。图13-8所示为一种微调式镗刀杆的结构示意图,它可以通过刻度和精密螺纹来进行微调。

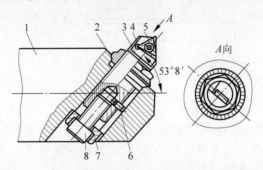

图13-8 微调式镗刀杆

1—镗刀杆;2—调整螺母;3—镗刀头;4—刀片;5—刀片固紧螺钉;

6—止动销;7—垫圈;8—内六角紧固螺钉

镗削深度不大而直径较大的孔时,可使用平旋盘,其上安装刀架与镗刀,由平旋盘回转带动刀架和镗刀回转作主运动,工件由工作台带动作纵向进给运动,如图13-7(b)所示。吃刀量用移动刀架溜板调节。此外,移动刀架滑板作径向进给,还可以加工孔侧端面,如图13-7(c)所示。

2. 孔系的镗削

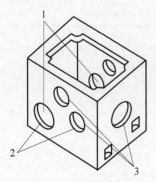

图13-9 箱体上的孔系

1—同轴孔系;2—平行孔系;

3—垂直孔系

孔系是由两个或两个以上在空间具有一定相对位置的孔组成。常见的孔系有同轴孔系、平行孔系和垂直孔系,如图13-9所示。

(1)同轴孔系的镗削

镗削同轴孔系使用长镗刀杆,镗刀杆一端插入主轴锥孔,另一端穿越工件预制加工孔,由尾立柱支承,主轴带动镗刀回转作主运动,工作台带动工件作纵向进给运动,即可镗出直径相同的(两)同轴孔,如图13-10所示。深度大的单一孔也用此方法镗削。若同轴孔系各直径不等,可在镗刀杆轴向相应位置处安装几把镗刀,将同轴孔先后或同时镗出。

(2)平行孔系的镗削

当两平行孔的轴线在同一水平面内,可在镗削完一个孔后,将工作台(工件)横向移动一个孔距,即可进行另外一个孔的镗削。若两平行孔的轴线在同一垂直平面内,则在镗削完一个孔后,将主轴箱沿主立柱垂直移动一个孔距,即可对另一个孔进行镗削,如图13-11所示。若两平行孔轴线既不在同一水平面内,又不在同一垂直平面内,则可在镗削完一个孔后,横向移动工作台,再垂直移动主轴箱,确定另一个孔轴线的位置(工件预镗刀的相对位置)。

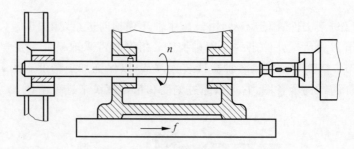

图 13-10　镗削同轴孔系

（3）垂直孔系的镗削

当两孔轴线在同一水平面内相交垂直时，在镗削完第一个孔后，将工作台连同工件一起回转 90°，再按需要横向移动一定距离，即可镗削第二个孔，如图 13-12 所示。若两孔轴线呈空间交错垂直，则在上述调整方法的基础上，再将主轴箱沿主立柱向上（或向下）移动一定距离后，进行第二个孔的镗削。

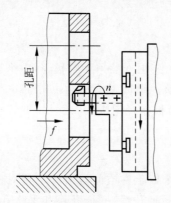

图 13-11　镗削轴线在同一垂直平面内
　　　　　　的平行孔系

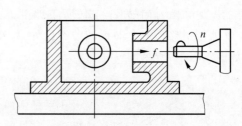

图 13-12　镗削垂直孔系

目 标 检 测

1. 常见的镗床有_____、_____和_____等。
2. 卧式镗床主要由_____、_____、_____、_____和前后立柱等几部分组成。
3. 卧式镗床的工艺范围广泛，主要工作内容有镗孔、_____、_____、_____、_____等。

思 考 题

在镗削加工中，刀具连续切削，易出现磨损和破损现象，降低孔加工的尺寸精度，使表面粗糙度值增大。

在磨削镗刀时，如何在安全的基础上保证镗刀的精度和加工质量？

铣　削

目标描述

认识铣削加工方法、特点和应用范围。

技能目标

铣削常用加工方法的选择,常用加工方法的切削运动以及切削用量的计算。

知识目标

了解铣削的工艺特点和常用加工方法,掌握铣削方式特点和铣削用量。

14.1　概　述

铣削加工是机械加工中广泛应用的切削加工方法之一。铣削是以铣刀的旋转运动为主运动,以工件或铣刀的移动为进给运动的一种切削加工方法。

14.1.1　铣削的加工范围

铣削加工的范围很广,使用不同类型的铣刀,可进行平面、台阶、沟槽和特形面等加工。另外,铣削还可以用于回转体表面和内孔的铰削、镗削以及切断加工。铣削的加工范围如图 14-1 所示。

14.1.2　铣削的加工特点

1. 生产率高

铣刀是多齿刀具,切削刃的作用总长度长,金属切除率大;每个刀齿的切削过程不连

(a) 铣平面　　(b) 铣平面　　(c) 铣台阶面　　(d) 铣平面

(e) 铣沟槽　　(f) 铣沟槽　　(g) 切断　　(h) 铣曲面

(i) 铣键槽　　(j) 铣键槽　　(k) 铣T形槽　　(l) 铣燕尾槽

(m) 铣V形槽　　(n) 铣成形面　　(o) 铣型腔　　(p) 铣螺旋面

图 14-1　铣削加工范围

续,散热条件好;铣削速度较高,因此铣削生产率高。

2. 易振动

铣削时,每个刀齿依次切入和切出工件,形成断续切削并产生冲击,且每个刀齿的切削厚度的变化使切削力不同,所以工件和刀齿受到周期性振动,铣削过程不平稳。

3. 适用范围广

铣削可以加工刨削无法加工或难以加工的表面。铣削既适合于单件小批量生产,也适合于大批量生产。铣削加工后可达中等精度,一般尺寸精度可达 IT7~IT9,表面粗糙度 Ra 值可达 $1.6~6.3\mu m$。

14.1.3　铣削要素

铣削加工时,铣刀的旋转是主运动,铣刀或工件沿坐标方向的直线运动或回转运动是进给运动。铣削的切削用量称为铣削用量,它由铣削速度、进给量、背吃刀量和侧吃刀量四个要素组成。铣削用量的选择会影响到加工精度、表面质量和生产率。

1. 铣削速度 v_c

铣削时切削刃上选定点在主运动中的线速度称为铣削速度。通常选取铣削速度计算公式为切削刃上离铣刀轴线距离最大的点。

$$v_c = \frac{\pi d n}{1\,000}$$

式中,d——铣刀直径,mm。

　　n——铣刀转速,r/min。

2. 进给量 f

铣刀在进给运动方向上相对工件的单位位移量称为进给量。铣削中的进给量根据实际需要,有三种表示方法。

(1) 每转进给量 f(mm/r)。

(2) 每齿进给量 f_z(mm/z)。

(3) 每分钟进给量(即进给速度)v_f(mm/min)。

3. 背吃刀量 a_p

背吃刀量是指在平行于铣刀轴线方向上测得的铣削层尺寸。

4. 侧吃刀量 a_c

侧吃刀量指在垂直于铣刀轴线方向和工件进给方向上测得的铣削层尺寸。

14.1.4　铣削方式

铣削加工平面有圆周铣法和端面铣法两种方法,如图 14-2 所示。采用合适的铣削方式可减小加工过程振动,有利于提高工件表面质量、铣刀耐用度和生产率。

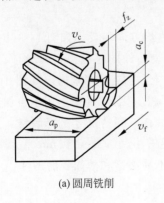

(a) 圆周铣削　　　　　　　　(b) 端面铣削

图 14-2　铣削平面方式

1. 周铣法

用圆柱铣刀的圆周刀齿来铣削工件表面的铣削方法称为周铣法。根据铣削时铣刀的旋转方向和工件移动方向之间的关系,周铣法可分为顺铣和逆铣。

(1) 顺铣:切削部位刀齿的旋转方向和工件的进给方向相同。如图 14-3(a)所示,每齿的切削厚度由最大减小到零,加工表面的质量较高。铣削力使工件压向工作台,能提高刀具的耐用度和工件装夹稳定性。如图 14-4(a)所示,铣刀会带动丝杠向右窜动,造成工作台振动,使进给速度不稳定,严重时使铣刀崩刃。所以,选用顺铣的机床应具有消除丝杠和螺母之间的间隙的装置。精加工时,铣削力小,不易引起工作台窜动,多采用顺铣。

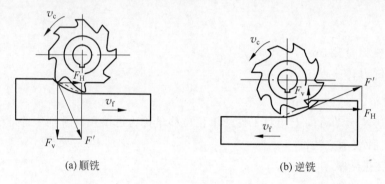

(a) 顺铣　　　　　　　　　　　　　　(b) 逆铣

图 14-3　顺铣与逆铣

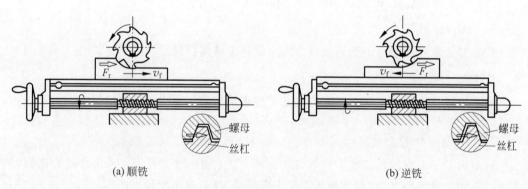

(a) 顺铣　　　　　　　　　　　　　　(b) 逆铣

图 14-4　顺铣与逆铣时丝杠螺母间隙

(2) 逆铣:切削部位刀齿的旋转方向和工件的进给方向相反。如图 14-3(b)所示,每齿切削厚度由零到最大,开始切削时,刀齿挤压工件表面的同时也在表面滑行,刀齿容易磨损,使表面粗糙度值增大。铣削力的垂直分力向上,需较大夹紧力。如图 14-4(b)所示,丝杠和螺母传动面贴紧,工作台不会窜动,铣削平稳。因此,逆铣多用于粗加工。

根据上述分析,采用周铣削时,一般采用逆铣,只有下列情况才选择顺铣:工作台丝杠和螺母有间隙调整机构,并可将轴向间隙调整到足够小(0.03～0.05mm);切削力的水平方向分力小于工作台与导轨之间的摩擦力;铣削不易夹紧和薄而长的工件。

2. 端铣法

用端铣刀的端面刀齿铣削工件表面的铣削方法称为端铣法。端铣的切削过程比周铣平稳,有利于提高加工质量。根据铣刀和工件相对位置的不同,端铣法分为对称铣削法和不对称铣削法两种,如图 14-5 所示。

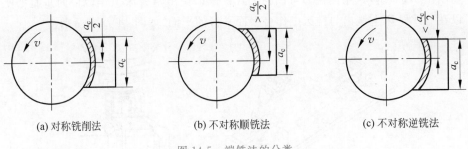

(a) 对称铣削法   (b) 不对称顺铣法   (c) 不对称逆铣法

图 14-5　端铣法的分类

(1) 对称铣削法。面铣刀轴线位于铣削弧长的对称中心位置,顺铣部分和逆铣部分对称,这种铣削法适用于加工淬硬钢件。

(2) 不对称铣削法。面铣刀轴线偏置于铣削弧长对称中心一侧。若顺铣部分大于逆铣部分,称为不对称顺铣,如图 14-5(b)所示。这种铣削法适用于不锈钢等一类中等强度和高塑性材料。若逆铣部分大于顺铣部分,则称为不对称逆铣,如图 14-5(c)所示。这种铣削法适用于加工普通碳钢和高强度低合金钢。

14.2　平面铣削

平面铣削是指用铣削方法加工工件的平面,也就是铣平面,是铣床加工的工作内容之一。加工水平面时,卧式铣床上可用圆柱形铣刀或端铣刀进行铣削,立式铣床上可用端铣刀进行铣削。

14.2.1　圆柱形铣刀铣平面

工件的基准平面与铣床工作台台面贴合,可保证被铣平面与基准平面平行。当被铣平面与基准平面垂直时,则应使该基准平面垂直于工作台台面安装,如图 14-6(a)所示。当被铣平面与基准平面倾斜成一规定要求的角度,则需采用专门夹具使基准平面与下工作台台面倾斜成要求的角度,如图 14-6(b)所示。

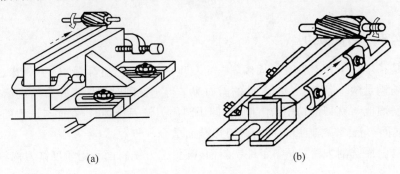

(a)   (b)

图 14-6　圆柱铣刀铣平面

14.2.2　面铣刀铣平面

如图 14-7(a)所示,用面铣刀可以在卧式铣床上铣出与铣床工作台台面垂直的平面,也可以在立式铣床上铣出与铣床工作台台面平行的平面,如图 14-7(b)所示。

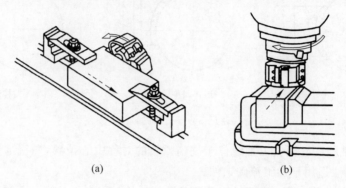

(a)　　　　　　　　　(b)

图 14-7　用面铣刀铣平面

14.2.3　用立铣刀铣平面

在立式铣床上使用立铣刀的圆柱面切削刃铣削,可以铣出与铣床工作台台面垂直的平面,如图 14-8 所示。

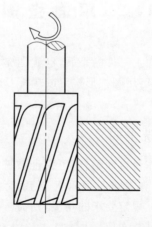

图 14-8　用立铣刀铣平面

14.2.4　斜面铣削

斜面是指工件上相对基准平面倾斜一定角度的平面,铣削斜面,工件、铣床、刀具之间的关系必须满足两个条件:一是工件的斜面应平行于铣削时铣床工作台的进给方向。二是工件的斜面应与铣刀的切削位置吻合,即用圆周刃铣刀铣削时,斜面与铣刀的外圆柱面相切;用端面刃铣刀铣削时,斜面与铣刀刃端面重合。

常用的斜面铣削方法:倾斜工件铣斜面、倾斜铣刀铣斜面和用角度铣刀铣斜面三种。

1. 倾斜工件铣斜面

倾斜工件铣斜面就是将工件倾斜成所需要角度安装进行铣削。单件生产时,如图 14-9(a)所示,用划线校正工件的装夹方法。成批生产时,如图 14-9(b)所示,使用倾斜垫铁;如图 14-9(c)所示,用导向铁等专用夹具装夹工件;如图 14-9(d)所示,使用万能台虎钳;如图 14-9(e)所示,使用分度头等通用夹具装夹工件铣斜面。

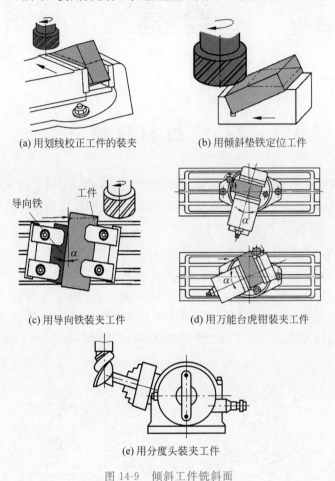

(a) 用划线校正工件的装夹   (b) 用倾斜垫铁定位工件

(c) 用导向铁装夹工件   (d) 用万能台虎钳装夹工件

(e) 用分度头装夹工件

图 14-9 倾斜工件铣斜面

2. 倾斜铣刀铣斜面

倾斜铣刀铣斜面就是将铣刀倾斜所需角度铣削斜面。如图 14-10 所示,在立铣头可偏转的立式铣床、装有万能铣头的卧式铣床、万能工具铣床上均可将面铣刀、立铣刀按要求偏转一定角度进行斜面的铣削。

3. 用角度铣刀铣斜面

如图 14-11 所示为用角度铣刀铣斜面。斜面的倾斜角度由角度铣刀保证。受铣刀切削刃铣削宽度的限制,用角度铣刀铣削斜面只适用于铣削宽度较窄的斜面。

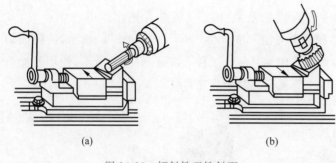

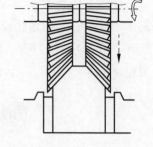

(a)　　　　　　　　(b)

图 14-10　倾斜铣刀铣斜面　　　　　　　图 14-11　用角度铣刀铣斜面

14.3　台阶铣削

台阶是由两个互相垂直的平面构成。这些平面应满足一定的平面度和表面粗糙度要求，而对于有配合要求的平面，还应满足较高的尺寸精度和位置精度要求。

常用的铣削台阶的方法如下。

1. 三面刃铣刀铣台阶

三面刃铣刀的直径和刀齿尺寸大，刀齿强度大，排屑、冷却性能好，生产率高。如图 14-12（a）所示为卧式铣床上用三面刃铣刀铣一侧台阶，图 14-12（b）为两把直径相同的三面刃铣刀组合铣削，这两把铣刀必须规格一致，直径相同，两铣刀内侧切削刃间距离应等于台阶凸台的宽度尺寸。装刀时应将两铣刀在周向错开半个齿，以减小铣削中的振动。

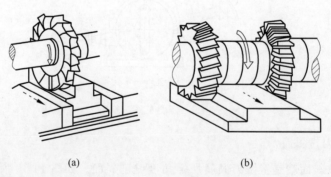

(a)　　　　　　　　(b)

图 14-12　三面刃铣刀铣台阶

2. 面铣刀铣台阶

如图 14-13 所示为面铣刀铣削宽度较大而深度不大的台阶。常使用面铣刀在立式铣床上加工，面铣刀直径大，刀柄刚度好，铣削时切削厚度变化小，铣削平稳，加工表面质量好，生产率高。

3. 立铣刀铣台阶

深度较大的台阶或多级台阶,铣削内台阶,常用立铣刀在立式铣床上加工。如图 14-14 所示,立铣刀的圆周刃主要起切削作用,端面刀刃起修光作用。立铣刀刚度差,悬伸较长,受径向铣削抗力容易产生偏让而影响加工质量,所以铣削时应选用较小的铣削用量。在条件许可情况下,应尽量选用直径较大的立铣刀。

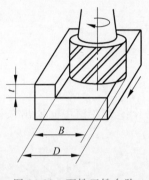

图 14-13 面铣刀铣台阶

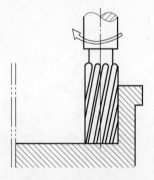

图 14-14 立铣刀铣台阶

14.4 沟槽铣削

铣床可以加工的沟槽种类很多,常见的有直角沟槽、半圆形键槽、V 形槽、燕尾槽等。此外,花键、齿轮、链轮、齿形离合器等加工,其工艺实质也属加工沟槽,只是对刀具选择要求更为严格,以及铣削时须准确分度。下面介绍常见沟槽的铣削。

14.4.1 直槽铣削

直槽可在卧式铣床上用盘形铣刀铣削,如图 14-15 所示,也可以在立式铣床上用立铣刀铣削,如图 14-16 所示。

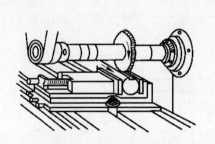

图 14-15 盘形铣刀铣削直槽

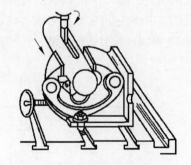

图 14-16 立铣刀铣削直槽

14.4.2 半圆形键槽铣削

铣削半圆形键槽采用与键槽同直径、同厚度的专用铣刀进行,如图 14-17 所示。

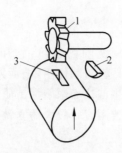

图 14-17　铣削半圆形键槽

1—铣刀；2—半圆键；3—半圆键槽

14.4.3　V 形槽铣削

V 形槽加工方法多样。普通加工方法是先用锯片铣刀在槽中间铣出窄槽，防止损坏刀尖，再用双角铣刀或立铣刀铣削，如图 14-18 所示。

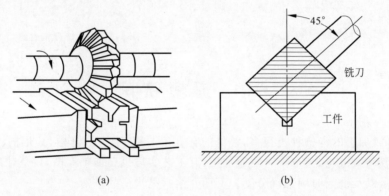

(a)　　　　　　　　　　　　　(b)

图 14-18　铣 V 形槽

14.4.4　T 形槽铣削

铣床、刨床、镗床等机床的工作台面上的几条 T 形槽可用来安放定位键，以便迅速校正机床附件或工件，还可安放压紧螺钉，以便压紧机床附件、夹具或工件。T 形槽的加工分两步进行，先用圆盘铣刀铣削直槽，然后用 T 形铣刀铣削出 T 形槽，再倒角，如图 14-19 所示。

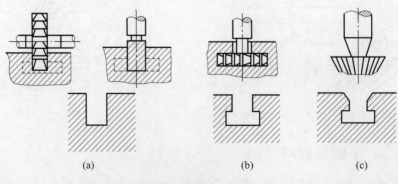

(a)　　　　　　　　　(b)　　　　　　　　(c)

图 14-19　铣削 T 形槽

14.4.5 燕尾槽铣削

燕尾槽多用于移动件的导轨,如铣床顶部横梁导轨、升降台垂直导轨等都是燕尾槽。燕尾槽可以在铣床上加工,其方法是先铣出直槽,再用带柄的角度铣刀铣出燕尾槽,如图 14-20 所示。

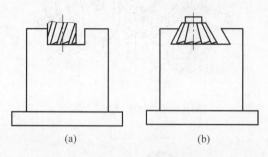

(a)   (b)

图 14-20 铣削燕尾槽

14.5 特形面铣削

某些工件的表面素线是曲线,由这样的曲线形成的表面叫作特形面。

特形面可以在立式铣床上用立铣刀沿划线手动进给进行铣削,也可以利用靠模铣削,还可以利用特形铣刀铣削,如图 14-21 所示。

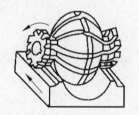

图 14-21 特形铣刀铣削特形面

14.6 分度方法简介

14.6.1 分度头

铣削加工中常遇到铣四方、六方、花键等工件。这时,工件每铣过一个表面(包括沟槽)之后,需要转动一定角度,再铣下一个表面,这种工作叫作分度。分度头主要用来装夹工件,使工件水平、垂直或倾斜一定的角度,等分圆周,作直线移动,铣螺旋线时使工件连续转动。

万能分度头是最为常用的分度头,如图 14-22 所示为万能分度头构造,在它的基座上装有回转体,分度头的主轴可以随回转体在垂直面内转动。主轴的前端常装上三爪卡盘或顶尖。分度时可摇分度手柄,通过蜗轮蜗杆带动分度头主轴旋转进行分度。图 14-23 所示为万能分度头的传动示意图和分度盘。

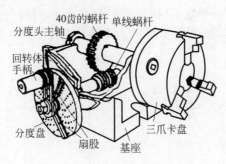

图 14-22　万能分度头构造

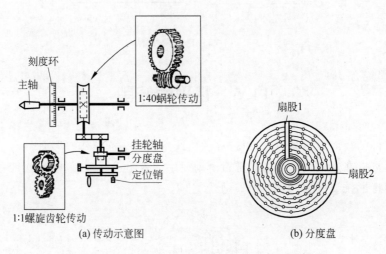

(a) 传动示意图　　　　　　　　(b) 分度盘

图 14-23　万能分度头的传动示意图和分度盘

14.6.2　分度方法

使用分度头进行分度的方法很多,有直接分度法、简单分度法、角度分度法和差动分度法等,这里仅介绍最常用的简单分度法。

分度头中蜗杆和蜗轮的传动比为:

$$i = \frac{蜗杆的头数}{蜗轮的齿数} = \frac{1}{40}$$

也就是说,当手柄通过一对齿轮(传动比为 1：1)带动蜗杆转动一周时,蜗轮只能带动主轴转过 1/40 周。若工件在整个圆周上的分度数目 z 已知,则每分一个等分就要求分度头主轴转 1/z 圈。这时,分度手柄所需转的圈数 n 即可由下列比例关系推得:

$$1 : 40 = \frac{1}{z} : n$$

即

$$n = \frac{40}{z}$$

式中,n——手柄转数。

　　z——工件的等分数。

　　40——分度头定数。

$n=40/z$ 所表示的方法即为简单分度法。例如铣齿数 $z=36$ 的齿轮,每一次分齿时手柄转数为:

$$n = \frac{40}{z} = \frac{40}{36} = 1\frac{1}{9} = 1\frac{6}{54}(圈)$$

　　也就是说,每一次分齿,手柄需转过一整圈再加上 1/9 圈。这 1/9 圈一般通过分度盘来控制,如图 14-23(b)所示。简单分度时,分度盘固定不动。此时将分度手柄上的定位销拔出,调整到孔数为 9 的倍数的孔圈上,即手柄的定位销可插在孔数为 54 的孔圈上。此时手柄转过一周后,再沿孔数为 54 的孔圈转过 6 个孔距。

目 标 检 测

一、填空题

1. 铣削是_____做主运动、_____作进给运动的切削加工方法。

2. 加工平面用的铣刀有_____和_____。

3. 铣削用量是_____、_____、_____和_____的总称。

4. 铣削方式有两种,分别是_____和_____。

5. 用_____铣台阶主要用于深度较大的台阶。

6. 分度头的定数是指_____的传动比,FW250 型万能分度头的定数是_____。

7. 端铣时,根据铣刀和工件之间的相对位置不同分为_____和_____。

8. 今欲铣一个齿数为 30 的花键轴,每铣完一个键槽后,分度手柄应该转过_____。

二、选择题

1. 圆周逆铣时,切削厚度(　　　)。

　　A. 由薄到厚　　　　　　　　　　　　B. 由厚到薄

　　C. 先厚到薄,再由薄到厚　　　　　　D. 不变

2. 顺铣时,如工作台上无消除丝杠螺母机构间隙的装置,将会产生(　　　)。

　　A. 工作台连续旋转　　　　　　　　　B. 工作台窜动

　　C. 工件装夹不牢　　　　　　　　　　D. 铣刀易松动

3. 精加工常用顺铣而不用逆铣的原因是(　　　)。

　　A. 逆铣会使工作台窜动　　　　　　　B. 顺铣刀具散热好

　　C. 顺铣加工质量好　　　　　　　　　D. 逆铣在进给运动方面消耗功率大

4. 用万能分度头简单分度时,手柄转 $10r$,分度头主轴转(　　　)。

　　A. 4　　　　　　　B. 10　　　　　　　C. 1/4　　　　　　　D. 1/10

5. 铣削加工的精度范围一般在(　　　)。

　　A. IT4～IT5　　　　B. IT7～IT9　　　　C. IT6～IT8　　　　D. IT13 以上

思 考 题

　　铣削可以加工刨削无法加工或难以加工的表面。铣削既适合于单件小批量生产,也适合于大批量生产。铣刀常常需要刃磨。

　　请向企业一线的师傅请教,如何在安全操作的基础上刃磨,使铣刀既快又耐用呢?

磨　削

 目标描述

认识磨削常用加工方法、特点和应用范围。

 技能目标

磨削常用加工方法的选择。

 知识目标

了解磨削的工艺特点以及常用加工方法的选择,特别是对平面磨削方法的选择;理解各种磨削常用加工方法的切削运动。

15.1　概　　述

用磨具(如砂轮、砂带、油石和研磨料等)以较高的线速度对表面进行加工的方法称为磨削,磨削原理如图 15-1 所示。由于现代机器上高精度、淬硬零件的数量日益增多,磨削在现代机器制造业中占的比重日益增加。

15.1.1　磨削的加工范围

磨削加工的应用范围很广,可加工内外圆柱面、内外圆锥面、平面、成形面和组合面等,如图 15-2 所示。

磨削主要用于对工件进行精加工,而经过淬火的工件及其他高硬度的特殊材料,几乎

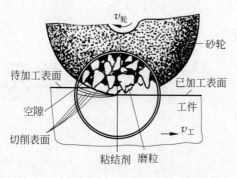

图 15-1 磨削原理

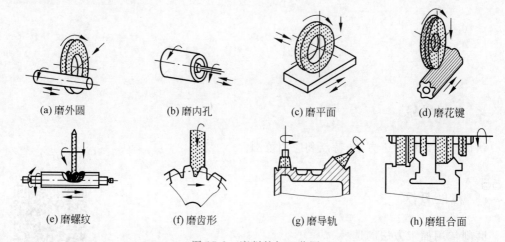

(a) 磨外圆　　　　(b) 磨内孔　　　　(c) 磨平面　　　　(d) 磨花键

(e) 磨螺纹　　　　(f) 磨齿形　　　　(g) 磨导轨　　　　(h) 磨组合面

图 15-2 磨削的加工范围

只能用磨削进行加工。另外,磨削也可用于粗加工,如粗磨工件表面,切除钢锭和铸件上的硬皮表面,清理锻件上的毛边,打磨铸件上的浇口、冒口等。对于余量不大的精密锻造或铸造的毛坯,也可以直接磨削成零件成品。

15.1.2 磨削的加工特点

1. 磨削速度快、温度高

砂轮在磨削时具有极高的圆周速度,一般为 35m/s 左右,高速磨削时可达 60~120m/s。砂轮在磨削时对工件有强烈的挤压和摩擦,磨削区域的温度可高达 1 000℃,因此,为避免工件烧伤和变形,应减小背吃刀量,适当减小砂轮转速及提高工件速度并用大量切削液冷却。

2. 加工精度高

磨削加工广泛用于工件的精加工。磨削切削深度较小,切削力很小,加工精度为 IT5~IT7,表面粗糙度 Ra 值为 $0.2\sim0.8\mu m$。采用高精度磨削方法,表面粗糙度 Ra 值为 $0.006\sim0.1\mu m$。

3. 适应性强

磨削不仅可以加工铜、铝、铸铁等较软的金属材料,还可以磨削硬度很高的淬硬钢、高速钢、硬质合金、玻璃和超硬材料氮化硅等。磨削可以加工各种表面。

4. 砂轮具有自锐性

磨削时,砂轮的磨粒棱角变钝后,因切削力作用会自行破碎或脱落,露出下层锋利的磨粒继续切削,使砂轮保持良好的切削性能。

5. 径向磨削分力大

磨削过程中参加磨削的磨粒多,磨粒又以负前角切削,径向磨削分力很大。一般为切向分力的 1.5～3 倍。

15.1.3　磨削用量

以外圆磨削和平面磨削为例,如图 15-3 所示。

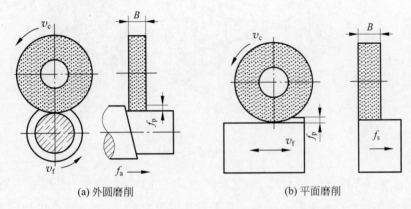

(a) 外圆磨削　　　　　　　　　　　(b) 平面磨削

图 15-3　磨削用量

(1) 磨削速度 v_c。磨削速度是指砂轮外圆的线速度,是磨削加工的主运动。

$$v_c = \frac{\pi D_0 n_0}{1\,000 \times 60}$$

式中,D_0——砂轮直径,mm。

　　　n_0——砂轮转速,r/min。

(2) 工件速度 v_f。在外圆磨削中,工件速度是指工件待加工面的线速度,又叫工件圆周进给速度。在平面磨削中,工件速度是指工作台直线往复的运动速度。

(3) 轴向进给量 f_a。在外圆磨削中,轴向进给量是指工件回转一周,沿本身轴线方向相对于砂轮移动的距离;在平面磨削中,轴向进给量是指砂轮在工作台每一往复行程的时间内,沿本身轴线方向移动的距离。通常

$$f_a = (0.2 \sim 0.8)B$$

式中,B——砂轮宽度,mm。粗磨时取较大值,精磨时取较小值。

(4) 径向进给量 f_p。径向进给量是指工作台每次纵向往复(单)行程以后,砂轮在其径向(卧轴)或轴向(立轴)的移动距离,也就是每一次行程的磨削深度 a_p。

15.2　砂轮的安装、平衡、修整

15.2.1　砂轮

砂轮是磨削加工中使用的刀具,它是用磨粒和粘结剂按一定比例混合,经压坯、干燥、烧结而成的多孔物体,如图 15-4 所示。砂轮由磨料、粘结剂、气孔三部分组成。

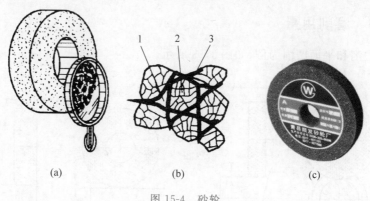

(a)　　　　　　　　(b)　　　　　　　　(c)

图 15-4　砂轮

1—气孔；2—磨料；3—粘结剂

磨料、粒度、粘结剂、硬度、组织、形状和尺寸、强度的不同,砂轮的特性就不同。

磨料是磨具(砂轮)中磨粒的材料。它是砂轮的主要成分,是砂轮产生切削作用的根本要素。粒度表示磨料颗粒尺寸大小的参数,粒度主要根据加工表面的粗糙度要求和加工材料的力学性能选择。

硬度表示砂轮在外力作用下磨料颗粒从砂轮表面脱落的难易程度。磨粒容易脱落的砂轮硬度低,称为软砂轮。磨粒不容易脱落的砂轮硬度高,称为硬砂轮。通常磨削硬度高的材料应选用软砂轮,以保证磨钝的磨粒能及时脱落;磨削硬度低的材料应选用硬砂轮,以充分发挥磨粒的切削作用。

砂轮的强度表示在惯性力作用下,砂轮抵抗破碎的能力。砂轮回转时产生的惯性力与砂轮圆周速度的平方成正比。因此砂轮的强度通常用最高工作速度表示。

正确选用砂轮对磨削加工质量、生产率和经济性有着重要影响。选用砂轮时,其外径在可能的情况下应尽可能选大一些,使砂轮圆周速度提高,以增加工件表面光洁度和提高生产率。砂轮宽度应根据机床的刚度、功率大小来决定。机床刚性好、功率大,可使用宽砂轮。

15.2.2　砂轮的安装

砂轮是一种高速旋转的切削刀具,为了确保工作安全和加工质量,使用前必须严格检查是否有裂纹。检查时,可将砂轮用绳索穿过内孔,吊起悬空,用木棒轻轻敲击其侧面。若声音清脆,说明砂轮无裂纹。若声音破哑,说明砂轮有裂纹。有裂纹的砂轮不允许使用。

安装时,砂轮承受的紧固力必须均匀、适当,否则会引起砂轮的破裂。具体安装方法如图 15-5 所示。大砂轮通过台阶法兰装夹,如图 15-5(a)所示;不太大的砂轮用法兰直接装在主轴上,如图 15-5(b)所示;小砂轮用螺钉紧固在主轴上,如图 15-5(c)所示;更小的砂轮可使用粘结剂粘固在轴上,如图 15-5(d)所示。

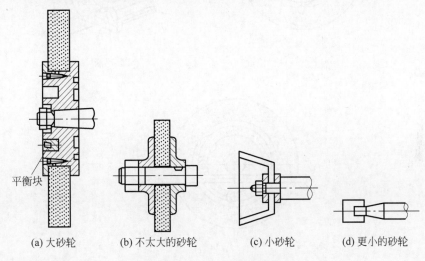

(a) 大砂轮　　　(b) 不太大的砂轮　　　(c) 小砂轮　　　(d) 更小的砂轮

图 15-5　砂轮的安装方法

15.2.3　砂轮的平衡

为了使砂轮平稳地工作,砂轮需要平衡,也就是使较大直径的砂轮的重心与它的回转轴线重合,如图 15-6 所示。砂轮平衡过程是将砂轮装在心轴上,放在平衡架轨道的刃口上,如果不平衡,较重的部分总是转到下面。这时可移动法兰盘端面环槽内的平衡铁进行平衡,再经过平衡检验,如图 15-7 所示。这样反复进行,直到砂轮可以在刃口上任意位置都能静止,这就说明砂轮各部质量均匀。这种方法叫作静平衡。一般直径大于 125mm 的砂轮都应进行静平衡。

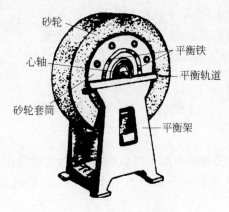

图 15-6　砂轮的静平衡

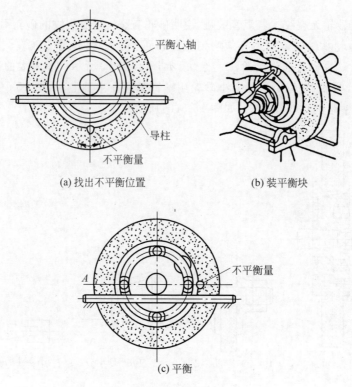

图 15-7 砂轮平衡的方法

15.2.4 砂轮的修整

砂轮工作一定时间后,磨粒变钝,砂轮工作表面空隙被磨屑和碎磨粒堵塞,且因磨粒脱落不均匀,砂轮的外形精度改变,这时应该进行修整,使已磨钝的磨粒脱落,以恢复砂轮的切削能力和外形精度。砂轮常用金刚石进行修整,如图 15-8 所示。修整时要用大量冷却液,以避免金刚石因温度剧升而破裂。

砂轮修整可采用车削法、滚压法或磨削法进行。车削法一般用大颗粒金刚石镶焊在特制的刀柄上制成的金刚石笔"车削"砂轮工作面,修整厚度约为 0.1mm。

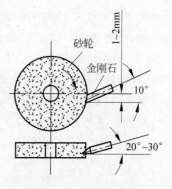

图 15-8 砂轮的修整

15.3 平面磨削

平面磨削一般用于铣削和刨削加工之后的精加工,通常使用平面磨床。对于钢、铸铁等导磁性工件,可直接装夹在有电磁吸盘的工作台上。对于铜、铝等非导磁性工件,则通过精密平口钳等装备装夹。

由于磨削时砂轮工作表面不同,平面磨削有周磨法和端磨法两种方式。

1. 周磨法

周磨法是用砂轮圆周面磨削平面,如图15-9所示。卧式矩台或圆台平面磨床的磨削属圆周磨削,磨削时,砂轮与工件接触面积小,磨削力小,排屑及冷却条件好,工件受热变形量少,可使磨削时易翘曲变形的薄片工件获得较好的加工质量。但砂轮主轴悬臂刚性差,不便于采用较大磨削用量,因此生产率不高。

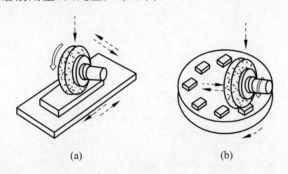

(a)   (b)

图 15-9 周磨法

卧轴矩台平面磨床磨削平面的主要方法如下。

(1)横向磨削法

如图15-10所示,每次工作台纵向行程终了时,砂轮主轴作一次横向进给,待工件表面上第一层金属磨去后,砂轮再按预先磨削深度进行一次垂直进给,以后按上述程序逐层磨削,直至切除全部磨削余量。

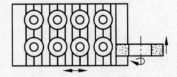

图 15-10 横向磨削法

横向磨削法是最常用的磨削方法,适用于磨削长而宽的平面,也适合磨削按序排列集合的相同小件。

(2)深度磨削法

如图15-11所示,先粗磨,将余量一次磨去,粗磨时的纵向移动速度很慢,横向进给量很大,一般为$(3/4\sim4/5)B$(B为砂轮厚度),然后用横向磨削法精磨。

深度磨削法垂直进给次数少,生产效率高,但磨削抗力大,仅适于在刚性好、动力大的磨床上磨削平面尺寸较大的工件。

(3)阶梯磨削法

如图15-12所示,将砂轮的厚度的前一半修成几个台阶,粗磨余量由这些台阶依次磨除,砂轮厚度的后一半用于精磨。

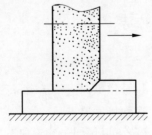

图 15-11 深度磨削法

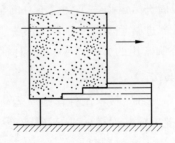

图 15-12 阶梯磨削法

阶梯磨削法生产效率高,但磨削时横向进给量不能过大,以充分发挥砂轮的磨削性能。砂轮修整较麻烦,其应用受到一定限制。

2. 端磨法

端磨法是用砂轮端面磨削平面,如图 15-13 所示。砂轮与工件接触面积大,砂轮主轴的刚性较好,能采用较大的磨削用量,因而磨削效率高。但发热量大,不易排屑和冷却,工件获得的加工质量不如周磨法。

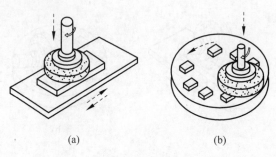

(a)　　　　(b)

图 15-13　端磨法

15.4　外圆磨削

外圆磨削是砂轮利用外圆周磨削工件外回转表面,能加工外圆柱面、圆锥面、端面(台阶部分),甚至是特殊形状的外表面等。图 15-14 所示为两顶尖装夹加工外圆。

图 15-14　外圆磨削

在外圆磨床上磨削外圆,需要下列几种运动。

(1) 主运动。主运动为砂轮的高速旋转。

(2) 圆周进给运动。工件以本身的轴线定位进行旋转。

(3) 纵向进给运动。工件沿着本身的轴线做往复运动。

磨削外圆常用的方法有纵磨法和横磨法两种。

1. 纵磨法

如图 15-15(a)所示,工件作圆周运动的同时随工作台作纵向进给运动,每完成一次往复行程,砂轮完成一次横向进给,继续磨削,直至加工达到尺寸要求。

纵磨法用于磨削长度与直径之比较大的工件。该法可以用同一砂轮加工长度不同的工件,且加工精度高,获得的表面粗糙度小,但生产率较低。

2. 横磨法

如图 15-15(b)所示,工件只做圆周运动,工作台静止,无纵向进给运动,砂轮以较慢的速度向工件进行连续或断续的横向进给运动,直至加工达到尺寸要求。

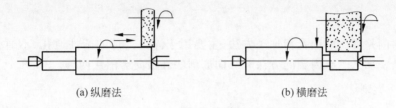

(a) 纵磨法　　　　　　　　　　　(b) 横磨法

图 15-15　磨削外圆方法

横向磨削时,砂轮宽度大于接触长度,接触长度内的磨粒的工作情况相同,均起切削作用,因此生产效率较高,但磨削力和磨削热大,工件容易产生变形,甚至会发生烧伤现象,此外,由于工件无纵向进给运动,砂轮表面轮廓形状会影响工件表面,使加工精度降低,表面粗糙度值增大。横向磨削法只适用于磨削长度较短的外圆表面、磨削有台阶的轴颈和成形磨削等不能用纵向进给的场合。

3. 复合磨削法

采用纵磨法和横磨法的综合磨削方法称为复合磨削法,先采用横磨法分段粗磨外圆,并留精磨余量,再用纵向磨削法精磨到规定的尺寸。

复合磨削法既利用了横向磨削生产率高的特点对工件进行粗磨,又利用了纵向磨削精度高、表面粗糙度值小的特点对工件精磨,适用于磨削余量大、刚度大的工件,但磨削长度不宜太长,通常分若干段进行横向磨削为宜。

4. 深度磨削法

深度磨削法是在一次纵向进给运动中,将工件磨削余量全部切除而达到规定尺寸要求的高效率磨削方法,其磨削方法与纵向磨削法相同,但砂轮需修成阶梯形,如图 15-16所示。磨削时,砂轮各台阶的前端担负主要切削工作,各台阶的后部起精磨、修光作用,前面各台阶完成粗磨,最后一个台阶完成精磨。台阶数量及深度按磨削余量的大小和工件的长度确定。

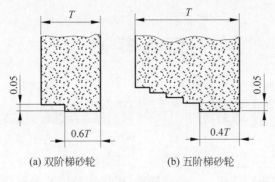

(a) 双阶梯砂轮　　　　　　　　(b) 五阶梯砂轮

图 15-16　深度磨削

深度磨削法适用于磨削余量较大且刚度较大的工件的批量生产,应选用刚度和功率较大的机床,使用较小的纵向进给速度,并注意充分冷却。

15.5　内圆磨削

内圆磨削是常用的内孔精加工方法,主要用于淬火工件的圆柱通孔、不通孔、台阶孔和端面的精密加工。磨内圆的方法有纵向磨削法和横向磨削法两种。

1. 纵向磨削法

如图 15-17 所示,与外圆的纵向磨削法相同,砂轮高速回转做主运动,工件以与砂轮回转方向相反的低速回转完成圆周进给运动,工作台沿被加工孔的轴线方向作往复移动完成工件的纵向进给运动,在每次往复行程终了时,砂轮沿工件径向周期横向进给。

2. 横向磨削法

如图 15-18 所示,磨削时,工件只作圆周进给运动,砂轮的高速回转为主运动,同时砂轮以很慢的速度连续或断续地向工件作横向进给运动,直至孔径磨到规定尺寸。

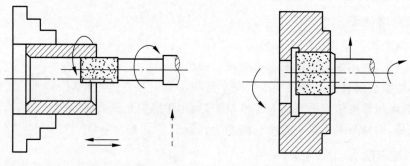

图 15-17　纵向磨削法　　　　　图 15-18　横向磨削法

与外圆磨削相比,内圆磨削的砂轮受到孔径的限制,直径不能过大,并且磨具刚度较差,容易振动,这影响了加工表面的质量和生产率。另外,砂轮容易堵塞、磨钝,磨削时不宜观察,冷却条件差。外圆磨床进行内圆磨削主要用于单件、小批量生产,大批量生产则应该使用内圆磨床。

目 标 检 测

一、填空题

1. 磨削是用＿＿＿＿以较高的＿＿＿＿对工件表面进行加工的方法。普通磨削时,主运动是＿＿＿＿。

2. 砂轮由＿＿＿＿、＿＿＿＿和＿＿＿＿三部分组成。

3. 磨硬度高的材料应选用＿＿＿＿砂轮,以保证磨钝的磨粒能＿＿＿＿;磨硬度低的材料应选用_____的砂轮,以充分发挥磨粒的_____。

4. 在外圆磨床上磨削外圆的方法有_____、_____、_____和_____四种。

5. 平面磨床上磨削平面有_____和_____两种形式。应用较广的卧轴矩台平面磨床的磨削属于_____。

6. 砂轮的强度是指在_____作用下,砂轮抵抗_____的能力。

7. 砂轮安装前应检查是否有_____;砂轮安装后必须进行_____。

二、选择题

1. 砂轮的硬度是指(　　)。

　　A. 砂轮所用磨料的硬度　　　　　　　　B. 砂轮内部结构的疏密程度

　　C. 磨粒从砂轮表面脱落的难易程度　　　D. 粘结剂粘结磨粒的牢固程度

2. 采用圆周磨削平面的平面磨床正确的是(　　)。

　　A. 立轴圆台平面磨床　　　　　　　　　B. 立轴矩台平面磨床

　　C. 卧轴圆台平面磨床　　　　　　　　　D. 以上均不正确

3. 砂轮在磨削中的自锐作用可以(　　)。

　　A. 修正砂轮形状的失真　　　　　　　　B. 使砂轮保持良好的磨削性能

　　C. 免除砂轮的修整　　　　　　　　　　D. 提高零件的表面质量

4. 磨削加工的精度范围一般在(　　)。

　　A. IT3~IT7　　　　　　　　　　　　　B. IT5~IT6

　　C. IT8~IT9　　　　　　　　　　　　　D. IT6~IT7

5. 砂轮的进给运动不包括(　　)。

　　A. 砂轮的轴向移动　　　　　　　　　　B. 砂轮的径向移动

　　C. 工件的回转运动　　　　　　　　　　D. 砂轮的回转运动

思　考　题

砂轮是磨削加工中的重要刀具,它是用磨粒和各种类型的粘结剂按照一定比例混合,砂轮在工作时进行高速旋转,使用一段时间后需要进行修整和平衡。

请联系自己的实习经历,再次熟悉砂轮机操作规程,正确理解"安全重于泰山"的警示。

单元 16

其他特种加工简介

 **目标描述**

认识电火花加工、激光加工、超声波加工的原理及特点。

 **技能目标**

能简述电火花加工、激光加工、超声波加工的原理及特点。

 **知识目标**

了解电火花加工、激光加工、超声波加工的原理及特点。

特种加工是指利用电能、热能、光能、声能、化学能等来进行加工的非传统加工方法。特种加工是相对于传统的切削加工而言,它加工时不使用刀具或磨料,或者虽使用刀具或磨料,但同时利用电能、热能、光能、声能、化学能等去除材料的加工方法。工具的硬度可以低于被加工材料的硬度,加工过程中工具与工件之间不存在显著的机械切削力。特种加工的方法很多,本单元仅介绍目前在生产中应用较多的几种,如电火花加工、激光加工、超声波加工等。

16.1 电火花加工简介

电火花加工是一种利用电、热能量对金属进行加工的方法,具体是利用工具电极和工件电极间瞬时火花放电所产生的高温熔融工件表面材料来实现加工的,又称为放电加工。

16.1.1 电火花加工的原理

如图 16-1 所示,工件 5 与工具电极 3 分别与脉冲电源 2 的两极相连,自动进给调节装置 1 使工件和工具电极保持一定的放电间隙,且该间隙是工件和工具电极都处于具有一定绝缘性能的工作液 4 中。在脉冲电源 2 的作用下,两极间隙处的工作液被击穿,工件与工具电极之间形成瞬时放电通道,产生瞬时高温,使工具电极和工件表面都腐蚀(熔化、气化)掉一小块材料,形成凹坑,一次脉冲放电后,两极间的电压急剧下降接近于零,间隙间的工作液恢复到绝缘状态。这样多次高频率脉冲重复放电,工具电极不断地向工件进给,不断地去除材料,从而达到成形加工的目的。

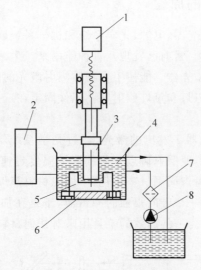

图 16-1 电火花加工原理

1—自动进给调节装置;2—脉冲电源;3—工具电极;4—工作液;

5—工件;6—工作台;7—过滤器;8—工作液泵

16.1.2 电火花加工的特点

(1) 整个加工过程,工具电极和工件不直接接触,无明显的切削力作用,所以便于加工刚性较差的薄壁、窄缝和小孔、弯孔、深孔、曲线孔及各种复杂型腔。

(2) 可用较软的电极材料加工高硬度的导电材料。

(3) 加工时不受热影响。脉冲能量间歇地以极短的时间作用在材料上,且工作液是流动的,散热条件好。

(4) 利用电、热能加工,便于实现加工过程的自动控制。

(5) 只能加工金属等导电材料。

(6) 加工速度慢。

(7) 需要制造精度高的电极,而且电极在加工中有一定的损耗,影响加工精度。

电火花加工的应用比较广泛,种类也很多,按加工过程中工具电极和工件相对运动的方式和用途不同,大致可分为电火花穿孔和型腔加工、电火花线切割、电火花镗削和磨削、电火花表面强化与刻字、电火花同步回转加工等。其中电火花穿孔和型腔加工、电火花线切割应用最广泛。

16.2　激光加工简介

激光是一种通过受激辐射而得到的加强光,与普通光源相比,激光具有高方向性、高亮度、高单色性和相干性好的特点。

16.2.1　激光加工的原理

激光加工设备通常由激光器、电源、光学系统和机械系统四部分组成。激光器中能辐射激光的物质叫作工作物质。目前已发现几百种能用来产生激光的材料,如红宝石、钕玻璃等,并制成了各种各样的激光器。能使工作物质辐射激光的能源叫作激励能源(或激发能源)。常用的激励能源有氙灯和氪灯照射等。工件固定在三坐标精密工作台上,由数控系统控制和驱动。

如图 16-2 所示,由激光器 1 发出的激光,经过光学系统聚焦后,照射到工件 5 表面上,光能被吸收,转化为热能,使照射斑点处局部区域温度迅速升高,材料被熔化、气化而形成小坑。由于热扩散,使斑点周围材料熔化,小坑内材料蒸气迅速膨胀,产生微型爆炸,使熔融物高速喷射出并产生一个方向很强的冲击波,于是在加工表面打出一个上大下小的孔。激光的聚焦点可以作为一种有效的工具用来对任何材料进行切削加工。

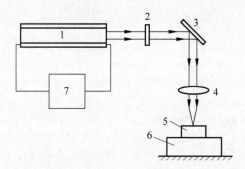

图 16-2　激光加工原理图
1—激光器；2—光阑；3—反射镜；4—聚焦镜；5—工件；6—工作台；7—控制器

16.2.2　激光加工的特点

激光加工可以加工小到几微米的孔,还可以切割和焊接各种硬脆和难熔金属,具有加工速度快、效率高、表面变形小等特点,因而得到了广泛应用。

(1) 加工精度高。激光可聚焦形成微米级光斑,可以加工深而小的微孔和窄缝,常用于精密加工。

(2) 加工范围广。可加工陶瓷、玻璃、金刚石、硬质合金等各种金属和非金属材料,特别是难加工材料。

（3）加工适应性好。可通过惰性气体、空气或透明介质对工件进行加工。

（4）没有工具损耗。激光加工不需要加工工具，是非接触加工，工件不受明显的切削力，热变形小，可对刚性差的薄壁零件进行加工。

（5）能源消耗少。没有加工污染，在节能、环保等方面有较大优势。

（6）可控性好，易于实现自动化加工。

（7）维修性好。激光加工装置小巧简单，维修方便。

激光加工主要应用是激光打孔、激光焊接、激光切割、激光表面热处理等。激光加工既是一门新技术，也是一种极有发展前途的新工艺，随着我国工业和科学技术的发展，它将获得更为广泛的应用。

16.3　超声波加工简介

超声波加工是利用超声频振动的工具端面冲击工作液中的悬浮磨料，由磨料对工件表面撞击抛磨来实现对工件加工的方法。

16.3.1　超声波加工原理

超声发生器将工频交流电能转变为有一定功率输出的超声高频电振荡，通过换能器将此超声高频电振荡转变为机械振动，且借助振幅扩大棒放大工具的振幅。如图 16-3 所示，加工时工具以一定的力压在工件上，由于工具的超声振动，使悬浮磨粒以很大的速度、加速度和超声频撞击工件，工件表面受击处产生破碎、裂纹、脱离而成微粒，磨料悬浮液受到工具端部的超声振动作用，产生液压冲击和空化现象，促使液体深入被加工材料的裂纹

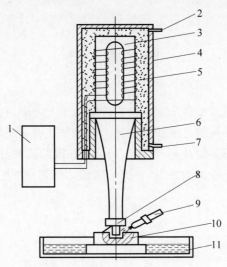

图 16-3　超声波加工原理图

1—超声波发生器；2—冷却水入口；3—换能器；4—外罩；5—循环冷却水；6—变幅杆；

7—冷却水出口；8—工具；9—磨料悬浮液；10—工件；11—工作槽

处,加强了机械破坏作用,液压冲击也使工件表面损坏而蚀除,达到去除材料的目的。由于工作液处于循环流动状态,被打击下来的材料微粒被及时带走。随着工具的逐渐伸入,其形状便"复印"在工件上。

16.3.2　超声波加工的特点

(1) 加工范围广。适合加工淬硬钢、不锈钢、钛及其合金等各种传统加工难以加工的金属材料和非金属材料,特别是一些不导电的非金属材料,如玻璃、陶瓷等。

(2) 加工过程受力小,热影响小,可加工薄壁、薄片等易变形零件。

(3) 被加工表面无残余应力,无破坏层,加工精度较高,表面粗糙度值小。

(4) 易加工各种复杂形状的型孔、型腔和成形面。

(5) 生产效率低。

(6) 工具可用较软的材料做成较复杂的形状。

(7) 设备简单,操作维修方便。

目 标 检 测

1. 特种加工是指利用＿＿＿＿来进行加工的非传统加工方法。

2. 电火花加工是＿＿＿＿加工的方法。

3. 激光加工设备通常由＿＿＿、＿＿＿、＿＿＿和机械系统四部分组成。

4. 超声波加工范围广,主要适合加工＿＿＿、＿＿＿、钛及其合金等各种传统加工难以加工的金属材料和非金属材料,特别是一些不导电的非金属材料,如＿＿＿、＿＿＿等。

思 考 题

特种加工是指那些不属于传统加工工艺范畴的加工方法,它不同于使用刀具、磨具等直接利用机械切除多余材料的传统加工方法。特种加工是近几十年发展起来的新工艺,是对传统加工工艺方法的重要补充与发展,目前还在继续研究开发和改进之中。

上网搜索相关前沿特种加工技术,并思考你是如何理解"企业持续发展之基、市场制胜之道在于创新"?

模块四 机械加工工艺分析与工艺规程

知识要点

了解机械加工工艺中的基本概念、生产类型，正确选择毛坯，合理选择定位基准，确定加工余量，正确拟定工艺路线。了解轴类、套类和箱体类零件的功用和结构特点、材料及毛坯。

重点知识

理解生产类型、加工余量、工步工序等基本术语，正确拟定工艺路线，选择定位基准；理解套类零件的相互位置精度的保证；掌握箱体类零件的主要加工技术要求。

单元 **17**

机械加工工艺过程

目标描述

了解机械加工工艺过程中的基本概念、定位基准的选择,正确安排加工顺序,确定加工余量。

技能目标

掌握加工顺序的安排原则,并能进行简单轴类、套类零件加工工艺路线合理性的判断。

17.1 机械加工工艺过程的组成和特征

17.1.1 生产过程与机械加工工艺过程

1. 生产过程

机械产品的生产过程是将原料转变为成品的全过程。它包括了原材料的运输、保管、生产技术准备、毛坯制造、机械加工、热处理、产品装配、机器调试、质量检验及产品包装等工作环节。

2. 机械加工工艺过程

利用机械加工方法逐步改变毛坯的形状、尺寸、相对位置和性能等,使之成为合格零件所进行的劳动过程称为机械加工工艺过程。在机械制造业中机械加工工艺过程是最主要的工艺过程,它直接决定零件和产品的质量,对产品的成本和周期都有较大影响。

17.1.2　机械加工工艺过程的组成

机械加工工艺过程是由一系列按顺序排列的工序组成,通过这些工序对毛坯进行加工,使之成为合格零件。而工序又可以分为安装、工位、工步和行程。

1. 工序

工序是指一个(或一组)工人在一台机床(或一个工作地点),对一个(或同时对几个)工件所连续完成的那一部分工艺过程。

工序是制定工艺过程的基本单元,也是编制生产计划和进行成本核算的基本依据。工序的安排、数目与零件的技术要求、数量、现有工艺条件有关。

划分工序的主要依据是工件加工过程中的工作地是否变动。图 17-1 所示阶梯轴零件,按单件生产类型制定的工艺过程见表 17-1;按成批生产类型制定的工艺过程见表 17-2。单件生产时车削内容分别集中在一台车床上进行,所以工艺过程中只包含一个车工工序。成批生产时,车削内容分配到两台机床上进行,由于工作地发生了变化,工艺过程中包含了两个车工工序。

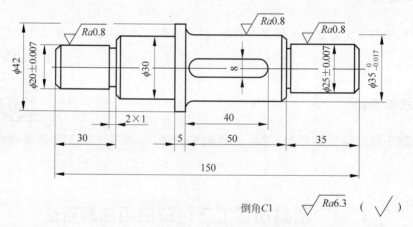

图 17-1　阶梯轴简图

表 17-1　单件生产阶梯轴的加工工艺过程

工序号	工 序 内 容	设 备
1	车端面、钻中心孔	车床
2	车外圆、车槽、倒角	车床
3	铣键槽、去毛刺	铣床
4	磨外圆	磨床
5	检验	检验台

表 17-2　成批生产阶梯轴的加工工艺过程

工序号	工 序 内 容	设 备
1	两边同时铣端面、钻中心孔	铣端面、中心孔机床
2	车一端外圆、车槽、倒角	车床

续表

工序号	工序内容	设备
3	车另一端外圆、车槽、倒角	车床
4	铣键槽	铣床
5	去毛刺	钳工台
6	磨外圆	磨床
7	检验	检验台

2. 工步

工步是指在加工表面不变、加工工具不变的情况下所连续完成的那一部分的工序。一个工序可以是一个工步，也可以是多个工步。表17-1中的工序1，就有车端面、钻中心孔两个工步。

构成工步的要素是加工表面和加工工具。改变任意一个要素或两个要素都改变，一般即成为新的工步，但下述情况除外。

(1)用同一工具连续加工工件上形状、尺寸完全相同的几个表面，习惯上视为一个工步。例如，图17-2所示工件在同一工序中连续钻6个$\phi11mm$的孔，就可以看作一个工步。

(2)用多刀多刃或复合刀具同时对工件上几个表面进行加工的工步称为复合工步，视为一个工步。例如，如图17-3所示，将多片砂轮组合起来同时磨削机床导轨的几个表面，就是一个复合工步。

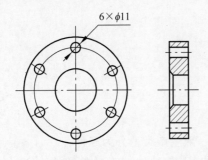
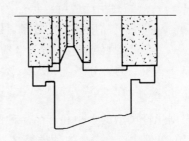

图17-2 含有六个相同加工表面的工步　　　　图17-3 磨削导轨的复合工步

3. 安装

在一个工序中，零件可能安装一次，也可能需要安装几次才能完成加工，工件经一次装夹后所完成的那一部分工序称为安装。如表17-1所示工序2，要进行两次装夹，先装夹工件一端，车外圆、车槽及倒角，称为安装1，再调头装夹工件，车另一端外圆、车槽及倒角，称为安装2。在生产过程中，为了减少装夹误差，应尽量减少安装次数。

4. 工位

为了减少工件的安装次数，常采用回转夹具或移动夹具、回转工作台，使工件在一次安装中先后于几个不同位置进行加工,这样不仅缩短装夹时间,又提高了效率。为了完成一定的工序部分,一次装夹工件后,工件与夹具或设备的可动部分一起相对刀具或设备的固定部分所占据的每个位置称为工位。如图 17-4 所示为利用回转工作台在一次安装中顺次完成工件的装卸、钻孔、扩孔和铰孔四个工位的加工实例。

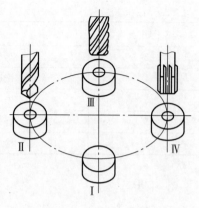

图 17-4　多工位加工

工位Ⅰ— 装卸；工位Ⅱ— 钻孔；

工位Ⅲ— 扩孔；工位Ⅳ— 铰孔

5. 行程(走刀)

在一个工步内,由于被加工表面需切去的金属层很厚,一次切削无法完成,则应分几次切削,刀具对工件每切削一次称为一次行程(走刀)。如表 17-2 工序 4,铣键槽余量很大,宜分成两次行程完成。

17.1.3　生产纲领与生产类型

1. 生产纲领

企业在计划期内应当生产的产品产量和进度计划称为"生产纲领",计划期一般为"年",所以生产纲领也称年产量。生产纲领对工厂的生产过程和生产组织起到决定性作用。生产纲领不同,生产规模也不同,生产的专业化程度、工艺装备均不同。

零件的生产纲领,可按下式计算:

$$N = Qn(1+\alpha)(1+\beta)$$

式中,N——零件的年产量,件/年;

　　Q——产品的年产量,台/年;

　　n——每台产品中该零件数量,件/台;

　　α——备品的百分率,一般为 3%～5%;

　　β——废品的百分率,一般为 1%～5%。

2. 生产类型

根据生产类型的大小和产品品种的多少,一般生产类型分为三种。

(1) 单件生产:产品的种类繁多,数量极少,工作地的加工对象经常改变,每种产品仅制造一个或少数几个。如新产品试制、重型机械制造、专用设备制造等均属于单件生产。

(2) 成批生产:一年中分批地制造相同的产品,生产呈周期性重复。如机床制造、纺织机械和电动机的生产均属于成批生产。根据批量大小,成批生产可分为小批生产、中批生产和大批生产。在工艺特征上,小批生产接近单件生产,常合称为单件小批生产;大批生产又接近于大量生产,常合称为大批大量生产。

(3) 大量生产:产品的品种少,产量大,在每台机床上长期重复完成某一工件的某道工序。如汽车、手表、轴承的制造均属于大量生产。

生产类型不同,产品和零件的制造工艺、所用设备、对工人的技术要求等工艺特点也有所不同。各种生产类型的工艺特征见表17-3。

表 17-3　各种生产类型的工艺特征

工 艺 特 征	生 产 类 型		
	单件、小批生产	中　批	大批、大量
零件的互换性	无互换性，用修配法配对制造	多数互换，部分试配或修配	全部要求互换，精度较高，配合件采用分组选配
毛坯制造	木模手工造型或自由锻，精度低，加工余量大	部分采用模锻、金属模造型，毛坯精度和余量中等	广泛采用模锻、机器造型等高效方法，精度高，余量小
机床设备及其布置形式	采用通用机床，按"机群式"排列	采用部分通用机床和高效机床，按分工段排列	广泛采用高生产率的专用机床、自动机床、组合机床，按流水线形式排列
刀具、夹具、量具	采用通用刀具、夹具、量具	采用部分通用刀具、夹具、量具和部分专用刀具、夹具、量具	广泛采用高生产率的专用刀具、夹具、量具
对工人的要求	需要熟练的技术工人	需要一定熟练程度的技术工人	需要技术熟练的调整工，对一般操作工人的技术要求较低
工艺文件	有简单的工艺路线卡	有工艺进程卡，对关键零件有详细的工序卡	有详细的工艺文件
生产率	低	较高	高
经济性	生产成本高	生产成本较低	生产成本低

17.2　定位基准的选择

17.2.1　基准及其选择

零件由若干个表面组成，它们之间有一定的相互位置和距离尺寸的要求。在加工过程中，必须相应地以某个或某几个表面为依据来加工其他表面，保证零件上所规定的要求。这些作为依据的点、线、面称为基准。根据基准功用不同，基准可分为设计基准和工艺基准两大类。

1. 设计基准

设计图样上所采用的基准称为设计基准。如图 17-5 所示轴套零件，各外圆和孔的设计基准是零件的轴线，左端面Ⅰ是台阶端面Ⅱ和右端面Ⅲ的设计基准。对于一个零件来说，在各个坐标方向往往只有一个主要的设计基准，习惯上把标注尺寸最多的点、线、面定作零件的主要设计基准。如图 17-6 所示的零件，径向的主要设计基准是外圆 $\phi 30_{-0.021}^{0}$ mm 的轴

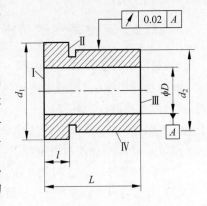

图 17-5　轴套的设计基准

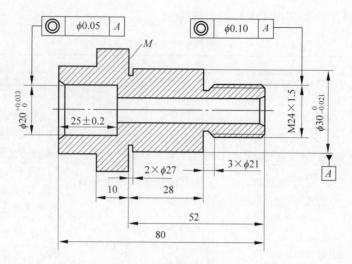

图 17-6　主要设计基准

线,轴向的主要设计基准是端面 M。

2. 工艺基准

在零件加工、测量和装配过程中所使用的基准称为工艺基准。工艺基准按用途可分为工序基准、测量基准和定位基准。

(1) 工序基准。在工序图上,为了标注本工序被加工表面加工后的尺寸、形状、位置所采用的基准称为工序基准。工序基准应尽量与设计基准重合。

(2) 测量基准。测量工件已加工表面的尺寸和位置时所采用的基准称为测量基准。例如在检验车床主轴时,用支承轴颈表面作为测量基准。

(3) 定位基准。在加工中,用来确定工件在机床或夹具上的位置的基准称为定位基准,它是工件上与夹具定位元件直接接触的点、线、面。工件上作为定位基准的点或线,总是由具体的表面来实现的,这个表面称为基准面。工件以平面定位时,该平面即为定位基准或称为定位基准面。工件以圆柱面或圆锥面定位时,是以该圆柱面或圆锥面的轴线作为定位基准,而圆柱或圆锥面则为定位基准面。如轴类零件以两中心孔定位,中心孔内圆锥面即是加工各段外圆时的定位基准面。

17.2.2　定位基准的选择

1. 定位基准选择的基本原则

在各加工工序中,被加工表面的位置精度的保证方法是制定工艺过程的首要考虑因素,而定位基准的作用是保证工件各表面之间的相互位置精度。因此,在研究和选择各类工艺基准时,首先应选择定位基准。

定位基准选择的基本原则如下。

(1) 确保工件表面之间相互位置精度,保证定位基准的稳定性和可靠性。

(2) 力求与设计基准重合,尽可能从相互有直接位置精度要求的表面中选择定位基准,以避免因基准不重合而引起的误差。

（3）选择定位基准,应使设计的夹具结构简单、工件装卸和夹紧方便。

2. 定位基准的分类

按照工序性质和作用不同,定位基准分为粗基准和精基准两类。在最初的切削工序中,只能用毛坯上未加工过的表面作为定位基准,这种定位基准称为粗基准;用加工过的表面作为定位基准,这种定位基准称为精基准。

3. 粗基准的选择原则

粗基准的选择应能保证加工面与不加工面之间具有一定的位置精度,合理分配各加工面有足够的加工余量。选择时应遵循以下原则。

（1）选不加工的面为粗基准。对于不需加工全部表面的工件,应采用始终不加工的表面作为粗基准,这样很好地保证了加工表面对不加工表面的相互位置要求,并有可能在一次安装中把大部分表面加工出来。

如图 17-7 所示套类工件,外圆表面为不加工表面,为了保证镗孔后壁厚均匀,应选择外圆表面为粗基准。

（2）选余量最小的面为粗基准。对于具有较多加工表面的工件,应合理分配各加工表面的加工量,以保证各加工表面都有足够的加工余量,此时应选择余量小的表面作为粗基准。

如图 17-8 所示工件毛坯,表面 ϕA 的余量比 ϕB 的余量大,因此,应选择外圆表面 ϕB 作为粗基准。

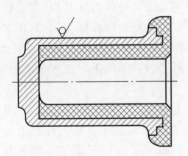

图 17-7 套的粗基准选择

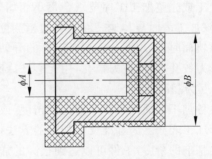

图 17-8 选择加工余量小的表面作为粗基准

（3）选重要表面为粗基准。选取加工余量要求均匀的表面作为粗基准,在加工时可以保证该表面余量均匀。

如图 17-9 所示车床床身要求导轨面耐磨性好,在加工时只切除较小且均匀的一层余量,使其表面保留均匀一致的金相组织,具有较好的物理和力学性能。为此,应选择导轨面作为粗基准,加工床腿的底平面（见图 17-9(a)）,然后再以床腿的底平面为基准加工导轨面（见图 17-9(b)）。

4. 精基准的选择原则

选择精基准应考虑的主要问题是保证加工精度,特别是加工表面的相互位置精度,以实现装夹的方便、可靠、准确,为此,一般遵循以下原则。

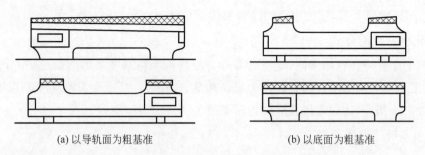

(a) 以导轨面为粗基准　　　　　　　　(b) 以底面为粗基准

图 17-9　选择加工余量要求均匀的表面作为粗基准

（1）基准重合原则

应尽可能选择被加工表面的设计基准为精基准,称为基准重合原则。在对加工面位置尺寸有决定作用的工序中,尤其是当位置公差要求很小的时候,一般不应违反这一原则,否则就会产生基准不重合而引起定位误差,增加加工难度。

（2）基准统一原则

在零件加工的整个工艺过程中尽可能采用同一个（或一组）定位基准来定位,称为基准统一原则。这样避免基准变化带来的安装误差,简化夹具设计和制造时间,减少工件在加工过程中的周转次数。如加工轴类零件时,采用两个顶尖作为统一的精基准来加工轴类零件上的各外圆表面和端面,这样可保证表面之间的同轴度和端面对轴线的垂直度;机床主轴箱箱体多采用底面和导向面为统一的定位基准加工各轴孔、前端面和侧面。

（3）自为基准原则

精加工或光整加工工序要求余量小而均匀,用加工表面本身作为精基准,称为自为基准原则,该加工表面与其他表面之间的相互位置精度则由先行工序保证。例如,在磨削车床床身导轨面时,试用百分表找正床身的导轨面,以导轨面自身为基准进行加工。此外,用浮动铰刀铰孔,用圆拉刀拉孔,用无心磨床磨外圆,珩磨内孔等均采用自为基准的原则。

（4）互为基准原则

为使各加工表面间有较高的位置精度,或为使加工表面具有均匀的加工余量,有时可采取两个加工表面互为基准反复加工的方法,称为互为基准。这样反复进行加工可不断提高定位基准的精度,工件可以达到很高的加工要求。如车床的主轴,其支承轴颈与锥孔的同轴度及加工精度要求都很高,因此采用以锥孔为基准磨削轴颈,再以轴颈为基准磨削锥孔,经过多次反复加工以达到要求。又如加工精密淬火齿轮时,因其淬硬层较薄,所以磨削余量应小而均匀,因此先以齿面定位磨削内孔,然后以内孔定位磨削齿面,以保证齿面磨削余量均匀,且与装配基准有较高的位置精度。

（5）基准不重合误差最小条件

当实际生产中不宜选择设计基准作为定位基准时,则应选择因基准不重合而引起的误差最小的表面作为定位基准。如图 17-10 所示工件,括号中尺寸为已由前面工序保证,本工序镗 $\phi 40^{+0.03}_{0}$ mm 孔,孔的位置的设计基准是 K 面,由于 K 面的位置不合适,且面积又较小,不宜作为定位基准。从工件的结构分析,适于作为定位基准的表面有 M 面和 N 面,这时选择用哪一个面作为定位基准,则应按基准不重合误差最小条件来判定。如果选择 M 面作为定位基准,所引起的基准不重合定位误差为 0.2mm;而选择 N 面作为定位基准,所引起的基准不重合定位误差为 $0.2+0.2=0.4$(mm)。因此,应选择 M 面作为定位基准。

5. 辅助基准

在实际生产中,有时工件上找不到合适的表面作为定位基准,为了便于工件的装夹和保证获得规定的加工精度,可以在制造毛坯时或在工件上允许的部位增设和加工出定位基准,如工艺台、工艺孔、中心孔等,这种定位基准称为辅助定位基准。如图 17-11 所示零件上的工艺搭子、轴加工用的顶尖孔、活塞加工用的止口和中心孔都是典型的辅助基准,这些结构在零件工作时没有用处,只是出于工艺上的需要而设计的,有些可在加工完毕后从零件上切除。

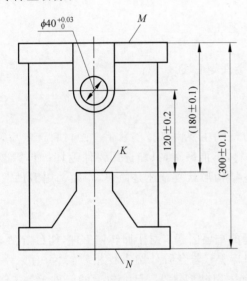

图 17-10 基准不重合误差最小条件

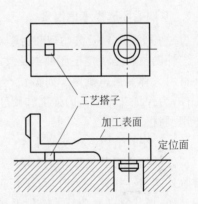

图 17-11 工艺搭子的应用

17.3 毛坯的选择

毛坯制造是零件生产过程的一部分,正确选择毛坯类型有着重要的技术经济意义。毛坯的选择,不仅影响着毛坯本身的制造,而且对零件机械加工的工序数目、设备、工具消耗、物流、能耗、工时定额都有很大影响。毛坯的选择包括毛坯种类的选择和毛坯制造方法的选择。

1. 毛坯的种类

(1) 铸件

铸件一般用于形状复杂的零件毛坯。铸造方法有砂型铸造、精密铸造、金属型铸造、压力铸造等。

(2) 锻件

锻件一般用于强度要求较高、形状比较简单的工件毛坯。锻件有自由锻造锻件和模锻锻件两种。自由锻锻件毛坯精度低,加工余量大,生产率低,而且零件的结构比较简单,适用于单件小批量生产以及大型零件毛坯;模锻锻件毛坯精度高,加工余量小,生产率高,但成本也高,需要特殊的设备和锻模,适用于中小型零件毛坯的大批大量生产。

（3）型材

型材分热轧和冷轧两种。热轧型材用于一般零件;冷轧型材精度较高,规格尺寸较小,主要用于自动机床加工（送料、夹紧可靠）。

（4）焊接件

焊接件一般用于大件毛坯。焊接件是用焊接方法获得的结合件,将型材或钢板等焊接成所需的零件结构,加工简单方便,生产周期短,变形大,需经时效处理后才能进行机械加工。

（5）冷冲压件

冷冲压件一般用于形状复杂的板料零件毛坯。

（6）其他

除上述毛坯外,还有挤压、热轧、粉末冶金件等毛坯。

2. 零件毛坯选择考虑因素

（1）工件的材料及其物理和力学性能

工件的材料是决定毛坯种类及其制造方法的主要因素。一般工件的材料选定后,其毛坯材料大体就可以确定。如铸铁、青铜材料,不能锻造,只能选用铸件毛坯;重要的钢质工件,为保证获得较高的强度和硬度,无论结构形状复杂还是简单,均须选用锻件毛坯而不用型材。

（2）工件的结构形状及尺寸

工件的结构形状及尺寸是影响毛坯选择的重要因素。对于回转体工件,如台阶轴,在各台阶外圆直径相差不大时,可采用型材圆棒料;若台阶外圆直径相差较大,宜采用锻件。又如,形状复杂和薄壁的铸件毛坯,不宜采用砂型铸造;尺寸较大的铸件毛坯,不宜采用压铸;尺寸较大的锻件毛坯,不宜采用模锻。

（3）生产规模大小

生产规模的大小在很大程度上决定着采用某种毛坯制造方法的经济性。大批量生产时,应选择精度和生产率较高的毛坯制造方法,尽管这样制造生产费用较高,但可由材料消耗的减少和机械加工费用的降低来补偿。单件小批量生产时,应选择精度和生产率均较低的毛坯制造方法。

（4）工厂实际生产条件

选择毛坯时,既要考虑现有的生产条件,如毛坯制造的实际工艺水平、设备状况,又要考虑毛坯是否可以专业化协作生产。

17.4　加工余量和工序尺寸及其公差的确定

17.4.1　加工余量

加工余量的大小对工件的加工质量和生产率有较大影响。加工余量太小,会因为毛坯表面缺陷未能发现或完全切除,容易产出废品,使生产成本增加。加工余量较大,增大机械加工工作量,浪费材料,降低生产率,增加产品成本。

1. 加工余量的概念

加工余量是指加工时从加工表面上切除的金属层的总厚度,可分为工序余量和总余量。

工序余量是每道工序切除的金属层厚度,即同一表面相邻的前后工序尺寸之差。

总余量是指由毛坯变成产品过程中,在加工表面上切除的金属层的总厚度,即工件上同一表面毛坯尺寸与工件尺寸之差。总余量等于该加工表面各工序余量之和。

按照基本尺寸计算出工序余量称为(工序)基本余量。计算工序余量,有外表面和内表面之分。外表面是指确定该表面位置的工序尺寸在加工后减小的表面(相当于外圆表面);内表面是指确定该表面位置的工序尺寸在加工后增大的表面(相当于内圆表面)。

根据零件不同结构,加工余量有单边和双边之分,对于平面等非回转表面的加工余量指单边余量,它等于实际切削的金属层厚度。对于外圆和内孔等回转体表面,加工余量指双边余量,即以直径方向计算,实际切削的金属层厚度为加工余量的一半。

图 17-12 表示工件余量与工序尺寸的关系。

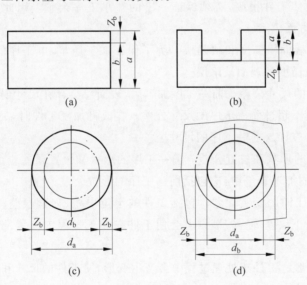

图 17-12 加工余量

对于外表面(见图 17-12(a)): $Z_b = a - b$

对于外表面(见图 17-12(b)): $Z_b = b - a$

对于外表面(见图 17-12(c)): $2Z_b = d_a - d_b$

对于外表面(见图 17-12(d)): $2Z_b = d_b - d_a$

式中,Z_b——本工序的加工余量;

a——前工序的工序尺寸;

b——本工序的工序尺寸。

由于毛坯尺寸和各工序尺寸都存在一定的公差，因此加工总余量和工序余量都在一定的尺寸范围内变化。所以对一批工件来说，每个工件在加工时实际切除的工序余量是变化的，与基本余量并不一定吻合，因此加工余量除基本余量外，还有最大余量与最小余量之分。通常所说的加工余量是指基本余量，加工余量的标注应遵循"入体原则"，及毛坯尺寸按双向标注上、下偏差。

对于外表面：工序最大余量为前工序最大极限尺寸与本工序最小极限尺寸之差，即

$$Z_{\max} = a_{\max} - b_{\min}$$

工序最小余量为前工序最小极限尺寸与本工序最大极限尺寸之差，即

$$Z_{\min} = a_{\min} - b_{\max}$$

对于内表面：工序最大余量为本工序最大极限尺寸与前工序最小极限尺寸之差，即

$$Z_{\max} = b_{\max} - a_{\min}$$

工序最小余量为本工序最小极限尺寸与前工序最大极限尺寸之差，即

$$Z_{\min} = b_{\min} - a_{\max}$$

2. 确定加工余量考虑因素

为了切除前一道工序加工时留下的各种有误差的金属层，同时考虑本工序可能产生的安装误差而不致使工件报废，必须保证一定的最小工序余量。因此，在确定加工余量时，应考虑以下几方面因素。

（1）前一工序表面粗糙度和缺陷层。为了保证加工质量，本工序的加工余量应包括前一工序的表面粗糙度和表面缺陷层。

（2）前一工序的尺寸公差。前一工序加工后，表面总会存在尺寸误差和形状误差，这些误差的总和一般不超过前一工序的尺寸公差。在成批加工工件时，为了纠正这些误差，确定本工序余量时应计入前一工序的尺寸公差。

（3）前一工序的形状和位置公差。前一工序的形状和位置误差应在本工序中加以纠正，因此在本工序的加工余量中，应包括前一工序的形位公差。

（4）本工序加工时的安装误差。包括工件的定位误差、夹紧误差和夹具的制造与调整误差或工件的校正误差等。安装误差会使工件在加工过程中位置发生偏移，使加工余量不均匀。

（5）热处理变形。工件热处理过程中会产生变形，使工件的尺寸和形状发生变化。

3. 确定加工余量方法

（1）经验估算法。是根据工艺人员的经验确定加工余量的方法，为避免因余量不足而产生废品，所估计的加工余量应偏大。这种方法常用于单件小批量生产。

（2）查表修正法。是以企业生产实践和试验研究积累的有关加工余量的资料数据为基础，根据不同加工方法和加工条件，在机械工艺手册中查得数据再结合实际生产进行修正，最后确定合理的加工余量。这是目前工厂普遍采用的方法。

（3）分析计算法。是根据一定的试验资料和计算公式，对影响加工余量的各项因素进行综合分析和计算来确定加工余量。但由于工艺研究不够，缺乏可靠的实验数据，计算

困难,此法极少应用。

17.4.2 工序尺寸及其公差的确定

零件的设计尺寸一般要经过多道工序加工才能得到,工序尺寸及其公差的确定与工序余量的大小和工序基准的选择有密切的关系,生产上绝大部分加工表面是在工序基准与设计基准重合的情况下加工的。下面介绍基准重合时工序尺寸及其公差的确定方法。

(1) 确定各工序余量。

(2) 从最后一道工序开始向前推算,直到第一道加工工序,依次加上每道工序的工序余量,分别获得各工序的基本尺寸。

(3) 确定工序公差。工序公差主要根据加工方法、加工精度和经济情况确定。毛坯尺寸公差按照毛坯制造方法或根据所选型材的品种规格确定,中间工序的公差一般按该工序加工方法的经济加工精度确定,最终工序的公差一般就是工件图样规定的尺寸公差。

(4) 标注工序尺寸公差。最终工序的工序尺寸公差按设计尺寸标注,其余工序尺寸公差按"入体原则"标注。

17.5 工艺路线的拟定

工艺路线的拟定是制定工艺规程的关键,其主要任务是选择各个表面的加工方法和加工方案,确定各个表面的加工顺序以及工序集中与分散等。工艺路线的拟定,多是采取经过生产实践总结出一些综合性原则,并结合具体生产类型及生产条件灵活处理。

17.5.1 加工方法选择

表面加工方法的选择,不但影响加工质量,而且影响生产率和制造成本。为了正确选择加工方法,应了解各种加工方法的特点和掌握加工经济精度及粗糙度的概念。

加工经济精度是指在正常的加工条件下,某种加工方法在经济效益良好(成本合理)时所能达到的加工精度和表面粗糙度。

正常生产条件是:完好的设备;合格的夹具、刀具;标准职业等级的操作工人;合理的工时定额等。

经济粗糙度的概念类同于经济精度的概念。

1. 常见表面的加工方案

各种加工方法所能达到的经济精度和经济粗糙度等级,以及各种典型的加工方案均已制成表格,在机械加工手册中均可查阅。表17-4~表17-6列出了常见外圆、孔、平面的加工方案及其所能达到的经济精度和表面粗糙度。

表 17-4　外圆表面加工方案

序号	加 工 方 案	经济精度等级	表面粗糙度 $Ra/\mu m$	适 用 范 围
1	粗车	IT10 以下	12.5～50	适用于淬火钢以外的各种金属
2	粗车→半精车	IT8～IT10	3.2～6.3	
3	粗车→半精车→精车	IT7～IT8	0.8～1.6	
4	粗车→半精车→精车→滚压(或抛光)	IT7～IT8	0.025～0.2	
5	粗车→半精车→磨削	IT7～IT8	0.4～0.8	主要用于淬火钢,也可用于未淬火钢,但不宜加工有色金属
6	粗车→半精车→粗磨→精磨	IT6～IT7	0.1～0.4	
7	粗车→半精车→粗磨→精磨→超精加工(或轮式超精磨)	IT5	0.012～0.1	
8	粗车→半精车→精车→金刚石车	IT6～IT7	0.025～0.4	主要用于要求较高的有色金属加工
9	粗车→半精车→粗磨→精磨→超精磨或镜面磨	IT5 以上	0.006～0.025	精度极高的外圆加工
10	粗车→半精车→粗磨→精磨→研磨	IT5 以上	0.006～0.1	

表 17-5　孔表面加工方案

序号	加 工 方 案	经济精度等级	表面粗糙度 $Ra/\mu m$	适 用 范 围
1	钻	IT11～IT13	12.5	加工未淬火钢及铸铁的实心毛坯,也可用于加工有色金属,但表面粗糙度稍大,孔径小于 15～20mm
2	钻→铰	IT8～IT10	1.6～6.3	
3	钻→粗铰→精铰	IT7～IT8	0.8～1.6	
4	钻→扩	IT10～IT11	6.3～12.5	同上,但孔径大于 15～20mm
5	钻→扩→铰	IT8～IT9	1.6～3.2	
6	钻→扩→粗铰→精铰	IT7	0.8～1.6	
7	钻→扩→机铰→手铰	IT6～IT7	0.1～0.4	
8	钻→扩→拉	IT7～IT9	0.1～1.6	大批大量生产(精度由拉刀的精度而定)
9	粗镗(或扩孔)	IT11～IT13	6.3～12.5	除淬火钢外各种材料,毛坯有铸出孔和锻出孔
10	粗镗(粗扩)→半精镗(精扩)	IT8～IT10	1.6～3.2	
11	粗镗(扩)→半精镗(精扩)→精镗(铰)	IT7～IT8	0.8～1.6	
12	粗镗(扩)→半精镗(精扩)→浮动镗刀精镗	IT6～IT7	0.4～0.8	
13	粗镗(扩)→半精镗→磨孔	IT7～IT8	0.4～0.8	主要用于淬火钢,也可用于未淬火钢,但不宜用于有色金属加工
14	粗镗(扩)→半精镗→粗磨→精磨	IT6～IT7	0.1～0.2	

续表

序号	加 工 方 案	经济精度等级	表面粗糙度 $Ra/\mu m$	适 用 范 围
15	粗镗→半精镗→精镗→金刚镗	IT6～IT7	0.05～0.4	主要用于精度要求高的有色金属加工
16	钻→(扩)→粗铰→精铰→珩磨 钻→(扩)→拉→珩磨 粗镗→半精镗→精镗→珩磨	IT6～IT7	0.025～0.2	精度要求很高的孔
17	以研磨代替上述方案中的珩磨	IT5 以上	0.006～0.1	

表 17-6 平面表面加工方案

序号	加 工 方 案	经济精度等级	表面粗糙度 $Ra/\mu m$	适 用 范 围
1	粗车→半精车	IT8～IT10	3.2～6.3	端面
2	粗车→半精车→精车	IT7～IT8	0.8～1.6	
3	粗车→半精车→磨削	IT6～IT8	0.2～0.8	
4	粗刨(或粗铣)→精刨(或精铣)	IT8～IT10	1.6～6.3	一般不淬硬平面(端铣的表面粗糙度值可较小)
5	粗刨(或粗铣)→精刨(或精铣)→刮研	IT6～IT7	0.1～0.8	精度要求较高的不淬硬平面,批量较大时宜采用宽刃精刨方案
6	粗刨(或粗铣)→精刨(或精铣)→宽刃精刨	IT7	0.2～0.8	
7	粗刨(或粗铣)→精刨(或精铣)→磨削	IT7	0.2～0.8	精度要求较高的淬硬平面或不淬硬平面
8	粗刨(或粗铣)→精刨(或精铣)→粗磨精磨	IT5～IT6	0.025～0.4	
9	粗刨→拉	IT7～IT9	0.2～0.8	大量生产,较小的平面(精度视拉刀的精度而定)
10	粗铣→精铣→磨削→研磨	IT5 以上	0.006～0.1	高精度平面

2. 选择表面加工方法的要点

(1)首先根据每个加工表面的技术要求,确定加工方法及分几次加工。表 17-4～表 17-6 分别介绍了三种最基本表面的较常用的加工方案及其所能达到的经济精度和表面粗糙度。表 17-4～表 17-6 列的都是根据实际生产中统计资料得出的,可以根据被加工零件加工表面的精度和粗糙度要求,选取较合理加工方案。

(2)考虑被加工材料性质。例如,淬火钢必须用磨削的方法加工,而有色金属不宜采用磨削,一般采用精车、精铣、精镗、滚压等方法。

(3)考虑生产类型,即考虑生产率和经济性的问题。大批大量生产中可采用专用的高效率设备和专用工艺设备,毛坯也可采用高效率的方法,如压铸、模锻、精密铸造、粉末冶金等。单件小批量生产,一般采用通用设备、通用工艺装备及常规的加工方法。

(4) 考虑本厂(或本车间)的现有设备情况及技术条件。充分利用现有设备,挖掘企业潜力。同时,积极应用新工艺和新技术,不断提高工艺水平。

17.5.2　加工阶段的划分

1. 加工阶段的划分

当零件加工质量要求较高时,通常将零件及其表面加工的工艺划分为粗加工、半精加工、精加工三个阶段。但不是所有零件的加工过程都机械地划分为三个阶段,对于零件上各个表面的加工并不一定同步,有的表面可能在粗加工阶段中就可加工至要求,有的表面可能不经粗加工而在半精加工或精加工中一次完成,一些表面的最终加工可在半精加工阶段进行。

对于一些毛坯余量特别大,表面特别粗糙的大型零件,在粗加工前应设置去除表皮层的去皮加工阶段(也称为荒加工阶段);而对于精度要求很高,特别是表面粗糙度值要求很小的零件,在精加工后还应设置光整加工阶段。各阶段的主要任务如下。

(1) 粗加工阶段。主要任务是切除毛坯大部分加工余量,使毛坯在形状和尺寸上尽可能接近成品。因此,粗加工阶段主要任务是如何提高生产率。

(2) 半精加工阶段。半精加工的主要任务是使被加工表面达到一定的精度,为主要表面的精加工做好准备,同时完成次要表面的加工。

(3) 精加工阶段。精加工阶段主要是完成主要表面的最终加工,保证各主要表面达到零件图样规定的加工质量和技术要求。因此精加工主要任务是保证加工质量。

2. 划分加工阶段的作用

通常划分加工阶段具有以下作用。

(1) 更好地保证加工质量。可以逐步消除粗加工中由于切削热和内应力引起的变形,消除或减少已产生的误差,减小表面粗糙度。

(2) 便于及时发现毛坯缺陷。粗加工各表面后可及早发现毛坯的缺陷,以便及时修补或报废,避免继续进行精加工而造成浪费。

(3) 可合理使用机床设备。粗加工时可采用功率大、精度不高的高效率设备;精加工时可采用高精度机床。这样不但发挥了机床设备各自的性能特点,而且有利于高精度机床在使用中保持高精度。

(4) 便于安排热处理工序。工件的热处理应在精加工之前进行,这样可通过精加工去除热处理后的变形。

17.5.3　工序集中与工序分散

一个工件的加工是由许多工步组成的,如何把这些工步组织成工序,是拟定工艺过程时要考虑的一个问题。在选定了零件上各个表面的加工方法及其加工顺序以后,制定工艺路线可采用工序集中或工序分散原则,把各个表面的各次加工组合成若干工序。

工序集中就是将工件的加工集中在少数几道工序中完成,每道工序的加工内容较多。集中到极限,工艺过程可只有一道工序。

工序分散就是将工件的加工分散在较多的工序内进行,每道工序的加工内容很少,最少时即每道工序仅完成一个简单的工步。

1. 工序集中与工序分散的特点

（1）工序集中的特点

① 减少机床设备数量、操作工人及生产所需的面积。

② 减少了工序数目,缩短了工艺路线,简化了生产计划工作。

③ 由于采用了高生产率的专用机床和工艺设备,大大提高了生产率。

④ 减少了工件安装次数,不仅有利于提高生产率,而且由于在一次安装下加工许多表面,也易于保证这些表面间的位置精度。

⑤ 设备的一次性投资大,工艺装备复杂。

（2）工序分散的特点

① 工序简单,所用的机床设备也比较简单,调整方便。

② 对操作工人的技术水平要求低。

③ 所需机床设备多,工人数量多,生产面积大。

④ 生产准备工作量小,变换产品容易。

⑤ 由于工序数目增多,工件在工艺过程中装卸次数多,对保证零件表面之间的相对位置精度不利。

2. 工序集中与工序分散的选择

工序集中与工序分散各有优缺点,应根据生产纲领、零件本身的结构和技术要求、机床设备等进行综合考虑。单件、小批量生产采用工序集中,而大批大量生产时,若使用高效专用设备,自动、半自动机床、组合机床等进行加工,可按工序集中原则组织生产。对一些使用通用设备、通用工具进行大批大量生产,如轴承加工,可采用工序分散原则。随着数控机床的普及应用,应多采用工序集中的原则来制定工艺过程,以适应科技发展和高精度产品的加工需要。

17.5.4 加工顺序的确定

机械加工工艺路线是由一系列安排的加工方法组成,在选定加工方法后,工艺规程还需把热处理和辅助工序综合到一起考虑。

1. 机械加工顺序的安排

（1）先粗后精。各个表面先进行粗加工,再进行半精加工,最后进行精加工。

（2）先基准面后其他表面。加工一开始,先把精基准加工出来。如果精基准不止一个,则应按照基准转换顺序和逐步提高加工精度的原则来安排基准及主要表面的加工。

（3）先主后次。零件的主要工作面、装配基准面应先加工,后进行次要表面的加工。因为主要表面加工工序较多,容易出现废品,应放在前阶段进行,以减少工时浪费。次要表面的加工可穿插进行,放在主要表面加工到一定精度后,最终精加工之前进行。

2. 热处理工序安排

热处理在工艺路线中的安排主要取决于零件的材料和热处理目的,热处理工艺包括预备热处理和最终热处理。

(1) 预备热处理

预备热处理的目的是改善加工性能、消除毛坯残余应力,常用的方法有正火、退火、时效和调质等,预备热处理一般安排在粗加工前后。

① 正火、退火。正火、退火一般安排在粗加工之前。碳的质量分数高于 0.5% 的碳钢和合金钢,为了降低其硬度,便于切削,常采用退火处理;碳的质量分数低于 0.5% 的碳钢和合金钢,为了避免硬度过低,切削时粘刀,而采用正火处理。

② 时效。对形状复杂的铸件和一般精度的零件,在粗加工后安排一次时效处理;对于精密零件,要进行多次时效处理。

③ 调质。调质一般安排在粗加工后,精加工前。

(2) 最终热处理

最终热处理的主要目的是提高零件强度、表面硬度和耐磨性。常用的有淬火、回火、渗碳淬火、渗氮等。一般安排在半精加工之后、精加工(磨削)之前。

3. 辅助工序的安排

辅助工序主要包括检验、清洗、去毛刺、倒棱边、涂防锈油等。其中检验工序是主要的辅助工序,是保证产品质量的主要措施。它一般安排在粗加工全部结束之后精加工开始之前,零件从一个车间到另一个车间、重要工序之后和零件全部加工结束之后。有些重要零件,不仅要进行几何精度和表面粗糙度的检验,还要进行如 X 射线、超声波探伤等材料内部质量的检验,以及荧光检测、磁力探伤等材料表面质量的检验。此外,清洗、去毛刺等辅助工序也必须引起高度重视,否则将会给最终的产品质量带来严重影响。

17.6 制定工艺规程的技术依据及步骤

17.6.1 制定工艺规程的技术依据

制定工艺规程的依据是:在保证产品质量前提下,尽量提高生产率和降低成本。应在充分利用本企业现有生产条件的基础上,尽可能采用国内外先进技术和经验,并保证有良好的劳动条件。在制定机械加工工艺规程时,必须有下列原始资料作为依据,主要包括:

(1) 产品的零件图,必要的装配图和有关的生产说明。

(2) 毛坯图或型材规格资料。

(3) 现场生产条件(主要包括设备、工装和工艺水平等)及其他技术资料。

(4) 产品的生产类型。

17.6.2 制定工艺规程的步骤

1. 对零件进行工艺分析

零件图样是制定工艺规程最基本的原始资料,必须认真仔细研究分析。应结合零件图和装配图,了解零件在产品中的功用、工作条件,熟悉其结构、形状和技术要求,对零件进行结构工艺性检查。分析零件结构特点,区分主要表面和次要表面,设计主要表面的加工方法和加工顺序。分析零件的主要技术要求,预判在加工过程中可能会产生的问题,研究并确定主要技术要求的保证方法。

2. 确定毛坯

应根据生产类型来确定毛坯类型或按有关标准规定型材规格。单件小批量生产中,应尽可能选择较为简单的毛坯制造工艺,允许毛坯有较大的加工余量。在大批大量生产中,则应使毛坯的形状和尺寸接近成品,尽可能减少切削甚至无切削,减少切削加工时间。

3. 拟定工艺路线

拟定零件的加工工艺路线主要包括选择定位基准、确定各表面加工方法、安排各表面加工顺序等。这是制定工艺规程的关键,因此,在制定工艺路线时应多考虑几种方案,择优选择。

4. 确定各工序的加工余量,计算工序尺寸及公差

5. 确定各工序所采用机床设备及刀具、夹具、量具

机床设备的主要规格尺寸应与工件轮廓尺寸相适应,精度应与各工序要求的加工精度相适应,生产率也应与生产类型相适应。一般来看,单件小批量生产选择通用机床,大批大量生产选用生产率高的半自动、自动机床。

一般采用标准刀具、通用刀具,有时为了保证各加工表面的位置精度和提高生产率,可采用复合刀具和专用刀具。

单件小批量生产时一般选用通用夹具、量具,大批大量生产时,则采用专用夹具、量具。

6. 确定各主要工序的切削用量和工时定额

对于在单一的通用设备上进行的切削加工,在现行生产中,一般对切削用量不做规定,由操作者自行选择。但是对于一些尺寸精度及表面质量要求特别高的工序的切削用量、已经在工艺试验或生产实践确定的切削用量、组合或自动机床上加工的工序及流水线上的各道工序的切削用量必须确定并严格遵守。

工时定额一般参照实际生产并考虑有效地利用生产设备和工具,实事求是地予以估定。在大批量生产或新建、扩建工厂时应依据有关手册资料进行分析、计算,并修正确定。

7. 工艺方案的技术经济分析

制定零件工艺规程时,既要保证零件产品的质量,又要采取措施提高生产率,降低成本,保证经济性。在对某一零件加工时,通常有几种不同的工艺方案,应从技术和经济两方面对不同的方案进行分析、比较,选出技术上先进、经济上合理的工艺方案。

8. 填写工艺文件

将确定的工艺过程和操作事项填入一定格式的表格或卡片,并经过严格的审批手续使之成为组织和指导生产的工艺文件。

目标检测

一、填空题

1. 机械加工工艺过程是指用 _____ 的方法逐步改变毛坯的形状、_____ 和 _____ ,使之成为合格的零件所进行的劳动过程。

2. 工序是工艺过程的 _____ 单元,也是编制 _____ 和进行 _____ 的基本依据。

3. 装夹是工件在加工前,使其在机床上或夹具中获得 _____ 的过程,它包括 _____ 和 _____ 两部分内容。

4. 生产类型是企业生产 _____ 程度的分类,一般分为 _____ ,成批生产和 _____ 三种。

5. 选择定位基准的总原则是 _____ 要求的表面中来选择定位基准,当零件上有加工表面和不加工表面时,应选 _____ 作粗基准。对所有表面都要加工的零件应选 _____ 的表面作粗基准。为使零件装夹稳定应选 _____ 的表面作粗基准。

6. _____ 中所采用的基准称为工艺基准,按其用途不同,分为 _____ 基准、_____ 基准和测量基准。

二、选择题

1. 划分工序的主要依据是( )。

　　A. 生产批量的大小

　　B. 零件在加工过程中工作地是否变动

　　C. 生产计划的安排

　　D. 零件结构的复杂程度

2. 半精加工的主要目的是( )。

　　A. 提高工件的表面质量　　　　　　　　B. 减少工件的内应力

　　C. 为精加工做好准备　　　　　　　　　D. 及时发现毛坯缺陷

3. 制定零件工艺过程时,首先研究和确定的基准是( )。

　　A. 设计基准　　　　　　　　　　　　　B. 工序基准

　　C. 定位基准　　　　　　　　　　　　　D. 测量基准

4. 确定工序加工余量大小的基本原则是( )。

　　A. 尽量减小加工余量,以提高生产率、降低加工成本

　　B. 保证切除前工序加工中留下的加工痕迹和缺陷

　　C. 保证加工时切削顺利,避免刀具相对工件表面打滑或挤压

　　D. 在被加工表面均能被切削到的前提下,余量越小越好

5. 浮动铰孔、珩磨内孔、无心磨削外圆等都是采用(　　)。

    A. 基准重合原则　　　　　　　　　　B. 基准统一原则

    C. 互为基准原则　　　　　　　　　　D. 自为基准原则

6. 工序集中有利于保证各加工表面的(　　)。

    A. 尺寸精度　　　　　　　　　　　　B. 形状精度

    C. 相互位置精度　　　　　　　　　　D. 表面粗糙度

7. 在机械加工工艺过程中,淬火工序通常安排在(　　)。

    A. 机械加工之前　　　　　　　　　　B. 粗加工之后半精加工之前

    C. 半精加工之后精加工之前　　　　　D. 精加工之后

8. 某工人在车床上车削一轴类零件,连续完成车端面、外圆、倒角、切断的工件。此工件为(　　)工序。

    A. 一道　　　　　　　B. 二道　　　　　　　C. 三道　　　　　　　D. 四道

9. 在机械加工工艺过程中安排零件表面加工顺序时,先基准面后其他表面的目的是(　　)。

    A. 容易保证平面和孔之间的相互位置精度

    B. 可保证加工表面余量均匀

    C. 使零件质量逐步提高

    D. 为其他表面的加工提供可靠的基准面

10. 选择不加工表面为粗基准,则可获得(　　)。

    A. 加工余量均匀　　　　　　　　　　B. 无定位误差

    C. 不加工表面与加工表面壁厚均匀　　D. 金属切除量减少

思　考　题

制定工艺规程的依据是在保证产品质量的前提下,尽量提高生产率和降低成本。应在充分利用本企业现有生产条件的基础上,尽可能采用国内外先进技术和经验,并保证有良好的劳动条件。

根据上面一段话,结合工作实践,谈谈合理制定工艺规程对企业经营的影响?

单元 18

典型零件的加工

目标描述

了解轴类、套类和箱体类零件的主要功用和结构特点、材料和毛坯、主要技术要求及机械加工工艺。

技能目标

学会联系常见各类零件的加工实例解决轴、套、箱体类零件主要工艺问题。

知识目标

掌握轴、套和箱体类零件主要技术要求和定位基准的选择。

18.1 轴类零件加工概述

18.1.1 轴类零件的功用和结构特点

在机械中,轴类零件是机械产品中的典型零件,主要用于支承齿轮、带轮等传动零件,并用于传递运动和扭矩。轴类零件的结构特征是一类长径比大的回转体,按其结构特点可分为光轴、台阶轴、异形轴、空心轴四类。机械中应用最多的是台阶轴,如图 18-1 所示。

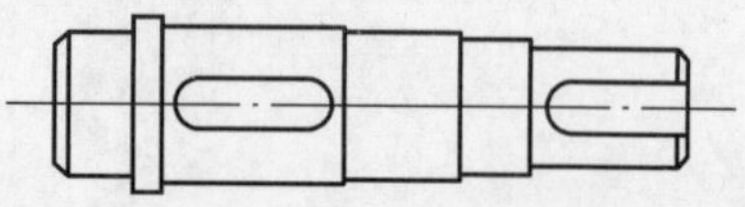

台阶轴结构主要由外圆柱面、轴肩、螺纹、退刀槽、砂轮越程槽和键槽等组成,外圆面主要用于安装轴承、齿轮、带轮等;轴肩用于轴上零件和轴本身的轴向固定;螺纹用于安装各种锁紧螺母和调整螺母;退刀槽方便车螺纹时车刀退出;砂轮越程槽是为了

图 18-1 台阶轴

完整地磨出外圆和端面；键槽用来安装键，以传递扭矩。

18.1.2　轴类零件的材料、毛坯

1. 材料

轴类零件材料一般分为碳素结构钢和合金结构钢两类。轴类零件常用的材料牌号是价格较便宜的 45 钢，45 钢经调质或正火，能获得较好的切削性能，较高的强度和一定的韧性，具有较好的综合力学性能，主要适用于中等复杂、一般重要的轴类零件。对于重要的轴，当精度、转速要求较高时，可采用中碳合金结构钢，如 40Cr、40MnB、35SiMn、38SiMnMo 等。对于高转速、重载荷等恶劣条件下工作的轴，可采用渗碳合金结构钢，如 20Cr、20CrMnTi、20MnVB 等。

2. 毛坯

轴类零件毛坯一般采用圆棒料和锻件。对于光轴和直径相差不大的台阶轴，可以采用圆棒料；对于直径相差较大的台阶轴，为了节省材料和节约加工时间，可采用锻件。由于毛坯经过锻造后，能使金属内部纤维组织沿表面均匀分布，从而得到较高的强度，因此重要的轴类零件应选用锻件，并进行调质处理。对于某些结构形状复杂或尺寸较大的轴，可采用铸造毛坯。

18.1.3　轴类零件的主要技术要求

轴类零件的主要表面是轴颈。轴颈是轴上与其他零件相配合的外圆表面，与轴上传动零件相配合的轴颈称为配合轴颈，与轴承相配合的轴颈称为支承轴颈。轴类零件的主要技术要求就是指这些轴颈的尺寸精度、形位精度和表面粗糙度要求。

1. 尺寸精度

根据使用要求不同，一般轴颈尺寸精度为 IT9 级，重要轴颈为 IT6～IT8 级，精密轴颈为 IT5 级。

2. 形状精度

轴类零件主要的形状精度是轴颈的圆度、圆柱度，一般应限制在轴颈的直径公差范围内。当几何形状精度高时，则应在零件图上另行标注。轴的尺寸精度和形状精度影响轴的回转精度和配合精度。

由于支承轴颈的精度将影响轴上所有传动零件的工作精度，所以支承轴颈的尺寸精度和形状精度应高于配合轴颈的尺寸精度和形状精度。

3. 位置精度

轴类零件最主要的位置精度是配合轴颈轴线相对于支承轴颈轴线的同轴度或配合轴颈相对于支承轴颈轴线的圆跳动，以及轴肩端面对轴线的垂直度。位置精度将影响轴上传动件的传递精度。普通精度的轴，同轴度误差为 $\phi 0.03 \sim \phi 0.01\text{mm}$，高精度的轴同轴度误差为 $\phi 0.005 \sim \phi 0.001\text{mm}$。

4. 表面粗糙度

轴类零件的表面粗糙度应与表面工作要求相适应，表面粗糙度是保证轴和轴承以及

轴上传动件正确可靠配合的重要因素。支承轴颈的表面粗糙度值应小于配合轴颈的表面粗糙度值。支承轴颈表面粗糙度 Ra 值一般为 $0.1\sim0.4\mu m$，配合轴颈表面粗糙度 Ra 值一般为 $0.4\sim1.6\mu m$。

18.1.4　轴类零件加工的主要工艺问题

1. 加工顺序安排

（1）按照"先粗后精"的原则将粗精加工分开，轴为回转体，各外圆表面的粗、半精加工一般采用车削，精加工采用磨削。一些精密轴类零件表面还需要进行光整加工。

（2）粗加工外圆时应先加工直径大的外圆，再加工直径小的外圆，避免一开始加工就明显降低工件刚度，引起弯曲变形和振动。

（3）空心轴的深孔加工应安排在工件经调质处理后和外圆经粗车或半精车之后进行，若先加工深孔，调质引起的轴线弯曲变形不易纠正；另外外圆先加工可使深孔加工时有一个比较精确的轴颈作为定位基准，保证孔与外圆同轴，工件壁厚均匀。

（4）轴上的花键、键槽应安排在外圆经精车或粗磨后、磨削或精磨前加工。

（5）轴上螺纹应在轴颈表面淬火后进行加工，避免因表面淬火引起螺纹变形。

（6）主要表面经精磨后不宜安排其他表面的加工，以免破坏表面质量。

2. 定位基准选择

轴是回转体零件，轴线是轴上各回转表面的设计基准，以轴两端中心孔作精基准符合基准重合原则，并在一次安装中可以加工多个外圆表面及端面，也符合基准统一原则，用中心孔定位加工各圆表面可以获得很高的位置精度。所以，中心孔是轴类切削加工时最常用的定位基准。除中心孔外，轴类零件加工时用作定位基准的还有外圆表面和内孔表面。

3. 装夹方法选择

典型轴类零件常用装夹方法见表 18-1。

表 18-1　典型轴类零件常用装夹方法

装 夹 方 法	图　　示	说　　明
采用限位支承的一夹一顶装夹	三爪自定心卡盘　限位支承　零件　　　顶点	采用三爪自定心卡盘装夹工件外圆表面（长轴可采用顶尖进行辅助支承），通过限位支承防止工件加工时产生轴向位移。适用于粗加工场合

续表

装 夹 方 法	图 示	说 明
采用工作台阶限位的一夹一顶		采用三爪自定心卡盘装夹工件外圆表面（长轴可采用顶尖进行辅助支承），利用台阶防止工件加工时产生轴向位移。 多用于半精加工
双顶尖装夹	 1—前顶尖；2—鸡心夹头；3—工件；4—后顶尖	细长轴加工时，为了减小工件的变形和振动，常采用双顶尖装夹的方式，可以有效避免工件表面的装夹变形，保证工件加工精度。装夹前，需预先在工件两端加工中心孔。 常用于工件的精加工

4. 热处理安排

尺寸不大的中碳钢普通轴类零件，一般在切削加工前进行调质热处理。重要的轴类零件在机械加工中常需要进行多次热处理，以确保轴的力学性能及加工精度要求，改善切削性能。通常毛坯锻造后安排正火热处理，主要是为了消除锻造应力，改善组织，降低硬度，改善切削加工性能。在粗加工后安排调质热处理，主要是为了提高零件的综合力学性能。与配合零件有相对运动的轴颈和需要经常拆卸的配合表面，在半精加工和精加工前安排表面淬火处理，主要是为了提高这些表面的耐磨性。

18.1.5 轴类零件加工工艺实例

如图 18-2 所示为挂轮架轴零件，下面介绍该轴小批量生产时的加工工艺过程。

（1）零件图样分析。由图 18-2 可知，该轴为台阶轴，有圆柱面、轴肩、螺纹、四方等组成。

（2）材料及毛坯。挂轮架轴材料为 45 钢，批量虽小，但轴颈尺寸相差较大，为节省材料，采用锻件毛坯，锻件进行正火处理。

（3）主要技术要求。该轴 $\phi25mm$ 轴颈的尺寸精度为 IT7 级，表面粗糙度 Ra 值为 $0.8\mu m$。$\phi25mm$ 轴线相对于 $\phi50mm$ 圆柱轴肩的垂直度公差为 $\phi0.02mm$，轴肩的两端面平行度公差为 $0.02mm$。

（4）定位基准。为了保证各轴颈的同轴度，精基准采用两端中心孔定位，车、铣、磨加工的定位基准不变。粗车时，为了提高工艺系统刚度，分别采用夹外圆或一夹一顶的方法装夹。

（5）确定主要表面加工方法。该轴大部分是回转表面，主要采用车削与磨削成形。由于 $\phi25mm$ 轴颈和 $\phi50mm$ 轴肩两侧面除尺寸要求外，还有形位误差要求，故车削后还

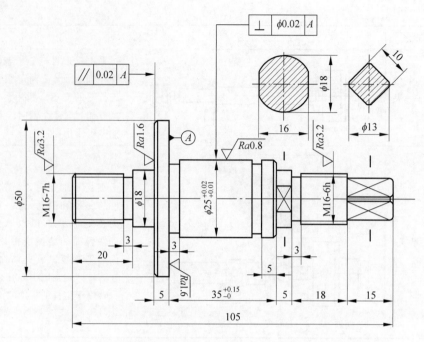

热处理要求：ϕ25mm×35mm 及方头处，50~54HRC，材料45钢

图 18-2　挂轮架轴

需磨削。外表面的加工方案可以制定为：粗车→半精车→磨削。

（6）划分加工阶段。对精度要求高的零件，其粗、精加工应分开，以保证零件的加工质量。该轴加工可以划分为三个阶段：粗车→半精车→磨削。

（7）热处理安排。该轴要求 ϕ25mm×35mm 及方头处表面淬硬，安排在半精加工之后，磨削加工前进行。正火处理安排在毛坯制造之后经行，以消除内应力，细化晶粒，改善切削加工性能。

综上所述，该轴的工艺过程如下：锻造→正火→车端面钻中心孔→车各外圆→半精车各外圆、车槽、侧面→车螺纹→铣四方→表面淬火→磨削→检验。

挂轮架轴小批量生产机械加工工艺过程见表 18-2。

表 18-2　挂轮架轴小批量生产机械加工工艺过程

序号	工 序 内 容	定位及夹紧
1	自由锻造	
2	正火	
3	车左端面、钻中心孔，车外圆 ϕ50mm 至尺寸，车外圆 ϕ18mm×26mm，调头，车右端面保持总长 105mm，钻中心孔，车外圆 ϕ27mm×77mm	三爪卡盘 外圆、顶尖
4	车外圆 ϕ25$_{+0.01}^{+0.02}$ mm×77.8mm，外圆留加工余量 0.3mm，车外圆 ϕ18mm×38mm 至尺寸，车外圆 ϕ16$_{-0.1}^{0}$ mm×33mm，车外圆 ϕ13mm×15mm，车槽，倒角，车螺纹，调头，车外圆 ϕ16$_{-0.2}^{-0.1}$ mm×26.8mm，车槽，倒角，车螺纹	两顶尖 两顶尖

续表

序号	工序内容	定位及夹紧
5	铣四方 10mm×10mm，铣扁 16mm，去毛刺	外圆、顶尖、分度头
6	外圆 $\phi25\mathrm{mm}\times35\mathrm{mm}$ 及方头处表面淬硬	
7	磨外圆 $\phi25^{+0.02}_{+0.01}\mathrm{mm}$ 及 $\phi50\mathrm{mm}$ 侧面至图样要求调头，磨 $\phi50\mathrm{mm}$ 另一侧面	两顶尖 两顶尖
8	检验	

18.2　套类零件加工概述

18.2.1　套类零件的功用和结构特点

套类零件是指在回转零件中的空心薄壁件，是机械加工中常见的一种零件，在机器中应用很广，主要用于配合轴类零件传递运动和转矩。

套类零件的结构一般具有以下特点：外圆直径 d 一般小于其长度 L，通常 $L/d < 5$，内孔与外圆直径之差较小，故壁薄易变形；内、外圆回转面的同轴度要求较高；结构比较简单。

由于功用不同，套类零件的形状和结构有很大的差异，一般可分为三类，如图 18-3 所示。

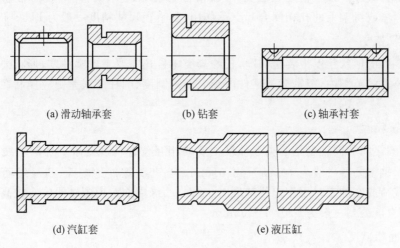

(a) 滑动轴承套　　　(b) 钻套　　　(c) 轴承衬套

(d) 汽缸套　　　(e) 液压缸

图 18-3　套类零件示例

（1）轴承类：起支承作用，支承轴及轴上零件，承受回转部件的重力和惯性力，如滑动轴承。

（2）导套类：起导向作用，引导与导套内孔相配合的零件或刀具的运动，如导套、钻套等。

（3）缸套类：既起支承作用，又起导向作用，如油缸、汽缸（套）对活塞起支承作用，承受较高的工作压力，并对活塞的轴向往复运动导向。

18.2.2 套类零件的材料、毛坯

1. 材料

套类零件材料的选择主要取决于工作条件,常采用低碳、中碳结构钢,以及合金钢、铸铁、青铜、黄铜等。某些特殊要求的套类零件可采用双层金属结构或选用优质合金钢。有些滑动轴承采用双层金属结构,即用离心铸造的方法在钢或铸铁套的内壁上浇注锡青铜、铅青铜、轴承合金等材料,既提高轴承的使用寿命,又节省贵重有色金属。

2. 毛坯

套类零件的毛坯选择与结构尺寸、材料和生产批量的大小等因素有关。孔径较大($d \geqslant 20\text{mm}$)时,常采用无缝钢管、带孔的锻件或铸件;孔径较小($d < 20\text{mm}$)时,一般选择热轧或冷拉棒料,也可采用实心铸件;大批量生产时,可采用冷挤压、粉末冶金等先进工艺,不仅节约原材料,而且可提高生产率及毛坯表面质量。

18.2.3 套类零件的主要技术要求

套类零件的主要表面是内、外圆柱表面。内、外圆柱表面在机器中所起的作用不同,其技术要求差别较大,主要技术要求如下。

1. 尺寸精度

套类零件的内圆表面是起支承和导向作用的主要表面,通常与运动着的轴、刀具或活塞相配合。其直径的尺寸精度一般为 IT7,精密的轴套达 IT6。外圆表面常以过盈或过渡配合与箱体或机架上的孔相配合起支承作用,其直径尺寸精度一般为 IT6~IT7。

2. 形状精度

套类零件的形状精度主要是圆度,长的套类零件还需要考虑圆柱度,形状公差一般控制在孔径公差的范围内,精密套类零件内圆表面的圆度、圆柱度误差则应控制在孔径公差的 1/3~1/2,甚至更小。

3. 位置精度

内、外圆之间的同轴度是套类零件最主要的相互位置精度要求。外圆轴线相对于内圆轴线的同轴度公差一般为 $\phi 0.05 \sim \phi 0.01\text{mm}$。当套类零件的端面、凸缘端面在工作中承受轴向载荷或在加工时用作定位基准时,端面、凸缘端面对内圆轴线应有较高的垂直度要求,其垂直度公差一般为 $0.02 \sim 0.05\text{mm}$。

4. 表面粗糙度

为保证零件的功用和提高其耐磨性,套类零件的主要表面应有较小的表面粗糙度值。内圆表面粗糙度 Ra 值一般为 $0.1 \sim 1.6\mu\text{m}$,精密套类零件表面粗糙度 Ra 值为 $0.025\mu\text{m}$。外圆表面粗糙度 Ra 值一般为 $0.4 \sim 3.2\mu\text{m}$。

18.2.4 套类零件加工的主要工艺问题

1. 套类零件工艺特点

套类零件结构特点是壁较薄,刚性差,且内、外圆柱表面之间有较高的相互位置精度

要求。因此在机械加工工艺上的共性问题主要是位置精度的保证和防止加工中的变形。

2. 位置精度保证方法

为了保证内、外圆相互位置精度要求,加工中应遵循基准统一原则、互为基准原则。在一次安装中完成内孔、外圆及端面的全部加工。由于基准统一,消除了工件安装误差的影响,所以可以获得很高的相互位置精度。由于这种方法工序比较集中,当工件尺寸较大时,就不易实现。因此,多适用于尺寸较小的轴套零件的加工。在不能于一次安装中同时完成内孔、外圆表面加工时,内孔、外圆的加工采用互为基准、反复加工的原则。一般采用先终加工孔,再以孔为精基准最终加工外圆的顺序。此方法的优点是以内孔定位,所用夹具结构简单,且在机床上安装误差较小,可以保证较高的位置精度。此外最终加工外圆,刀具在刀架上悬伸较短,刚性好,容易纠正内孔加工时产生的同轴度误差。当由于工艺需要必须先终加工外圆,再以外圆为精基准终加工内孔时,必须采用定心精度高的夹具,如弹性膜片卡盘、液性塑料夹具等。

3. 防止加工中变形措施

为防止套类零件在加工中变形,在工艺上应注意以下三个方面。

(1)减小切削力和切削热的影响。在套类零件加工中,粗、精加工应分开进行,对于壁厚很薄、加工容易变形的工件,采取工序分散原则,并在加工时控制切削用量。

(2)减小夹紧力的影响。改变夹紧力方向,改径向夹紧为轴向夹紧,当只能径向夹紧时,采用过渡套、弹簧套等夹紧工件,使径向夹紧力沿圆周方向均匀分布。

(3)减小热处理的影响。将热处理安排在粗、精加工之间,并适当增加精加工工序的加工余量,保证热处理引起的变形在精加工中得以纠正。

18.2.5 套类零件加工工艺实例

图18-4所示为轴承套,下面介绍该轴承套批量生产时的加工工艺过程。

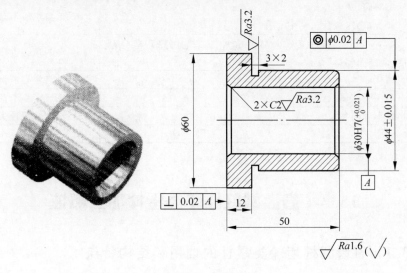

图 18-4 轴承套

（1）零件图样分析。由图 18-4 可知,该轴承套是套类零件中使用较多、结构较为典型的一种套类零件,属短套类零件。该轴承套主要起支承和导向作用。

（2）材料及毛坯。该轴承套的材料为 HT200,形状简单,精度要求中等,但内孔尺寸较大,故毛坯选用外径为 $\phi70$mm 的铸铁棒料。

（3）主要技术要求。该轴承套中,$\phi(44\pm0.015)$mm 的外圆主要与轴承孔相配合,它的尺寸精度为 IT7,表面粗糙度 Ra 值为 1.6μm；内孔 $\phi30$H7 主要与传动轴相配合,它的尺寸精度为 IT7,表面粗糙度 Ra 值为 1.6μm；两端端面的表面粗糙度 Ra 值均为 1.6μm；$\phi(44\pm0.015)$mm 外圆轴线相对于 $\phi30$H7 孔的轴线的同轴度公差为 $\phi0.02$mm,可保证轴承在传动中的平稳性；轴承左端面相对于 $\phi30$H7 孔的轴线的垂直度公差为 0.02mm。

（4）定位基准。粗加工时,选择外圆表面作为定位基准,采用三爪自定心卡盘装夹；精加工时,选择内孔轴线作为定位基准,为避免装夹变形,保证加工精度,采用心轴配合双顶尖装夹。

（5）确定主要表面加工方法。外圆的尺寸精度为 IT7,采用精车可以满足要求；内孔的尺寸精度为 IT7,采用铰孔可以满足要求。内孔的加工顺序为：钻孔→车孔→铰孔。铰孔时应与左端面一起加工,保证孔轴线与端面的垂直度要求,并以孔为基准,利用小锥度心轴装夹加工外圆和另一端面。

（6）划分加工阶段。粗加工阶段,钻中心孔,粗车各处外圆、退刀槽,车轴承套内孔。精加工阶段,精车各处外圆,铰轴承套内孔。

综上所述,该轴承套批量生产时的机械加工工艺过程见表 18-3。

表 18-3　轴承套批量生产时的机械加工工艺过程

序号	工 序 内 容	定位及夹紧
1	备料(棒料下料)	
2	车端面,钻中心孔。 调头车另一端面,钻中心孔	三爪自定心卡盘装夹
3	车 $\phi60$mm 外圆长度、车 $\phi44$mm 外圆、车退刀槽、车分割槽、两端面倒角	一夹一顶装夹
4	钻孔	三爪自定心卡盘装夹
5	车端面、车孔、铰孔、孔两端倒角	三爪自定心卡盘装夹
6	精车外圆	心轴配合双顶尖装夹
7	检验	

18.3　直齿圆柱齿轮类零件加工概述

18.3.1　直齿圆柱齿轮类零件的功用和结构特点

圆柱齿轮在机器和仪器中使用极为广泛,其功能是按一定的速比传递运动和动力。

圆柱齿轮的结构形式直接影响齿轮的加工工艺过程。

18.3.2 直齿圆柱齿轮类零件的材料、毛坯

1. 材料

作为机械中重要传动元件,齿轮工作时条件复杂,有的传动速度高,传动时齿面间存在滑动摩擦,因此对齿轮所用材料有以下要求。

(1) 具有一定的接触疲劳和弯曲疲劳强度。

(2) 有足够的硬度和耐磨性。

(3) 具有一定的耐冲击性。

(4) 从工艺角度要求热处理变形小,切削性能要好。

对于低速、轻载或中载的齿轮常用45钢,对于速度较高、载荷大及精度较高的齿轮常用合金钢,对于一些较轻载荷下的齿轮传动,可选用铸铁和其他非金属材料。

2. 毛坯

齿轮毛坯的选择取决于齿轮的材料、结构形状、尺寸规格、使用条件及生产批量等因素,齿轮的毛坯主要有棒料、锻件和铸件。一些不重要、受力不大且尺寸较小、结构简单的齿轮,可直接采用棒料毛坯;重要且受力较大的齿轮可选用锻造毛坯;对于尺寸较大、形状复杂、不便锻造的齿轮,可采用铸钢毛坯,有时可用高强度球墨铸铁代替铸钢。

18.3.3 套类零件的主要技术要求

1. 齿轮精度和侧隙

(1) 精度等级

《渐开线圆柱齿轮精度》(GB/T 10095—2008)对齿轮及齿轮副规定了12个精度等级。其中,IT1~IT2为超精密等级;IT3~IT5为高精度等级;IT6~IT8为中等精度等级;IT9~IT12为低精度等级,并将IT7定为基础级。基础级就是在加工中使用滚齿、插齿或剃齿等一般切齿工艺方法,在正常生产条件下所能达到的一般等级。齿轮的各项误差在不同精度等级具有规定的公差值或极限偏差值。

(2) 公差组

按照各项误差的特性及它们对传动性能的主要影响,齿轮的各项公差或极限偏差分成三个组,见表18-4。

表18-4 圆柱齿轮的公差组

公差组	对传动性能的主要影响	公差与极限偏差项目
I	传递运动的准确性	F_i'、F_p、F_{pk}、F_i''、F_r、F_w
II	传递运动的平稳性	f_i'、f_i''、f_f、$\pm f_{ft}$、$\pm f_{fb}$、$f_{f\beta}$
III	载荷分布的均匀性	F_β、F_b、$\pm F_{px}$

2. 齿轮基准表面的精度

齿轮基准表面的尺寸误差和形状、位置误差直接影响齿轮与齿轮副的精度,因此,

GB/T 10095—2008 对齿坯公差作了相应规定。

齿轮的齿面及基准表面的表面粗糙度,对齿轮寿命、齿轮传动的平稳性(传动中的噪声)有一定的影响。各主要表面的表面粗糙度与齿轮的精度等级有关,表 18-5 为常用精度等级齿轮的主要表面的表面粗糙度推荐值。

表 18-5　齿轮主要表面的表面粗糙度 Ra 值(推荐)　　　　　　　μm

齿轮精度等级	IT5	IT6	IT7	IT8	IT9
齿面	0.4	0.8	0.8~1.6	1.6~3.2	3.2~6.3
齿轮基准孔	0.2~0.4	0.8	0.8~1.6		3.2
齿轮基准轴颈	0.2	0.4	0.8		1.6
齿轮基准端面	0.8~1.6	1.6~3.2		3.2	
齿顶圆	0.8~1.6	3.2			

18.3.4　直齿圆柱齿轮类零件加工的主要工艺问题

1. 划分加工阶段

齿轮加工分为齿坯加工和齿面加工。

(1) 齿坯加工

对于需要淬硬的齿轮,各次要表面达到图样规定要求,各主要表面应留有精加工余量;对于不需要淬硬的齿轮,齿坯的次要表面及主要表面均达到图样规定的尺寸和技术要求。

(2) 齿面加工

对于需要淬硬的齿轮,齿面应留有精加工余量;对于不需要淬硬的齿轮,齿面应达到图样规定的尺寸和技术要求。对齿面进行图样规定的热处理,并对齿轮基准表面和齿面进行精加工,达到图样规定的尺寸和技术要求,完成齿轮加工。

2. 定位基准选择

齿轮加工定位基准的选择应符合基准重合原则,尽可能与装配基准、测量基准一致。在齿轮的整个加工过程中,应选用同一个定位基准。

带孔齿轮或齿圈常以齿坯内孔和端面作为定位基准,采用专用心轴装夹,这种定位方法精度高,生产率高,适于成批生产。单件、小批量生产时,则常用外圆和端面作定位基准,不用心轴定位,但是外圆对孔轴线的圆跳动公差要求就小,生产率低。

连轴齿轮的齿坯和齿面加工与一般的轴类零件加工相似。直径小的连轴齿轮,一般采用两端中心孔定位;直径大的连轴齿轮,由于自身重量及切削力较大,不宜采用中心孔定位,则应选择轴颈和端面圆跳动较小的端平面作为定位基准。

3. 齿坯加工

齿坯加工主要包括齿坯外圆和端面的加工、齿坯内孔和端面的加工。

齿坯外圆和端面主要采用车削。齿坯孔加工主要有以三种方案:①钻孔→扩孔→铰孔→插键槽;②钻孔→扩孔→拉键槽→磨孔;③车孔或镗孔→拉或插键槽→磨孔。齿坯内孔和基准端面的精加工必须在一次安装内完成,并在基准端面上作标记。

4. 齿面切削方法的选择

齿面切削方法的选择主要取决于齿轮的精度等级、零件的结构、生产批量、生产条件和切齿时工件所处的热处理状态等。

7～8级精度、不需要淬硬的齿轮,可用滚齿或插齿达到要求。

6～7级精度、不需要淬硬的齿轮,可用滚齿→剃齿达到要求。

6～7级精度、需要淬硬的齿轮,生产批量较小时可用滚齿(或插齿)→齿面热处理→磨齿的加工方案,生产批量大时可采用滚齿→剃齿→齿面热处理→珩齿的加工方案。

5. 圆柱齿轮的加工工艺过程

根据齿轮的材料、精度等级、生产批量及生产条件,齿轮加工的工艺过程大体可归纳为三种模式。

(1) 只需调质热处理的齿轮:毛坯制造→毛坯热处理(正火)→齿坯粗加工→调质→齿坯精加工→齿面粗加工→齿面精加工。

(2) 齿面需经表面淬火(一般采用高频淬火)的中碳结构钢、合金结构钢齿轮:毛坯制造→正火→齿坯粗加工→调质→齿坯半精加工→齿面粗加工(半精加工)→齿面高频淬火→齿坯精加工→齿面精加工(珩齿或磨齿)。

(3) 齿面需要渗碳或渗氮的齿轮:毛坯制造→正火→齿坯粗加工→正火或调质→齿坯半精加工→齿面粗加工(滚齿、插齿)→齿面半精加工(剃齿)→渗碳淬火或渗氮→齿坯精加工→齿面精加工(磨齿、研齿或珩齿)。

18.3.5 直齿圆柱齿轮类零件加工工艺实例

图18-5所示为汽车变速箱倒挡惰齿轮,下面介绍该齿轮批量生产时的加工工艺过程。

1. 零件图样分析

由图18-5可知,该齿轮是一种高精度齿轮,主要起传递扭矩和运动的作用。该齿轮为结构对称分布的盘类零件。

2. 材料及毛坯

该齿轮毛坯选用锻件,材料为20MnCr5,为低碳合金钢。其材料的含碳量较低,必须通过热处理的手段来提高齿轮的强度和硬度。

3. 主要技术要求

该齿轮是模数为2、齿数为30的单联直齿圆柱齿轮,精度等级为7-6-6FL,分度圆对内孔轴线的同轴度为ϕ0.03mm,齿轮右端面对内孔轴线的垂直度为0.02mm。热处理要求为碳氮共渗。

4. 齿坯、齿面的加工方法

在齿坯加工中,主要要求保证基准孔(或轴颈)的尺寸精度、形状精度,基准端面相对于基准孔(或轴颈)的相互位置精度。在加工齿坯时,除了保证尺寸精度外,更重要

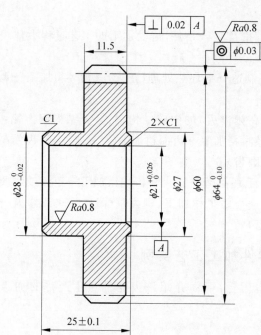

精度等级	7-6-6FL
齿数z	30
模数m	2
压力角α	20°
公法线长度W	22.390
跨齿数	4
齿圈径向圆跳动F_r	0.032

技术要求：

1. 热处理要求：碳氮共渗，淬火52HRC。
2. 材料为20MnCr5。
3. 未注倒角C1.5。

图 18-5　冷车变速箱倒挡惰齿轮

的是保证相互位置精度。因此，加工齿坯的顺序应为：粗车→半精车→车孔、铰孔→精车。

齿轮工作中的运动精度要求较高，故齿形机械加工方案为：滚齿＋剃齿。用滚齿加工方法作为该齿轮齿形的粗加工和半精加工，控制分齿精度和运动精度；用剃齿加工方法作为齿形的精加工，提高齿形精度，降低齿面表面粗糙度值。

5. 热处理安排

齿坯热处理为正火，齿面热处理要求为碳氮共渗，淬火后的硬度为52HRC，最后表面抛丸处理，该齿轮的材料为低碳合金钢，未经热处理时强度和硬度不高，也不耐磨，所以技术要求规定齿面碳氮共渗，其目的是进一步提高齿轮表面的耐磨性。淬火后的齿面硬度高，但心部仍保持较高的韧性。齿面经渗碳淬火后有氧化层，需采用抛丸工艺去除氧化层并使齿面强度得到进一步强化。

综上所述,该齿轮批量生产时的机械加工工艺过程见表18-6。

表 18-6 惰齿轮批量生产时的机械加工工艺过程

工序号	工序名称	工序内容	装夹基准	加工设备
1	锻造	铸造毛坯		锻造设备
2	热处理	正火热处理,硬度 260~280HBW		
3	粗车	(1) 粗车大端外圆。 (2) 粗车大端面。 (3) 车孔。 (4) 内孔倒角	小外圆与左端面	卧式车床
4	粗车	调头。 (1) 粗车外圆。 (2) 粗车端面。 (3) 齿坯倒角。 (4) 小外圆倒角	大外圆与右端面	卧式车床
5	精车	(1) 精车大端外圆。 (2) 半精车孔。 (3) 精车大端面。 (4) 齿顶圆倒角	小外圆与左端面	卧式车床
6	精车	精车小台阶、小端面,车孔,铰孔	大外圆与右端面	卧式车床
7	滚齿	滚齿($z=30$)	内孔和右端面	滚齿机
8	剃齿	剃齿($z=30$)	内孔和右端面	剃齿机
9	热处理	碳氮共渗,淬火后硬度达 52HRC		
10	抛丸	去除氧化层,齿形表面硬化		抛丸机
11	检验	终检、去毛刺、入库		

18.4 箱体类零件加工概述

18.4.1 箱体类零件的功用和结构特点

箱体类零件是机器装配的基础零件之一,它的作用是将一些轴、套和齿轮及其他部件连成一个整体,使其保持正确的相互位置,并按照一定的传动关系工作。因此,箱体的加工质量对箱体部件装配后的精度有决定性影响。

箱体类零件通常尺寸较大,形状复杂,壁薄而不均匀,在箱壁上具有许多精度较高的轴承孔、轴孔和平面,还有许多精度较低的紧固孔。一般按箱体上主要轴承孔是否剖分,将箱体分为整体式箱体和剖分式箱体两类,如图18-6所示。其中,图18-6(a)、(c)、(d)为整体式箱体,图18-6(b)为剖分式箱体。

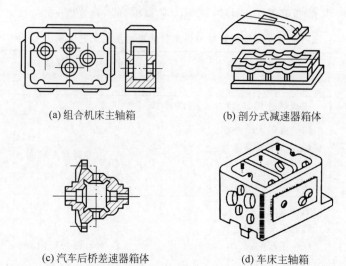

(a) 组合机床主轴箱   (b) 剖分式减速器箱体

(c) 汽车后桥差速器箱体   (d) 车床主轴箱

图 18-6 几种箱体零件的结构简图

18.4.2 箱体类零件的材料、毛坯

1. 材料

箱体类零件起支承、封闭作用,有复杂的内腔,应选用易于成形的材料和制造方法。箱体类零件多采用铸铁材料(HT150 和 HT200 应用最多),因为铸铁具有容易成形、吸振性好、耐磨性好、切削加工性好以及成本低廉等特点。对一些负荷较大的加速箱箱体,常采用铸钢件。航空发动机上的箱体零件则常采用铸铝合金、铸铝镁合金材料制造,以减小质量。

2. 毛坯

由于箱体类零件内部呈空腔,其壁厚较薄,一般有加强肋,所以箱体毛坯采用铸造方法生产。当生产批量不大时,箱体铸件毛坯采用木模手工造型,制作简单但毛坯精度较低,余量也较大;大批大量生产时则采用金属模机器造型,毛坯精度高,加工余量相应减小,且生产率较高。单件生产时,有时可采用焊接件作箱体毛坯,以缩短生产周期。

18.4.3 箱体类零件的主要技术要求

1. 轴承孔的尺寸与形状精度

箱体类零件上轴承孔孔径的尺寸误差和几何形状误差会造成轴承与孔的配合不良,影响轴的回转精度,导致机床工作精度下降。

普通机床的主轴箱,主轴轴承孔的尺寸精度为 IT6,形状误差应小于孔径公差的 1/2,表面粗糙度 Ra 值为 $0.8 \sim 1.6 \mu m$;主轴箱其他轴承孔,尺寸精度为 IT7,形状误差应小于孔径公差,表面粗糙度 Ra 值为 $1.6 \sim 3.2 \mu m$。

2. 轴承孔的位置精度

同轴线轴承孔的同轴度误差会使轴与轴承装配到箱体内时出现歪斜,不仅给轴的装配带来困难,还会使轴承磨损加剧,温度升高,影响机器的工作精度和正常运转。箱体上有齿轮啮合关系的相邻各轴承孔之间,还应有一定的孔距尺寸精度及平行度要求,否则会使齿轮的啮合精度降低,工作时产生噪声和振动,并降低齿轮的使用寿命。另外,箱体上轴承孔轴线对装配基准面应有平行度要求和对端面的垂直度要求。

3. 箱体主要平面精度

箱体的主要平面是指装配基准面(如主轴箱体的底面和导向面)和加工中的定位基准,它们应有较高的平面度和较小的表面粗糙度值,否则将影响箱体部件与机器总装后相对位置与接触刚度。

18.4.4 箱体类零件加工的主要工艺问题

1. 定位基准选择

箱体类零件的粗基准是指划线确定各平面加工的参考位置时所依据的基准。根据粗基准选择,首先要考虑箱体上要求最高的轴承孔的加工余量应均匀,并要兼顾其余加工面均有适当的余量;其次要纠正箱体内壁非加工表面与加工表面的相对位置偏差,防止因内壁与轴承孔位置不正而引起齿轮碰壁。所以一般选择主轴轴承孔和另一个与其相距较远的轴承孔作为粗基准。

由于箱体装配基准面是确定箱体部件在机器上相互位置的定位基准面,同时也是箱体上诸多轴承孔和其他平面的设计基准,因此通常选择装配基准面作为精基准。

2. 加工顺序的安排

加工顺序按先粗后精、先主后次、先基准后其他表面的原则安排。因为箱体类零件有很多较大的平面和孔,一般按照先平面后孔的顺序加工,这样不仅划线、找正方便,孔的加工余量均匀,而且在加工孔时不会因端面不平而使刀具产生冲击和振动,损坏刀刃。

3. 热处理安排

箱体结构复杂,壁厚不均匀,铸造时因冷却速度不一致,致使内应力较大,且表面较硬。因此,为了改善切削性能和消除铸造引起的内应力,以保证加工后精度的稳定,毛坯铸造后,应安排人工时效处理;对于精度要求较高、结构形状复杂的箱体,在粗加工后,还需要安排人工时效处理,以消除粗加工产生的内应力。

18.4.5 箱体类零件加工工艺实例

如图18-7所示为方箱体组合件,下面介绍该箱体工件小批量生产时的加工工艺过程。

1. 零件图样分析

由图18-7可知,该箱体是为了加工燃气机叶片而设计的一种装夹方箱,结构比较简单,由上、下两部分组成,中间是为了放置叶片的叶身。但尺寸精度和位置精度要求较高,

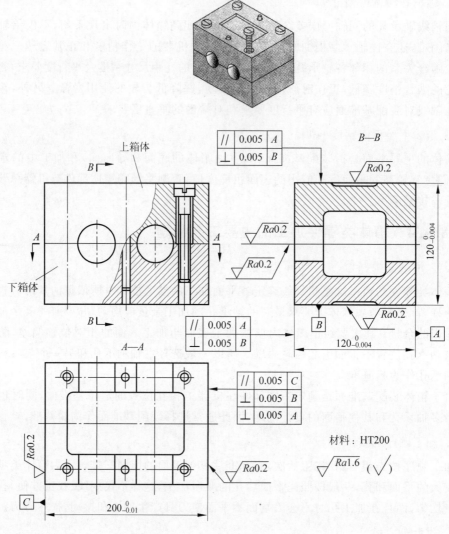

图 18-7　方箱体

方箱体是叶片的加工和测量基准。

2. 材料及毛坯

方箱体的材料为 HT200,毛坯选择铸件。铸造后应进行退火处理,以便消除铸造时的内应力,改善切削加工性能。

3. 主要技术要求

该方箱体上的基准面 A、B、C 作为测量基准和定位基准,其尺寸精度与位置精度要求都比较高:高与宽 120mm 的尺寸公差仅为 0.004mm,长 200mm 的公差为 0.01mm,相关表面的平行度、垂直度公差均为 0.005mm,表面粗糙度 Ra 值为 0.2μm。

4. 定位基准

箱体类零件的定位基准分为粗基准和精基准。粗基准是为了保证各个加工面和孔的加工余量均匀,而精基准则是为了保证相互位置精度和尺寸精度。从技术要求上看,方箱体的四周平面都有平行度或垂直度要求,对螺纹连接孔、销孔的要求不高,因此,选择方箱体的各个表面作为粗、精加工的定位基准。

5. 确定主要表面加工方法

该箱体为上、下两件合装而成,方箱体四周为涡轮叶片的加工和测量基准,因此其尺寸精度、位置精度和表面粗糙度要求都比较高,应选择磨削的方式来保证尺寸精度和表面粗糙度。同时,粗磨时必须保证上、下底面与中分面的平行度和精磨余量。

6. 划分加工阶段

箱体工件主要是由平面和孔组成,它的加工要求较高,需要多次装夹,因此必须有统一的基准和加工顺序来保证它的精度要求。

该方箱体的加工顺序为:铸造→退火→刨上、下箱体六面→人工时效→粗磨上、下箱体及上、下平面和中间结合面→精磨上、下箱体中间结合面→划线→钻孔,攻螺纹,配钻销孔,装螺钉及圆柱销→粗磨宽和长四面→精磨六面。

加工顺序的核心是分体粗加工和合体精加工。而销孔和螺纹是为连接上、下箱体而设计的,加工时上、下箱体要一体配钻和配铰,并在上、下箱体用同一号码做好标记,装配后按一体加工。

7. 热处理安排

箱体结构复杂,壁厚不均匀,铸造残余内应力大。为了消除内应力,减小箱体在使用中的变形,保持精度稳定,铸造后一般均需进行人工时效处理。自然时效的效果较好,但生产周期长,目前仅用于精密机床的箱体铸件。对于普通机床和设备的箱体,一般都采用人工时效。箱体经粗加工后,应存放一段时间再精加工,以消除粗加工积聚的内应力。精密机床或形状特别复杂的箱体,应在粗加工后再安排一次人工时效,促进铸造和粗加工造成的内应力释放。另外该箱体铸造后应进行退火处理,以便消除铸造时的内应力,改善切削加工性能。

综上所述,该方箱体组合件小批量生产时的机械加工工艺过程见表18-7。

表18-7 方箱体组合件小批量生产时的机械加工工艺过程

序号	工序名称	工 序 内 容	装 夹 基 准	加 工 设 备
1	铸	铸造毛坯		
2	热处理	退火		
3	刨	(1)刨上箱体平面及中分面。 (2)刨下箱体平面及中分面。 (3)粗刨其他各面	平面	牛头刨床
4	热处理	人工时效		
5	粗磨	磨上、下箱体平面及中分面	上、下底平面	平面磨床
6	精磨	磨上、下箱体中分面	上、下底平面	平面磨床
7	钳	划孔线、螺孔线	四周各面	游标高度尺、平板

续表

序号	工序名称	工序内容	装夹基准	加工设备
8	钳	(1) 钻孔、攻螺纹、装螺钉。 (2) 配钻销孔,装圆柱销。 (3) 打标记,合箱	底平面	钻床
9	粗磨	粗磨宽和长四面	四周各面	平面磨床
10	精磨	精磨工件各面	四周各面	平面磨床
11	检	检验		

目 标 检 测

1. 轴类零件的主要表面是轴颈。与轴上传动零件相配合的轴颈称为_____,与轴承相配合的轴颈称为_____。

2. 轴类零件的主要形状精度是轴颈的_____、_____,一般应限制在轴颈的直径范围内。

3. 轴类零件的加工顺序一般是按照_____原则加工。

4. 套类零件的结构和形状有很大的差异,一般分为_____、_____和_____三类。

5. 套类零件壁较薄,刚性差,且内、外圆柱表面之间有较高的相互位置精度要求,因此,在机械加工工艺上的共性问题是_____和_____。

6. 箱体类零件有较大的平面和孔,一般按照_____的顺序加工。

思 考 题

学而不思则罔,思而不学则殆。本单元中学习轴类零件、套类零件、箱体类零件以及直齿圆柱齿轮的加工工艺,请你思考总结一般零件加工的工艺流程特点。

参 考 文 献

[1] 赵中华,刘燕.机械技术基础[M].北京:清华大学出版社,2013.

[2] 张悦,李强,王伟.机械制造技术基础[M].北京:国防工业出版社,2014.

[3] 袁军堂.机械制造技术基础[M].北京:清华大学出版社,2013.

[4] 余小燕,胡绍平,刘明皓.机械制造基础[M].北京:人民邮电出版社,2013.

[5] 刘云,许音,杨晶.机械加工工艺基础[M].北京:国防工业出版社,2014.

[6] 许大华,孙金海.机械制造技术[M].北京:国防工业出版社,2015.

[7] 陈宏钧.机械加工工艺方案设计及案例[M].北京:机械工业出版社,2011.

[8] 周文.机械加工实训教程[M].北京:北京航空航天大学出版社,2011.

[9] 杨兵兵,杨新华.焊条电弧焊实作[M].北京:机械工业出版社,2011.

[10] 乐兑谦.金属切削刀具[M].北京:机械工业出版社,2011.

[11] 黄健求.机械制造技术基础[M].北京:机械工业出版社,2011.

[12] 邓志博.机械加工培训教程[M].北京:北京理工大学出版社,2010.

[13] 吴慧媛.零件制造工艺与装备[M].北京:电子工业出版社,2011.